고독한 아이디어들

LONELY IDEAS: Can Russia Compete? by Loren Graham
Copyright © 2013 by Loren Graham
All rights reserved.

This Korean edition was published by GIST PRESS in 2025 by arrangement with
The MIT Press through KCC(Korea Copyright Center Inc.), Seoul.

이 책은 (주)한국저작권센터(KCC)를 통한 저작권자와의 독점 계약으로 GIST
PRESS(광주과학기술원 대학출판부)에서 출간되었습니다. 저작권법에 의해 한국 내에서
보호를 받는 저작물이므로 무단 전재와 복제를 금합니다.

지은이_ **로런 그레이엄** Loren Graham

옮긴이_ **김동혁**
광주과학기술원(GIST)
인문사회과학부 교수

허승철
고려대 노어노문학과 명예교수

고독한 아이디어들

과학 강국
러시아는
왜 혁신하지
못했나?

LONELY IDEAS

CAN RUSSIA COMPETE?

GIST PRESS

서론

러시아인들은, 특히 소련 시대에, 자신들이 현대 문명의 가장 중요한 기술을 최초로 발명했다고 자주 주장해왔다. 이 주요 기술로는 증기기관, 전구, 라디오, 비행기, 트랜지스터, 레이저, 컴퓨터, 이 밖에 많은 장치와 기계 등이 있다. 서방 평론가들은 러시아인들의 이러한 주장을 비웃었다.

내가 러시아 자료를 가지고 최근에 수행한 연구는 놀라운 결과를 보여주었다. 러시아인들은 실제로 유럽 최초의 증기기관차, 세계 최초로 운용 가능한 디젤 동력 기관차를 발명했다. 러시아인들은 전구로 주요 도시의 거리들을 처음 밝혔다. 그들은 굴리엘모 마르코니Guglielmo Marconi 이전에 라디오 전파를 전송했다. 러시아인들은 라이트 형제가 최초로 비행에 성공한 지 불과 몇 년 되지 않아서 최초의 다발 엔진 여객기를 만들었다. 그들은 배수성 종분화polyploidy speciation를 통해 새로운 식물 종을 만들었다. 그들은 트랜지스터와 다이오드(2극 진공관) 개발의 선구자가 되었다. 그들은 어느 누구보다 한 세대 앞서서 레이저의 원리에 대한 논문을 발표했다. 그들은 유럽 대륙 최초의 전기 컴퓨터를 만들었다. 러시아 사람들이 이러한 기구들을 '발명했다'는 주장은 정확하지 않지만 한 가지는 분명하다. 러시아인들이 이 모든 기술의 발전에서 선구자 역할을 했다는 것은 매우 정당한 주장이다.

  최근 연구는 새로운 질문을 제기하는데, 이것은 우리의 새로운 지식 없이는 불가능한 질문이다. 러시아가 이 모든 분야에서 선구자였음에도 불구하고, 왜 러시아는 오늘날 세계 기술에서 이토록 약한 참여자인가? 러시아 경제는 주로 석유와 가스에 의존하고 있다. 무기와 우주선 제작사와 소프트웨어회사 한두 곳을 제외하고는 세계적 수준에 오른 러시아의 고도 기술high-technology 회사를 거명하기란 쉽지 않다. 작은 나라 스위스의 매년 고도 기술 수출액은 달러 가치로 따져서 러시아의 3~4배가 된다. 그래서 이 책의 제목인 '고독한 아이디어들Lonely Ideas'이 나온 것이다. 지난 300년 동안 러시아는 영리한 기술적 아이디어를 개발하는 데는 뛰어났지만, 그것에서 이익을 얻는 데는 형편없었다. 정말로 '고독한 아이디어들'이라는 말이 맞는 것이다.

  러시아인들은 음악, 문학, 수학, 기초 과학 분야에서 분명하게 보여주었듯 아주 창의적인 사람들이다. 이 분야에서 러시아인들은 예술과 지적 세계에 큰 영향을 미쳤다. 미국이나 다른 나라에서 제대로 교육받은 사람들이라면 차이콥스키Tchaikovsky, 톨스토이Tolstoy, 도스토옙스키Dostoevsky가 누군지 설명을 들을 필요가 없고, 마찬가지로 과학자와 수학자들에게는 로바쳅스키Lobachevsky, 멘델레예프Mendeleyev, 콜모고로프Kolmogorov, 란다우Landau가 누군지 알려줄 필요가 없다.

  그러나 러시아인들은 지적 활동의 모든 분야가 아닌 일부 분야에서만 창조적인 세계 리더였다. 음악, 문학, 수학, 그리고 기초 과학의 일부 분야는 주로 정신적 산물이고, 그 실무자들이 좋은 교육을 받고 자신의 분야에서 일하는 데 필요한 재정 지원을 받는 동안은 번영할 수 있다. 러시아인은 보통 이런 분야에서는 뛰어난 성과를 낸다.

그러나 기술은 완전히 다른 주제이다. 기술 영역은 실력이 시험되는 장이고, 지적 창의성이 사회 전반과 복잡하고 필수적인 방식으로 맞물리며, 사회가 기술 프로젝트의 성공을 좌우할 수 있는 영역, 그것도 의도치 않게 그렇게 할 수 있는 영역이다. 대개 경쟁이 치열한 국제 시장에서 이익을 얻는 것을 의미하는 기술은 실험실 밖, 사회의 사회·경제적 환경 전체에서 성공 여부가 결정된다. 러시아인들은 이런 활동에서 큰 성공을 거두지 못했다. 러시아의 토머스 에디슨, 빌 게이츠, 스티브 잡스는 어디에 있는가? 사실 그런 사람들이 존재하지만, 이들이 자신들의 발명품을 러시아에서 상업화하려고 시도하면 실패했기 때문에 들어본 적이 없을 것이다.

최근에 스티브 잡스 전기를 쓴 월터 아이작슨Walter Isaacson은 이렇게 말했다. "혁신의 연대기에서 새로운 아이디어는 방정식의 일부에 불과하다. 실행이 이에 못지않게 중요하다."[1] 맞는 말이지만, 아이작슨의 지적이 전부를 말해주진 못한다. 왜냐하면 그는 개인에 의한 좋은 실행이 차이를 만들어내는 사회를 전제하고 있기 때문이다. 러시아에서는 좋은 실행조차도 나쁜 사업 환경 때문에 성공을 보장받지 못한다.

혁신innovation과 발명invention의 차이를 논한 많은 글이 있고, 이 차이를 알면 우리가 기술과 관련된 러시아의 문제를 이해하는 데 큰 도움이 된다.[2] 만일 우리가 '발명'을 단순히 새로운 기구나 과정을 만들어내는 것으로 정의하면, 러시아인은 좋은 발명가이다. 만일 '혁신'을 새로운 아이디어를 수용하고 실행하는 것을 포함하는 것으로 정의한다면 우리는 러시아인은 형편없는 혁신가라고 결론 내려야 한다.

상업적 잠재력을 가지고 아이디어를 개발하는 사람은 성공하기 위해 이를 지지하는 다양한 사회적 요인을 필요로 한다. 이러한 요인들은 태도적, 경제적, 법적, 조직적, 정치적인 것들이다. 사회는 창의성inventiveness과 실용성을 높이 평가할 필요가 있고, 경제 체제는 투자 기회를 마련해주어야 한다. 법 체제는 지식재산권을 보호하고 발명가들을 보상해주어야 한다. 그리고 경제 체제는 기술적 혁신이나 성공적인 비즈니스맨을 두려워하지 말아야 하고 이들을 지원해야 한다. 숨 막히는 관료주의와 부패는 제약을 받아야 한다. 서방 사회의 많은 사람들과 점점 더 많은 아시아 사회의 사람들이 이러한 요구를 당연한 것으로 여긴다. 이러한 요구를 충족하는 것이 얼마나 힘든지는 러시아의 역사와 오늘날의 러시아가 잘 보여준다.

많은 서방 국가들의 기술 발전 곡선은 최근 몇십 년 동안 아시아 및 다른 신흥 국가들에 비해 일부 정체되는 구간이 있기는 하지만, 점진적으로 상승하고 있다. 중국의 기술 진보 곡선은 거대한 'U'자를 보인다. 이는 몇 세기 전의 탁월함 이후 서구 제국주의 시기의 퇴보가 뒤따랐고, 최근에 날카로운 상승 곡선이 이어지는 것을 보여준다. 한편, 러시아의 기술 발전 궤적은 지난 300년 동안 탁월함과 낙후함이 반복되면서 놀라울 정도로 들쭉날쭉한 정점과 저점으로 이루어진 굴곡진 곡선을 보여준다. 나는 이러한 발작적인spasm 궤적을 러시아 기술의 '단속적fits and starts' 패턴이라고 부른다. 현재 러시아의 기술은 단속적인 과정에서 동면 상태를 보이고 있고, 경제력을 위해 천연자원에만 의존하는 상태이다.

당신이 전자제품이나 기술소비재 상점에 가서 마음에 드는 도구나 소비재를 집어 들고 뒷면을 보았을 때 거기서 '러시아산Sdelano v Russii'이라는 글자를 마지막으로 본 것이 언제인가? 아마 본 적이 없을 것이다. 반면에 당신은 뛰어난 음악을 듣거나 위대한 소설을 읽고 그것을 만들어낸 사람이 러시아인이라는 사실을 얼마나 자주 발견했는가? 아마 상당히 자주 그랬을 것이다. 이런 의미에서 러시아 기술은 러시아 예술이나 사상 분야와 크게 다르다. 이 책에서는 이와 관련한 호기심을 불러일으키는 사실을 설명하려 한다. 그 설명은 단순히 관련 자료를 조사하는 것에만 기초하지 않고, 오랜 기간 러시아에 머물면서 수십 곳의 러시아 대학, 연구소, 산업 시설을 방문하고 수천 명의 러시아 과학자와 기술자를 만나서 나눈 이야기에 바탕을 두고 있다.

차례

서론 v

1부
문제: 러시아는 왜 3세기 동안의 노력에도 현대화할 수 없는가?

01 초기 군수 산업: 초기 성취, 후기 침체 · · · · · · · · · · · 2
02 철도: 희망과 왜곡 · 21
03 전기 산업: 19세기 실패한 발명가들 · · · · · · · · · · · 34
04 항공: 좌절한 대가, 기형적 산업 · · · · · · · · · · · · · · · 55
05 소비에트 산업화: 그것이 현대화였다는 신화 · · · · · 63
06 반도체 산업: 알려지지 않고 보상받지 못한 러시아 선구자들 · · · 82
07 유전학과 생명공학: 놓친 혁명 · · · · · · · · · · · · · · · · 93
08 컴퓨터: 성공과 실패 · 101
09 레이저: 천재와 잃어버린 기회 · · · · · · · · · · · · · · · 110
10 예외와 그것들이 증명한 것: 소프트웨어, 우주, 원자력 · · · 124

2부
문제의 원인은 무엇인가?

11 태도의 문제 · 139
12 정치 질서 · 149
13 사회적 장벽들 · 155
14 법률 체계 · 162
15 경제적 요인 · 173
16 부패와 범죄 · 177
17 교육과 연구 조직 · 181

3부
러시아는 오늘날 자신의 문제를 극복할 수 있는가? 러시아의 특별한 기회

18 새로운 재단과 연구대학 창설 · · · · · · · · · · · · · · · 193
19 루스나노와 스콜코보 · 199
20 러시아는 어떻게 3세기 동안 지속되어온 함정에서 벗어날 수 있는가? · · · 215

감사의 말 221
옮긴이 후기 226
연보 228
인명집 232
미주 239
찾아보기 263

1

**문제:
러시아는 왜 3세기 동안의
노력에도 현대화할 수 없는가?**

1장

초기 군수 산업: 초기 성취, 후기 침체

　러시아의 기술 현대화 양상, 즉 갑작스런 성장 후에 이어지는 지체는 매우 일찍, 이미 17세기에 시작되었다. 러시아의 통치자들은 방어적으로나 공세적으로나 이웃 국가들과 벌이는 전쟁을 성공적으로 수행할 수 있는 강력한 무기를 얻는 일에 열정을 불태웠다. 그런 연유로 그들은 당대 최고 수준의 군수 공장들을 만든 외국 전문가들을 초빙하라고 지시하고는 했다. 러시아 통치자들은 외국인들이 본국으로 돌아간 이후, 먼 훗날에도 이 군수 설비들이 최상으로 유지되기를 희망했다. 그러나 실망하게 되었는데 그 이유는 외국의 비평가들이 종종 말하는 것과는 달리 러시아인들의 기술력이 부족해서가 아니었다(실제로는 초기부터 뛰어난 러시아인 무기 장인들이 있었다). 그렇다기보다는 공장 외부의 사회적·경제적 후진성이 공장 내부에 점점 영향을 미쳐 생산품의 질이 떨어진 것이다. 이러한 결과는 러시아만의 문제가 아니어서, 미국의 하퍼스 페리Harpers Ferry와 스프링필드Springfield 조병창armory 사례에서도 볼 수 있었다. 이 경우 노예제와 사회적 후진성 때문에 하퍼스 페리의 생산이 스프링필드보다 지체되었다. 러시아의 경우, 툴라Tula와 같은 무기 공장의 개선은 당국이 미국 정부처럼 후진적 공장보다 진보적인 공장을 선호하는 방식이 아니라, 차르가 다음 단계의 현대화를 지시할 때만 일어날 수 있었다. 이 장은 현재로의 도약, 즉 현시대 가장 인기 있는 무기인 AK-47, 일명 칼라시니코프 소총을 살펴보면서 결론을 짓는다.

"툴라 공장은 세계 어떤 무기 공장과도 비교할 수 없을 정도로 개선되었다."[1]
– 1826년 차르 니콜라이 1세에게 보고한 툴라 무기 공장의 감독관

"미니에 카빈총이 러시아 대열에서 일으킨 파괴를 보고 나는 몸서리쳤다. … 그들의 머스킷 사격은 적에게 접근하면서 절반의 거리도 가지 못했다."[2]
– 크림 전쟁 중 인케르만 전투에서의 영국 장교, 1855년

위의 인용문 중 첫 번째 것은 1826년에 러시아 군의 주요 무기고 중 하나인 툴라 무기 공장에서의 무기 생산이 세계 최고 수준이었음을 보여주는 것 같다. 그러나 29년 후의 글인 두 번째 인용문에서는 전투 중인 러시아군이 당시 적군의 무기에 비해 완전히 열세인 무기를 사용하고

있었음을 보여준다. 이러한 차이를 우리는 어떻게 설명할 수 있을까?

이와 관련해 슬픈 아이러니가 있다. 1826년의 툴라 무기 공장은 세계 최고의 무기 공장에 속했으나, 그 직후 수십 년 동안은 다른 나라의 무기 제조 공장이 일궈낸 혁신을 도입하거나 따라잡지 못했다. 여기에는 러시아 기술을 자주 특징짓는 단속적 궤적의 예가 있다. 또한 다른 많은 경우들처럼, 이 불균등한 발전 뒤에는 이야기가 존재한다.

1479년경 설립된 모스크바 대포 주조장이 사용한 기술은 서방의 방문자들을 놀라게 했다. 원래 모스크바 사람들은 서방의 주조 공장장들의 지도를 받고 나서 자기들만의 방식을 개발하고 외국 방문자들에게는 공개하지 않았다. 이곳 모스크바 대포 주조장에서 러시아 군대를 위한 수백 대의 중重대포와 당시까지 만들어진 가장 큰 교회 종들 중 일부가 주조되었다.[3]

1632년 차르의 명령으로 네덜란드인 안드레이 비니우스Andrei Vinius가 모스크바 남쪽 툴라 근처에, 오늘날까지 계속해서 역사를 이어온 무기 제조를 위한 단조 공장을 건설했다. 처음에 툴라 무기 제조자들은 최신 방식을 도입했다. 그러나 18세기 초 표트르 대제 시기에 들어서자 그들은 서유럽 기술에 뒤처지기 시작했다. 표트르는 공장의 현대화, 특히 수력의 더 큰 활용을 명령했다. 그는 러시아 도제들을 교육하기 위해 스웨덴, 덴마크 및 프로이센 총기 제작자들을 불러왔다. 외국 기술자들을 데려왔을 뿐 아니라 러시아 기계공들을 교육하기 위해 해외로 보냈다. 그 기계공들 중 한 명인 안드레이 나르토프Andrei Nartov는 선반, 주화 압착기(조폐기), 총기 및 자물쇠를 개발한 기계 장인이 되었다.[4] 표트르가 죽고 나서 외국의 지원을 받는 정책은 지속되었다. 예카테리나 대제Catherine the Great는 18세기 3분기 말기에 툴라 공장들에 관심을 가졌고,[5] 실제로 한 번 방문했는데 그 기간 동안 무기 제조를 도왔다. 예카테리나 대제는 또한 기술 향상을 목적으로 러시아 총기 제작자들을 영국에 보내라고 명했다. 나폴레옹 전쟁 기간 동안 툴라 공장들은 러시아 군대에 다양한 구경의 총들을 제공하는 주요 공급자였다.

19세기 초 차르 정부는 자신의 군대와 군대에서 사용하는 무기를 매우 자랑스러워했다. 100만 병력의 군대는 유럽에서 가장 큰 규모였으며, 러시아 제국은 나폴레옹의 패배 이후 대륙에서 지배적인 군사력이었음을 입증했다. 1814년 러시아인들이 파리를 점령했다. 오직 영국 해군력만이 차르의 군사력에 맞설 수 있었다.

차르 정부는 군대가 자신의 잠재적 적들과 동등한 무기로 무장되어야 함을 깨닫고는 나폴레옹 시대 직후 바로 툴라의 조병창을 현대화하기 위해 큰 노력을 기울였다. 1817년 영국의 총기 제작 장인인 존 존스John Jones가 이전의 수작업 단조 방식 대신 다이 주조die casting 방식으로 총기 부품gunlocks을 제작하기 위해 툴라로 가족과 함께 초빙되었다. 그는 또한 낙하 망치 사용을 도입했고 총기의 호환 가능한 부품을 생산하기 위한 계획을 공표했다. 1826년까지 존스는 차르의 감독관이 툴라 공장을 세계 최고라고 평가했을 정도로 인상적인 현대화 계획을 수행했다.

툴라 조병창에서 놀라운 진보를 직접 확인하고 싶었던 니콜라이 1세는 툴라를 공식 방문하기로 했다. 그는 당시 이 조병창이 새로운 방식으로 생산된 주목할 만한 수량인 52,125정의 소형 무기들을 재고로 보유하고 있다는 내용을 보고받았다. 또한 세계 어떤 나라도 호환 가능한 부품들로 이뤄진 그러한 다수의 무기를 생산할 능력이 없다고도 보고

받았다. 니콜라이는 그 조병창을 두 차례 방문했다. 방문 때마다 그는 제시된 무기들 중 몇 개를 무작위로 골라서 분해한 뒤 부품을 섞어 그 부품들로 새로운 무기를 재조립하라고 지시했다. 그의 방문을 기록한 공식 보고서를 보면 "황제 폐하의 고귀한 관리High Management하에서 툴라 공장의 총기 산업은 '현재 알려진 가장 높은 수준의 완성도'에 이르렀다"라고 되어 있다.[6]

이 이야기가 맞는다면, 그것은 놀라운 사건이다. 역사가들은 현재 뉴잉글랜드의 미국인들이 1840년대가 되기 전까지는 다른 어느 곳에서도 대량 생산된 소형 무기 부품의 실질적인 호환이 가능하지 않았다는 데 동의한다.[7] 물론 몇몇 국가에서 그보다 일찍 호환 가능성을 이뤄냈다는 주장이 제기되었으나, 조사에 따르면 그들은 실제 호환성을 지속하지는 못했다. 그렇다면 러시아는 이러한 주장들 중 어디에 위치할까?

이 지점에서 이 이야기는 흥미로워지는데 나아가 역설적이기도 하다. 지금 우리로서는 1826년 차르가 툴라를 방문한 당시 어떤 일이 일어났는지 정확하게 알 수가 없지만, 그가 속았으며 당시 툴라에서 제조된 총기들이 실제로 호환 가능한 부품을 보유하지 않았음을 보여주는 증거는 쌓여가고 있다. 하지만 역설적인 점은 그 증거가 또한 1826년 툴라 공장이 실제로 세계의 다른 대규모 조병창만큼이나 좋았다는 사실을 보여준다는 점이다. 낙하 망치와 밀링 머신과 같은 툴라 공장의 일부 기계는 매우 인상적이었다. 영국 기계 장인 존스와 아마도 잘 알려지지 않은 일부 러시아 작업자들은 존스가 영국에서 사용했던 장비를 일부 개선했다. 존스와 그의 조수들은 존스가 고국에서 알았던 것보다 툴라에서 훨씬 더 큰 완성도를 달성했다.

그렇다면 무엇 때문에 우리는 차르가 1862년에 속았다고 의심하는 가? 그리고 이러한 개연성 있는 속임수에도 불구하고, 툴라 공장이 당시 세계 최고의 조병창들, 이를테면 미국과 영국에 있는 조병창들과 거의 동등했다는 어떤 증거가 있는가? 역사가들은 1812년부터 1839년까지 생산된 러시아 현존 소형 무기들을 조사했고 러시아의 주장과 모순되는 증거를 발견했다. 그 부품들에는 손줄 작업hand filing의 흔적이 적잖이 보였고, 이 점으로 보아 그 부품들이 호환되도록 생산되지 않았고 대신 수작업으로 번거롭고 비싸게 맞춰져야 했음을 알 수 있다. 일부 부품은 번호까지 매겨져 있지만, 진짜로 부품 호환성이 달성되었다면 이는 필요하지 않은 관행이다. 미국의 역사가들은 에드윈 배티슨Edwin Battison이 1981년에 이 증거를 조사했고 해당 총기 부품들이 같은 시기에 미국에서 생산된 총기 부품 대다수보다도 더 호환 가능하지 않았다고 지적했다. 그는 "같은 시기 미국군을 위해 만들어진 유사한 총들의 유사한 부품들도 비슷한 표시 부품들을 보여줄 것이다"⁸라고 말했다.

그런 다음 배티슨은 계속해서 다음과 같이 질문했다.

차르가 방아쇠와 머스킷 시험에서 믿을 수 없는 행운을 어떻게 가질 수 있었을까? … 수천 개의 머스킷 중에서 이러한 시연에 유용할 법한 극소수를 찾는 것이 가능하다. 그러한 예외적인 머스킷을 찾아서 준비하는 것은 비용이 많이 들 것이고, 그래서 차르가 순진하게 그것들을 무작위로 선택할 수 있도록 배치하는 것은 아주 큰 속임수에 해당하지만, 그렇게 했을 수도 있다.⁹

우리는 이러한 종류의 속임수가 러시아에 국한되었다고 결론 내리기 전에, 유사한 속임수들이 당시 다른 곳, 가장 유명하게는 미국에서 분명히 행해져왔다는 것을 지적해야만 하겠다. 최근 미국의 역사가들은 엘리 위트니Eli Whitney가 호환 가능 부품의 최초 개발자였다는 신화를 무너뜨렸다.[10] 1801년 엘리 위트니는 존 애덤스John Adams와 토머스 제퍼슨Thomas Jefferson을 포함한 저명한 청중 앞에서 스크루 드라이버 외에는 어떠한 도구도 사용하지 않고 10개의 총포류 기관부의 부품들을 분해하고 서로 섞은 다음 재조립했다. 제퍼슨은 이에 깊은 인상을 받아서 제임스 먼로에게 "위트니 씨가 자기가 갖고 있는 총기의 모든 부품 부속물을 매우 정확하게 같은 것으로 만들 수 있는 금형과 기계를 개발했으며, 100개의 총포류 기관 부품을 분해하여 그것들을 뒤섞어도 손에 잡히는 첫 번째 부품 조각들을 가지고 백 개의 총포류 기관부를 조립할 수 있다"[11]고 썼다. 제퍼슨의 열광은 이해할 수 있었다. 왜냐하면 그러한 총기들은 현장에서 쉽게 수리될 수 있었기 때문이다.

우리는 이제 엘리 위트니의 주장이 거짓이었다는 것을 안다. 그의 머스킷들은 호환 가능한 부품들로 만들어지지 않았다. 수년 후에 물리적 증거들을 연구한 어느 역사가는 결론 내리길, 그 부품들은 "어떤 점에서는 … 대략적으로라도 호환 가능하지 않았다"[12]라고 했다. 더 나아가 위트니는 그러한 생각의 위대한 주창자로 남아 있을지언정 평생토록 진정한 부품 호환성을 달성할 수는 없었다.

위트니가 사망하고 일 년 뒤, 툴라 시연과 같은 해인 1826년, 놀라운 우연의 일치로 미국과 러시아에 있는 소형 무기 제조 상태를 평가하는 보고서가 세 편 출간되었다. 그 보고서들을 통해 우리는 미국과 러시아의 제조 방식을 매우 정확하게 비교할 수 있다. 그 세 편의 보고서는 하퍼스 페리 조병창을 다룬 카링턴 보고서, 코네티컷에 있는 휘트니의 무기 공장에 대한 평가, 그리고 러시아 툴라 조병창에 대한 보고서였다.[13] 이 가운데 툴라 조병창에 대한 보고서가 가장 상세했다. 물리적 증거와 결합된 이들 세 보고서에 따르면, 진정으로 호환 가능한 부품을 장착한 총기들은 양국에서 대규모로 생산되지 못하고 있었지만 러시아가 대부분의 작업에서 당시 미국과 거의 동등했고 아주 많은 수의 신식 총기들을 생산하는 능력에서 우월했다는 점을 보여준다. 배티슨은 툴라 보고서에 대한 소개서에서 "위트니 사망 시점에 위트니 소유의 몇 안 되는 기계들과 툴라에서 사용 중이던 기계의 숫자와 다양한 종류를 비교하면 … 확실히 위트니를 둘러싼 부풀려진 대중적 신화가 뚫리고 허물어진다"[14]라고 논평했다. 하퍼스 페리의 존 홀John Hall은 미래를 약속했던 혁신적인 호환 체계에 기반한 2천 정의 후장식 플린트락Flint Lock 소총을 생산했지만, 러시아인들은 당시 최고의 미국 머스킷에 필적하는 연 2만 정 이상의 총을 이미 생산하고 있었다.

그러나 두 나라는 1820년대 소형 무기 제조 면에서 거의 동등한 위치에서 출발했지만, 러시아는 다음 30년 동안 급격하게 뒤처졌다. 1830년대에서 1850년대를 거쳐, 미국의 무기 제작자들은 호환되는 부품 제작을 아이디어에서 현실로 이뤄냈고, 그것을 확장해 미국적 제조 체계로 완성했다.[15] 반면 러시아는 이러한 발전을 놓쳤다. 러시아 제국의 이러한 점진적인 하락은 1820년대와 1830년대 러시아가 벌인 전쟁들이 열등한 무기를 가진 튀르키예인들과 카프카스 산악인들에 대적한 것이었다는 사실에 의해 얼마 동안 감춰졌다. 러시아 군대의 구시대성이 드러난 시점은 러시아 영토인 크림에서 러시아 군대가 훨씬 더 나은 장비로 무장한 영국과 프랑스 군대에 대적하려고 한 19세기 중반에 이르러서였다.

크림 전쟁에서 러시아 보병의 주요 무기는 활강식 머스킷이었고, 그것들 중 다수가 툴라에서 생산되었다. 1845년 시작된 충격식(퍼커션) 머스킷으로의 전환 프로그램이 아직 완성되지 못했기 때문에 머스킷들 중 일부는 심지어 플린트락 방식이었다. 이 무기들 중 많은 수가 수리가 필요한 상태였으며, 그 부품들은 대체로 호환 불가능했다. 1845년 가을 알마 전투와 인케르만 전투에서 러시아 군대는 러시아 머스킷에 비해 치명상 범위가 대략 세 배 되는 라이플과 미니에 총탄으로 무장한 프랑스와 영국 군인들과 맞닥뜨렸다(미니에 총탄은 원래 프랑스인들이 개발한 일종의 나선안정화 총알이었다). 한 러시아 장교는 새로운 무기에 대해 다음과 같이 두려움을 표현했다. "인케르만 전투에서 전체 연대가 어떻게 그들의 라이플로 무너졌고, 병력의 4분의 1을 어떻게 잃었는지를 보면서, … 나는 우리가 야외에서 전투를 전개하자마자 그들 손에 죽을 거라고 확신한다."[16]

불과 수십 년 만에 소형 무기 제조에서 이렇게 뒤처진 현상을 어떻게 설명할 수 있을까? 몇 가지 가능성이 있다. 역사가 에드워드 배티슨이 제시했듯이, 1826년 호환 가능한 제조법이라고 주장하는 속임수 탓에 "군주가 한번 성공을 인증하기만 하면 지속적인 진보를 위해 투자 노력을 더할 방법이 없는 그런 전제 국가에서 현대화의 진전이 저해받았을"[17] 수 있다. 또 다른 가능성을 꼽는다면 러시아의 외교 대표자들이 다른 나라들에서 이뤄지는 군수 제조 면에서의 진보를 보고하지 못했을 수 있다.

이 두 답변 모두 일부는 설명할 수 있지만, 역사 기록을 좀 더 면밀히 살펴보면 가장 중요해 보이는 또 다른 요인이 나온다. 일부 다른 주도 국가들은 사회적, 경제적 환경이 기술 진보를 육성하고 촉진했던 반면, 러시아에서는 같은 환경이 오히려 그러한 발전을 막았다. 러시아 기술의 현대화는 독립적으로 혁신을 촉진하는 사회적, 경제적 환경 없이, 차르 정부가 급격한 뒤처짐을 알아차리고 새로이 서방 전문가들과 기계를 도입하는 것에 기반한 개혁을 명령할 때에만 나타날 수 있었다. 그러한 갑작스러운 구원은 툴라에 존 존스를 데려온 1817년에 한 차례 이루어졌으며, 러시아인들이 소형 무기에 대한 도움을 얻기 위해 해외로 눈을 돌린 크림 전쟁 이후에 두 번째로 이루어졌다. 이 시기 러시아인들은 호환 부품 제조 방식으로 생산된 미국산 라이플에 주목했다. 러시아와 이후 소련에서의 모든 기술이 그러했듯 러시아 군사 기술은 불규칙적으로 발전했다.

툴라 조병창들이 서방의 발전을 따라가지 못한 것에 사회적, 문화적 요인들이 중요한 역할을 했다는 점을 관찰하기는 쉽지만, 이러한 가설이 더 설득력을 얻으려면 다른 수준의 증명이 필요하다. 19세기 전반 사회적 요인이 무기 생산 분야의 혁신에 영향을 준다는 독립적 증거가 있는가?

버지니아의 하퍼스 페리와 메사추세츠주 스프링필드에 하나씩 있는 미국 국가 조병창 두 곳에서 벌어진 일을 비교해보면 해답의 실마리를 찾을 수 있다. 하퍼스 페리 조병창을 다룬 메릿 로 스미스Merritt Roe Smith의 1977년 책이 특히 도움이 된다.[18] 툴라는 하퍼스 페리가 같은 시기 스프링필드에게 뒤처진 것(적어도 부분적으로)과 같은 이유로 고품질의 소형 무기 생산에서 서방 선진국들에 뒤처졌다.

스미스는 하퍼스 페리와 스프링필드 조병창들을 면밀히 비교한 뒤 다음과 같이 결론짓는다.

하퍼스 페리는 정부 무기 프로그램에서 만성적인 문제 지점으로 남았다. 전통에 얽매이고 종종 고집스러운 민간 관리자와 노동자들은 대부분 산업 문명에 매우 불안하게 적응했다. 이에 비해 스프링필드 조병창의 상황은 뚜렷한 대조를 보였다. 그곳에서는 기계공뿐만 아니라 공장장들 역시 버지니아의 동시대인들이 품은 어떤 주저함이나 두려움 없이 신기술을 수용하는 것으로 보였다.[19]

스미스는 하퍼스 페리에서의 접근 방식이 "범위가 제한되고, 태도에서 정적이며, 과정에서 지엽적인 동시에 질적으로 근시안적"이었던 반면, 스프링필드는 "광대한 진취적 비전"을 갖고 있었다고 이어서 말한다.[20] 결과적으로, 하퍼스 페리는 혁신에서 뒤처진 반면, 스프링필드와 코네티컷강 계곡은 새로운 생산 체계의 발상지가 되었으며, 이 접근 방식은 무기 제조에서 미국 산업의 나머지 부문으로 퍼져나갔다.

스미스는 하퍼스 페리와 스프링필드의 대조적인 사회 환경에서 현대화에 대한 태도에 자리한 차이점들의 근원을 찾았다. 하퍼스 페리는 전산업적 이념, 장인 전통 및 노예제의 영향을 받은 사회적 위계가 현대적 제조업 방식의 발전을 저해하는 농촌 지역에 속하는 작은 남부 마을이었다. 하퍼스 페리 마을은 사회 변화에 의구심을 품은 소수의 특혜받은 가문들이 지배하고 있었다. 이러한 특권 가문들의 자녀들은 교육을 제공받을 수 있었으나, 다른 가족들은 교육받을 기회가 극히 제한되었다. 하퍼스 페리에는 1822년부터 1837년까지 랭카스터 학교가 있었으나, 이후 공공 지원 부족으로 존속하지 못했다.

하퍼스 페리에서 노예는 실제로 거의 고용되지 않았음에도 불구하고, 노예제는 하퍼스 페리 조병창에서의 사회적 태도에 영향을 주었다. 스미스가 지적한 것처럼.

노예 소유는 공동체 내에서 사회적 지위를 높였기 때문에, 몇몇 무기제조업자들의 노예 소유 자체가 그 자신들의 권리를 지키려는 분투였으며, 자신들의 직업에 부여되는 명예와 존엄성에 민감해도록 만들었다. 그래서 무기제조업자들은 어떠한 조직이나 기술 변화가 되었든 조금이라도 자신들의 지위를 약화시킬 것 같으면 강하게 저항했다. 예를 들면, 1842년 '시계 파업' 기간 동안 가장 빈번하게 반복적으로 제기된 항의는 군수부the Ordnance Department가 노동자들의 자유를 전복해서 그들을 '기계의 노예'로 만든다는 것이었다. 이렇게 전달된 두 용어는 가부장적 사회에서 매우 수치스럽게 느껴졌다.

하퍼스 페리의 숙련 노동자들은 "무기 제조 장인"으로서 자신들의 특별한 지위를 몹시 자랑스러워했기 때문에, 규율, 기계 작업, 시간 통제 및 생산 품질 균일성에 저항했다. 실제로 토머스 던Thomas Dunn이라는 관리자가 1829년 업무 수행과 생산 품질에 대한 엄격한 통제를 강화하려고 시도하자, 한 무기제조업자가 그를 암살했다. 다른 경우 노동자들이 장인으로서 자신의 지위가 일용직 노동자의 지위로 떨어진다고 믿었을 때 노동자들은 파업에 들어갔다.

같은 시기 스프링필드 조병창은 완전히 대조적인 모습을 보였다. 거기서는 노동자 다수가 서부 메사추세츠 농장과 마을에서 왔다. 이 지역에서 그들은 공공교육 체계의 혜택을 보았다. 노예제를 아예 알지 못하는 자유농민 출신으로서, 이 노동자들에게는 사회적 지위를 잃을지 모른다는 두려움이 없었다. 그들은 기계 도입에 반대하기는커녕 기계의 등장을 반겼다. 청교도 윤리가 여전히 힘을 발휘하던 통제된 환경에서 양육되었기에 그들은 공장의 규제된 생활환경을 쉽게 받아들였다. 스프링필드의 노동자들은 하퍼스 페리의 노동자들에 비해 규율이 잘 잡혀 있었고 근면했다. 스프링필드 공장의 관리자들은 기술 면에서 진보적이고 헌신적이었다. 미국에서 사회 환경이 기술 혁신에 대한 수용성에 어떻게 영향을 미쳤는지를 보여주는 이 동시대 사례의 배경을 바탕으로, 툴라 조병창의 사회적 맥락을 살펴보자.

19세기 초기 몇십 년 동안 툴라 무기 공장은 수많은 노동자들이 고용된 복합 건물과 제작소였다. 실제로 이 공장은 세계에서 가장 큰 조병창 중 하나였다. 1826년 툴라 조병창은 거의 14,000명의 노동자를 고용했는데, 그중 3,000명 이상이 정부에서 인정한 특별 신분 구성원이었고 병역과 모든 세금을 면제받았다. 엄밀히 따지면 국가에 소속된 농노였지만, 이 총기공들은 자신의 위치에서 벗어나지 않고 조병창 관리 책임자들에게 복종하는 한 엄청난 특권을 누렸다. 그들 중 일부는 결국 자기 소유의 농노를 보유하게 되었고, 이는 법적으로 말하면 스스로 농노였던 사람들에게 특히 가치 있는 구별이었다.

툴라 작업장들은 또한 그 지역에 있는 토지 소유 귀족에 속한 3,000명에서 4,000명의 농노를 고용했다. 지주들은 농노들이 면역지대免役地代, obrok를 납부하는 한 자신들의 토지 밖에서 일하는 것을 허용했다.

농노들 대부분은 문맹이었다.

툴라 철공소의 역사는 툴라 지역에서 무기제조공들과 나머지 농노들 사이의 분쟁으로 점철되어 있다. 무기제조공들은 다른 농노들과 한층 더 뚜렷하게 구별될 수 있는 특권을 얻으려 항상 투쟁했다. 보통 모든 농노는 노동 형태나 현금 지불 형태로 고용주인 지주들에게 역役을 제공해야 했으며, 국가에 세금을 내고 소집 시 군대에 복무해야 했다. 툴라 무기제조공들은 점차 이러한 의무 대부분을 벗어던졌다. 차르에게 보내는 청원에서 그들은 자신들이 전쟁 수행에 필요한 특별한 기술을 지녔음을 상기시키면서 의무 면제를 요청했다. 이러한 요청은 다른 농노들 사이에서 질투심을 유발했으며 때로는 공공연한 충돌을 야기했다. 그러한 대결을 피하기 위해, 18세기 차르 정부는 툴라 마을을 여러 구역으로 나눈 다음 한 구역은 다른 시민들의 거주를 금하고 무기제조공들만 모여 살도록 명했다. 무기제조공들은 자기 집에서 작업 대부분을 수행했으며, 평화 시기에는 사적으로 팔 수 있는 도구, 주전자, 자물쇠, 부속품 등을 만드는 것을 허용받았다.

이처럼 특권을 누렸음에도, 툴라 무기제조공들은 매우 엄격하게 규제받았다. 그들은 정부의 허가 없이는 툴라를 떠나거나 직업을 포기할 수 없었다. 도망칠 경우 강제로 귀환되었다. 1824년, 실린Silin이라는 툴라의 무기제조공이 도망갔다가 붙잡혀 조병창으로 끌려와서는 자작나무 가지로 2,000대를 맞았다. 이는 절대 살아남을 수 없는 형벌이었다. 18~19세기 동안 툴라 조병창에서 탈출을 시도한 사례가 평균 한 달에 한 번꼴인 2,000번 이상 있었다.[21]

툴라 노동자들은 경제적으로 착취되고 형편없는 생활수준으로 고통

받았지만, 러시아의 다른 농노들보다는 더 잘 살았다.[22] 그러나 어느 서방의 역사가가 묘사하듯이, 그들의 삶은 "적대적이고, 폭력적이며, 복수심에 불타올랐고, 걸핏하면 싸우려 들고 무시무시했으며, 욕설이 난무했다."[23] 농노 소유자들의 통제는 매우 심했으나 농노가 농노를 사회적으로 억압하는 것이 더욱 심했고, 이것이 권위의 체계를 보장했다. 툴라에서 무기제조공들이 농노 소유자나 농노 감독자가 되면, 많은 무기제조 장인이 그랬듯, 그들은 이내 매우 엄격한 작업감독자로서 명성을 얻곤 했다.

툴라에서 가장 명성 높은 노동자는 무기제조 장인이었고, 이들은 화려하게 장식된 총을 생산했다. 툴라는 이것으로 유명해졌다(오늘날 몇몇 툴라 총기는 수집가들의 소장품으로 가치가 높게 평가된다). 이 장인들은 부조sunken relief, 다마스크 상감, 상감, 조금彫金(끌을 이용하여 금속에 그림이나 무늬를 넣는 일), 청색 칠 및 총기 개머리판에 사냥 장면을 조각하는 것과 같은 기술에 전문적이었다. 이들은 자신을 노동자가 아닌 예술가로 여겼고, 표트르 골차코프Petr Goltiakov처럼 이름을 떨친 무기제조공들도 있었다. 골차코프는 평범한 총기제조공으로 시작했으나 뛰어난 재능으로 전체 조병창의 총기 부품 감독관lock overseer이 되었다. 크림 전쟁이 발발하기 직전인 1852년, 그는 니콜라이와 미하일 대공에게 총기를 조달하는 영예의 지위에 임명되었다.[24] 골차코프의 아름다운 총기들은 보병을 위해 제작되는 무기가 아닌, 지배 가문과 최고위 장교들을 위한 '전시용 무기'였다. 툴라 무기제조공들에게 주어지는 보상 체계는 평범한 무기를 만드는 기계공들이 아니라 전시용 무기를 생산하는 골차코프와 같은 장인들에게 호의적이도록 강하게 편향되어 있었다. 결과적으로 소수의 최고급 러시아 총기들의 품질은 매우 좋았으나 평균적으로는 무기의 질이 형편없었다.

툴라 기능공 장인들은 개인적 기술에 의존했기에 자신의 지위를 자기 가문 구성원 대부분이 출발했던 국가 농노 서열로 떨어뜨릴 수 있는 모든 혁신에 저항했다. 기계화에 저항한 툴라의 역사는 길다.[25] 표트르 대제 시기, 무기제조 장인들은 수력 도입에 반대해서 러시아 상원에 항의서를 제출했다. 수십 년 동안 무기제조공들은 대부분 소규모 대장간이 있는 자기 집에서 중앙집중화된 공장으로 작업장을 이전하는 것에 저항했다. 1815년에 차르 정부는 툴라의 건물들 중 하나에 증기 엔진을 설치했으나 1826년 공식 보고서에서 그 엔진이 아직도 사용되지 못하고 있다고 보고했다. 당시 대다수 무기제조공은 주요 공장이 아닌 집에서 수작업으로 일했다. 심지어 1860년에도 툴라 무기제조공의 단 35퍼센트만이 집이 아닌 "공장 담 안에서" 일했다.[26] 그들 중 많은 이들이 공장으로 작업장을 옮기는 건 예술가 아닌 산업적인 피고용인이 된다는 의미라고 받아들였을 것이다.

1851년 수정궁Crystal Palace 박람회가 런던에서 열렸다. 이 박람회는 많은 나라들이 예술 및 산업 생산품들을 전시하는 대규모 행사였다. 오스트리아인들 및 프랑스인들과 마찬가지로 러시아인들은 가공품들이 과하게 장식된 예술적 전시물들을 보여주었다. 미국의 전시는 눈에 띄게 달랐다. 역사가 네이선 로젠버그Nathan Rosenberg가 말하듯이, "심미적 감수성을 만족시키기 위해 미국 전시관에 온 방문자는 시간을 버리는 것이었다."[27] 비평가들은 곧 미국 전시 영역을 '대평원'이라고 불렀다. 전시 물품들 중에는 제빙기, 옥수수 껍질 매트리스, 철로 분기기 및 전신 도구들이 있었다. 더 구체적으로, 전시에는 코네티컷의 새뮤얼 콜트Samuel Colt와 버몬트의 로빈스 앤 로런스Robbins and Lawrence사에서 제작한 소형 무기도 있었다. 로빈스 앤 로런스의 무기들은 실제로 호환 가능한 부품들로 만들어졌다. 콜트는 "수작업으로는 여러 부품들에서 바람직한 만큼의 일관성이나 정확성을 얻을 수 없었기 때문에"[28] 기계 생산에 의존한다고 발표했다. 이 1851년 전시는 툴라 무기제조공들에게는 하나의 경고였다. 불과 3년 후에 있을 크림에서 벌어진 알마 전투와 인케르만 전투에서 피비린내 물씬 나게 드러난 미래는 예술은 사라지고, 치명적인 균일성이 얻어지는 것이었다. 불과 수십 년 전만 해도 러시아 무기들이 적들의 무기들 중 최고의 것들과 동등했지만, 러시아 군대는 영국과 프랑스 라이플(소총)의 우월함 때문에 크림에서 굴욕을 당했다.

우리가 툴라 무기 공장에서 본 초기 성취와 뒤이은 침체라는 스토리는 러시아 기술의 역사에서 흔히 나타나는 순환 패턴이다. 이 책의 다음 장들에서 나는 다양한 산업 분야에서 나타나는 이런 순환 주기의 여러 일화를 논할 것이다. 이러한 순환 형태는 차르 시대에도, 스탈린Stalin 시대에도, 브레즈네프Brezhnev 시대에도 반복되었으며, 포스트–소비에트 러시아(소련 붕괴 이후 러시아)에서도 되풀이되는 중이다. 현재, 러시아가 여전히 선도하고 있는 경제 발전 분야가 석유와 가스 생산이지만, 심지어 여기에서조차 러시아는 다른 국가들에서 나타난 석유와 가스 추출 신기술을 따라잡지 못했다(러시아인들이 수압 파쇄 기술을 개발하긴 했지만 이어 나가는 데는 실패했다).[29]

러시아는 이러한 치명적인 주기에서 벗어날 수 있을까? 원리상으로는 그러지 못할 이유가 없으나, 실제로는 그러한 탈출이 매우 어렵다는 것이 증명되었다. 툴라의 예와 러시아가 뒤처지는 이유는 오늘날의 러시아에도 여전히 드러나고 있다.

후기: AK-47

20세기로 건너뛰는 것이기는 하지만, 이러한 러시아의 소형 무기 생산 논쟁에서 지난 60년 동안 가장 대중적이고, 가장 널리 퍼졌으며, 가장 많은 총기인 칼라시니코프 소총, 즉 AK-47에 대한 몇 가지를 덧붙이는 것이 적절하겠다.[30] 언뜻 보기에 칼라시니코프Kalashnikov는 러시아 기술의 난관에 대해 여기에서 언급된 이야기의 예외처럼 보인다. 무엇보다도 AK-47은 역사상 가장 유명하고, 믿을 만하며, 견고하고 단순하고 저렴한 자동 소총이다. 많은 군대, 게릴라 집단, 반란자 및 테러분자들이 이 무기를 선택했다. 목적을 고려하면 그것은 탁월한 기술이다. 스푸트니크Sputnik와 함께 이것은 아마도 가장 잘 알려진 소비에트 기술 제품일 것이다. 수백만의 사람들이 AK-47의 독특한 곡선 탄창, 돌출된 조준경 및 가스약실관 때문에 그것을 즉시 알아본다.

AK-47의 역사는 이 책의 논지에서 벗어나기보다는 다음과 같은 이유로 오히려 논지를 더 잘 설명해준다. 러시아는 세계에서 가장 널리 제조된 화기를 발명한 것에서 어떠한 경제적 이익도 거의 얻지 못했다. 그것을 만드는 러시아 회사인 이젭스크Izhevsk 무기 공장은 최근 파산 위기에 몰렸다. 하지만 세계 대부분의 AK-47들은 러시아에서 제조되는 것이 아니라 러시아에 어떠한 대가도 지불하지 않으면서 복제 생산된다. 2012년 2월 러시아 부총리, 드미트리 로고진은 그러한 공인되지 않은 AK-47 생산자들이 "우리에게 아무것도 지불하지 않는다. … 이는 우리의 수출 지위를 약화시킨다"[31]라고 불만을 표했다. 2012년 말까지 미미한 양의 러시아 AK-47 수출의 약 80퍼센트가 미국으로 판매되었다. 미국에서는 AK-47이 복제품보다는 러시아제 진품을 원하는 수집가들에게 컬트 무기가 되었기 때문이다.[32]

보통 이 총기를 발명했다고 여겨지는 인물인 미하일 칼라시니코프는 칼라시니코프 제조를 통해 전혀 돈을 벌지 못했다(그가 스탈린상을 받고 대단히 크게 인정받기는 했지만).[33] 이젭스크 무기 공장은 칼라시니코프 개발 이후 50년 이상이 지난(AK-47이란 명칭은 그것의 설계가 이뤄진 1947년이란 해를 지칭하며, 'AK'는 칼라시니코프 자동 소총의 머리글자이다) 1999년까지 이 소총에 대한 적절한 특허를 내지 않았다. 그때까지 AK-47의 설계는 공적 소유였다. 이 유명한 총에 관한 권리(지식재산권)의 적절한 통제가 총기 제조업자들에게 가져다주었을 재정적 횡재가 없었기 때문에, 이젭스크 무기 공장은 소형 무기 생산에 있어서 더 큰 발전을 유지할 수 없었고 지위를 잃었다. AK-47은 근접전에서 매우 유명하지만, 사정거리(350m)가 짧으며 현대 자동 무기의 정확성에는 미달한다(첫 설계 이후 65년 만에 칼라시니코프의 현대화 계획이 나왔다). 이러한 모든 점이 이 책의 논지와 맞아떨어진다. 수세기에 걸쳐 러시아는 놀랍도록 좋은 기술 몇 가지를 개발했으나 그것들로부터 적절한 경제적 이득을 거의 얻지 못하고, 같은 기술 분야에서 후속 발전을 따라잡지 못했다. 시간이 지나면서 AK-47은 점점 더 러시아 기술의 단속적 형태와 일치한다. 비록 이 경우에 시작은 그 찬란함과 국제적 인정 면에서 예외적이었지만 말이다.

2장

철도:
희망과 왜곡

러시아는 철도 발전에서 초기 선도자였다. 1835년에 러시아의 부자지간 팀이었던 체레파노프Cherepanovs 부자는 60톤의 화물을 끌 수 있는 증기기관차를 제작했다. 하지만 체레파노프 증기기관차는 더 이상 발전하지 못했고 러시아는 곧 철도 건설에 있어서 미국과 다른 유럽 국가들과 같은 외세에 의존해야만 했다. 그럼에도 불구하고 러시아는 철도 건설에서 소수의 개척 국가 중 하나이다. 첫 러시아 증기 철도는 오스트리아에서 첫 번째 증기 철도가 공개되고 프랑스에서 첫 증기 철도가 나온 지 불과 5년밖에 지나지 않은 1837년에 대중에게 공개되었다. 상트페테르부르크와 모스크바는 시카고와 뉴욕이 연결되기 전에 철도로 연결되었다.
그러나 철도에서 러시아의 유명세는 오래 지속되지 않았다. 러시아의 철도 네트워크는 영국, 프랑스, 독일 혹은 미국보다 훨씬 더 느리게 확장되었다. 1844년에서 1855년 사이에 러시아에서는 철도가 새로 건설되지 않았다.[1] 이 시기는 다른 산업 국가들에서 철도 건설이 대유행을 일으키고 있을 때이다. 1855년까지 러시아는 단지 653마일의 철도를 보유했을 뿐이며, 이는 미국의 17,398마일, 영국의 8,054마일과 비교된다.[2] 초기 전도유망한 시작에도 불구하고 러시아는 왜 그렇게 철도에서 느리게 발전하고 있었을까? 이는 대체로 정치적이고 경제적인 이유로 설명된다.

"우리가 알고 있는 어떤 나라의 어떤 시설보다 생산량에서 월 약 두 대의 엔진을 앞서고 있다."[3]

– 미국의 철도 기술자 조지 워싱턴 휘슬러가 1847년 상트페테르부르크 철도 공장에 대해 말한 것

1833년 미론 체레파노프 Miron Cherepanov라는 이름의 러시아 장인이 영국 뉴캐슬에 위치한 조지 스티븐슨 George Stephenson의 철도 공장에 방문했다.[4] 체레파노프와 스티븐슨은 증기기관과 기관차 개발의 선구자였다. 스티븐슨(그리고 아들 로버트)과 체레파노프(그리고 아버지 예핌)는 생전에 수십 대의 증기기관을 만들 것이었다. 체레파노프가 뉴캐슬의 철도 공장을 방문하기 불과 4년 전에 스티븐슨은 종종 역사상 처음으로 성공한 기차 엔진이라 불리는 로켓을 시연했다.[5] 체레파노프는 러시아로 돌아와 다음 해인 1834년 유럽 대륙에서 최초로 자국에서 제작되고 영국 수

입산이 아닌 기관차를 만들었다. 이 기관차는 시연에 성공했으며 엔진이 30마력이었다. 그다음 해에는 46마력의 엔진을 장착한 두 번째 모델이 등장했다(스티븐슨의 로켓은 20마력이었다).

체레파노프와 스티븐슨 사이에는 몇 가지 유사점이 있었다. 두 사람 모두 가난한 광부 가정 출신이었다. 둘 다 고등 교육을 받지 못했고, 자신들의 기관차 [제작] 배경지식인 수학과 열역학 이론에 취약했다. 두 사람은 고도로 숙련된 금속 장인이었고 당시로서는 선진적인 엔진을 만들었다. 그러나 기업가로서 그들의 운명에는 큰 차이가 있었다. 스티븐슨의 발명은 널리 복제되었고 이후 전체 철도 발전에 영향을 주었다. 스티븐슨은 표준 기술사history of technology에 속한 인물로 종종 '철도의 아버지'로 언급된다. 반면, 체레파노프의 발명은 복제되지 않았고, 그에 관한 내용은 오늘날 대부분 잊혔다. 왜 이러한 차이가 발생했을까?

스티븐슨은 매우 가난한 가정 출신이었지만, 자신의 기관차에 특허를 냈고 투자자들의 도움으로 (아들의 이름을 딴) 자기 소유의 기업 로버트 스티븐슨 앤드 컴퍼니Robert Stephenson and Company를 설립했다. 이 회사는 아주 다양한 고객들에게 자신의 서비스와 제품을 판매했다. 고객들은 광산에서 제련소까지 광석을 운반하고, 광산에서 물을 퍼내며, 새로 건설된 리버풀과 맨체스터 철도에서 승객을 운송하는 것과 같은 다양한 목적으로 스티븐슨의 엔진을 사용했다. 요컨대 스티븐슨의 엔진은 상업적 제품이 되었다.

체레파노프는 우랄산맥에 광산과 제련소를 소유한 데미도프Demidov 가문에 예속된 농노였다. 체레파노프는 일생이 농노 부역에 허비되었으며 철저히 주인에게 종속되어 살았다. 특허 체계는 러시아에 없었는

데, 설령 있었더라도 농노 신분인 체레파노프는 특허를 낼 자격이 없었을 것이다. 감독관들이 체레파노프를 영국으로 보낸 이유는 기관차에 대해 알아보고 싶어서가 아니라, 러시아 철강 시장이 왜 축소되고 있으며 영국 철강의 품질이 빠르게 개선된 비결이 무엇인지를 알아 오도록 하기 위함이었다. 우랄에 있는 데미도프 공장의 관리자들은 기관차에 관심이 없었다. 그들은 소유한 광산에서 제련소까지 광석을 운송하는 데에 저렴한 예속 농노 다수를 노동력으로 이용하고, 이따금 말의 도움을 받는 것이 더 저렴하다고 생각했다. 러시아에서는 기관차를 도입할 유인과 전망이 없었다.

영국에서 스티븐슨의 기관차는 광산에서 상업적 목적을 위해, 목화를 직물 공장으로 운송하기 위해 그리고 최초의 공공 철도에서 승객과 화물의 운송을 위해 이용되었다. 기관차의 소유주들은 돈을 벌고 싶어 했다. 러시아는 영국 밖에서 작동하는 증기기관을 보유한 최초의 국가로 추정되지만, 러시아의 증기기관은 페테르고프에 자리한 차르의 여름 궁전 안 생동감 넘치는 분수들의 물을 끌어올리는 데 사용되었다. 1835~1837년에 만들어진 러시아 최초의 철도는 상트페테르부르크에 있는 통치자의 겨울 거주지(겨울궁전)와 그 근처 역인 차르스코예 셀로Tsarskoe Selo 사이를 운행했다. 페테르고프의 물을 푸는 증기기관과 왕가 거주지 사이를 운행하는 철도 모두 스티븐슨 컴퍼니와 같은 회사가 영국에서 추구하는 상업적 이익이 아닌, 주로 과시와 통치자의 즐거움을 위해 만들어졌다. 러시아 차르들의 사치와 부는 충분히 과시된 반면, 영국 철도 건설자들의 인색한 경제적 계산은 상대적으로 음울해 보였다. 하지만 기민한 영국 산업가들은 자신들의 실질적 힘을 전혀 키우지 못한 러시아 지배자들의 과시적 보여주기와 대조적으로 대영제국의 힘을 강화시키고 있었다. 차르스코예 셀로 철도가 건설될 때, 체레파노프가 이미 러시아 국산 기관차를 제작했음에도 불구하고 엔진을 서유럽에서 구매했다. 그는 스티븐슨과 다른 영국 기술자들이 했던 방법인 지속적인 수선과 개조를 통한 엔진 개선을 꾀할 수 없었다. 왜냐하면 러시아 시장에서는 전혀 수요가 없었기 때문이다.

기술자와 생산자로서 스티븐슨과 체레파노프의 운명 사이의 이러한 대비에 비추어보면, 기술 진보를 추동하는 가장 중요한 요인은 장치 그 자체의 발명이 아니라(스티븐슨과 체레파노프 모두 증기기관이나 기관차의 '발명가'가 아니며 둘 다 선구자들이 있었다) 어떤 기술 혁신이 선택되고 앞으로 나아가도록 하는 사회적이고 경제적인 자극이라는 점이 분명해진다.

결국 유럽에서 본 최초의 철도에 감명을 받은 차르 니콜라이 1세Tsar Nicholas I는 1842년에 러시아의 두 주요 도시인 상트페테르부르크와 모스크바 사이에 철도 건설을 명령했다. 그에게 조언한 사람들과 대신들 다수가 그 결정에 반대했으나 예외가 있었다. 그중 한 명이 뛰어난 철도 기술자인 파벨 멜니코프Pavel Mel'nikov였다. 그는 공학 교육을 제대로 받았고 유럽과 미국에서 '철도학'을 경험했다.[6] 러시아는 철도 건설에서 선도자가 될 또 한 번의 기회를 맞았다. 멜니코프는 미국 지인인 조지 워싱턴 휘슬러George Washington Whistler를 특별히 철도 차량에 관한 고문으로 고용하는 것을 지지했다. 휘슬러는 멜니코프와 함께 일하면서 위넌스 앤드 해리슨Winans and Harrison이라는 미국 기업을 상트페테르부르크에서 철도 기관 차량과 객차 제조에 참여시켰고, 곧이어 그 공장은 이 유형의 모델이 되었다. 해리슨은 자신의 상트페테르부르크 철도 공장의 생산이 "우리가 아는 어떤 나라의 어떤 설비보다도 앞선 월 약 두 대의 엔진에 달한다"라고 자랑했다. 그렇게 차르 제국은 단기간 내에 세계에서 가장 잘 갖춰진 철도 중 하나를 보유하게 되었다.

멜니코프는 경제적 이익을 강조하면서 국가가 통제하는 광범위한 철도망 건설을 차르에게 청원했다. 그러나 상트페테르부르크-모스크바 철도가 건설되자마자 유럽과 미국에서 철도가 빠르게 확산된 데 반해 러시아는 또다시 뒤처졌다. 차르는 원칙적으로 철도에 계속 호의적이었고 더 많은 철도 건설을 위한 수많은 연구를 지시한 것도 사실이지만 실행된 것은 거의 없었다. 철도 건설에는 돈이 엄청나게 많이 들었고 차르 니콜라이는 개인 투자자들이 철도에 자금을 투자하는 것을 선뜻 허용하지 않았다. 그는 멜니코프와 마찬가지로 국가 통제를 원했다. 1855년까지 러시아는 미국 17,398마일 및 영국 8,054마일과 비교해서 단 653마일의 철도를 보유했을 뿐이었다.

툴라 무기들의 사례에서와 마찬가지로, 경각심을 일깨운 계기는 1854~1855년 크림 전쟁이었다. 당시 흑해에서 영국군 및 프랑스군과 싸우던 러시아 군대는 봄가을에는 거의 움직이기조차 불가능한 진흙탕 길을 끄는 마차로만 보급품을 받을 수 있었다. 모스크바 남부에는 철도가 하나도 없었다. 멜니코프는 기회를 포착했고 새로운 개혁적 차르인 알렉산드르 2세Alexander II에게 마음을 뒤흔드는 제안서를 제출했다.[7]

멜니코프는 제안서 서두에서, 세계 최초의 철도가 맨체스터에서 리버풀까지 개통된 이후 불과 25년밖에 안 되었지만 이미 당시 유럽과 미국의 많은 지역들이 철도망으로 연결되어 있다는 점을 지적했다. 그러면서 이렇게 놀랍도록 빠른 발전은 서방 국가들이 경제적 발전에서 뒤처지지 않기 위해서는 철도가 절대적으로 필요하다는 걸 인식하고 있음을 보여준다고 했다. 그는 철도 이용에서는 미국이 선도자라고 보았으며, 연방정부와 민간 자본이 새로운 운송망 발전을 위해 협력하는 것을 '거대한' 방식이라고 부르며 주목했다. 또한 멜니코프는 미국과 러시아가 영토의 광활함, 기후 및 새로 개척된 지역들로의 교통 수요 면에서 유사하다고 언급했다. 그러나 그는 이어 러시아는 미국에 비해서 몇 가지 장점을 가지고 있다고 말했다. 즉, 러시아는 지형이 더 평평하고 산지가 적으며 중앙집권 정부를 가지고 있어서 미국보다 합리적인 철도 체계를 건설할 잠재력이 있다는 것이었다. 그러면서 미국의 경우 주마다 철도 정책이 제각각이며 민간 철도 회사들이 비효율적으로 경쟁한다며 비판했다.

멜니코프는 러시아가 천연자원, 농업 및 산업 개발 면에서 미국과 유사한 욕구를 가지고 있는 데다가, 육지에서 많은 잠재적 적들로부터 자국을 방어해야만 하고, 필요한 곳이면 어디든 자신의 군대를 파병할 수 있어야 하기 때문에 미국보다 훨씬 더 큰 철도 수요를 가지고 있다는 생각을 견지했다. 바로 이 부분에서 그는 크림 전쟁의 대실패를 분명히 언급한 것이다. 멜니코프는 러시아가 모스크바와 상트페테르부르크에서 중앙 통제와 중앙 병영을 유지하면서 발트해, 흑해, 카스피해 등 거의 모든 방향으로 군대를 투입하는 것을 가능하게 하는 철도망을 갖는 상황을 상상해보라고 차르에게 촉구했다. 군대는 현재 상황에서보다 훨씬 더 효율적이 되어서 더 작은 군대로도 충분해질 수 있을 것이었다(당시 러시아는 막대한 비용으로 유지되는 유럽 최대의 군대를 부유하고 있었다). 그는 러시아 정부가 '지체 없이' 철도 건설을 서둘러야 한다고 촉구했다. 그는 망설일 때마다 큰 비용을 치르게 될 것이라고 경고했다.

멜니코프는 철도가 다른 다양한 방법으로 곳곳에 건설되고 있다고 이야기를 이어나갔다. 그는 영국에서 정부의 큰 개입 없이 민간 주식회사들이 맡고 있는 중요한 역할에 주목했다. 그의 생각에 벨기에와 독일 일부 지역에서는 정부가 대체로 단독으로 철도를 건설하고 있었다. 그는 프랑스와 독일 일부 지역에서 정부가 사기업들과 함께 철도 투자에 참여하는 것을 목격했다. 그는 미국에서 사기업들이 하는 지배적 역할을 보았으나 그 회사들이 긍정적인 정부 정책, 특히 토지 불하를 통해서 큰 도움을 받았음을 지적했다.

멜니코프는 정부가 궁극적인 통제를 유지하면서 정부 및 사기업 주도권을 결합하는 것이 우월한 모델이라고 믿었다. 그는 정치적이고 군사적인 이유와 상대적으로 부족한 사적 자본 때문에 러시아에서는 정부 우위가 특히 필수적이라는 생각을 견지했다. 그리고 그는 품질과 합리성이 정부 기관의 자격 있는 전문가들(멜니코프와 같은)에 의지하는 정부에 의해서 가장 잘 조절된다고 생각했다. 그런 다음 그는 중앙과 우랄에 있는 광산과 산업체들뿐만 아니라 러시아의 북쪽, 서쪽, 남쪽 국경 지역들을 연결할 러시아를 위한 철도 체계를 스케치했다.

차르 알렉산드르는 멜니코프의 의견에 동의했고, 또다시 철도 건설에서 표출된 현대화의 격동이 러시아를 사로잡았다. 차르는 당시 외국 투자자를 포함한 민간 투자자들이 철도에 자금을 조달하는 것을 기꺼이 허용하려고 했다. 그러나 실제 일어난 철도 확장은 유럽이나 아메리카에서보다 훨씬 더 더뎠다. 차르 정부는 엄격한 통제를 유지했다.

새로운 도약은 다시 한번 국가 통제하에서 수십 년 후 새로운 관료,

세르게이 비테Sergei Witte의 지도 아래 새로운 차르의 지지와 함께 이뤄질 것이었다. 비테는 시베리아 횡단철도 배후의 원동력이었다. 그는 시베리아 횡단철도를 새로운 경제 체계로의 열쇠로 보았다.[8] 프리드리히 리스트Friedrich List의 경제관 추종자인 비테는 경제 성장, 국익을 위한 관세 통제, 기술 교육 확장, 향상된 운송수단, 특히 철도를 통한 성장 추동을 강조했다.

유리 V. 로모노소프Yuri V. Lomonosov는 비테의 공학 교육 확대로부터 수혜를 받은 재능 있는 철도 기술자였고 철도 기관차 건설의 선구자가 되었다.[9] 로모노소프는 매우 흥미로운 삶을 산 논쟁적 인물이었다. 그는 귀족 가문의 일원이었지만 동시에 정치적으로 혁명적이었고 1905년과 1917년 2월 혁명 모두에서 급진적인 역할을 했다. 그 후 벌어진 1917년 10월과 11월의 볼셰비키 혁명 이후 새로운 소비에트 국가의 지도자인 블라디미르 레닌Vladimir Lenin은 철도부 장관이라는 고위직에 로모노소프를 고려했고 수차례 그와 만났다. 지나치게 야심찬 인물인 로모노소프는 그 직위를 원했지만 그의 "부적절한" 배경 때문에 결국 기회를 놓쳤다.

로모노소프는 계속해서 소비에트 국가를 위해 일했고, 1924년 세계 최초로 가동하는 간선 디젤 동력 기관차를 제작하여 1925년 운행을 시작했다. 디젤기관이 증기기관보다 열효율이 훨씬 더 높기 때문에 다른 나라의 많은 사람들이 디젤 기관차 제작을 시도했지만 로모노소프가 실질적 성공을 거둔 기관차를 개발한 최초의 인물이었다. 이러한 업적은 소비에트 러시아 자체에서보다도 서방 국가들에서 그에게 더 큰 명성을 안겨주었다. 그러나 신생 소비에트 국가에서 그는, 스탈린이 더 큰 영향력을 획득해가면서 점점 더 군사화하는 소비에트 체제에 의해서 사회적 배경 때문에 신뢰할 수 없는 인물인, '부르주아 전문가'로 간주되었다. 게다가 그는 쉽게 적을 만드는 직설적인 사람이었다.[10]

돌이켜보면, 로모노소프가 기관차의 설계, 테스트 및 운용 면에서는 훌륭했을지 몰라도 극도로 혼란스러운 사람이었고 심지어 정치적으로 순진하기까지 했다는 점은 분명하다. 한편으로 그는 자신을 마르크스주의자이자 혁명가라고 여겼다. 그러나 다른 한편으로는 차르 국가 철도 행정에서 기꺼이 고위직을 받아들여 매우 두드러진 인물이 되었고, 혁명가 동지들에 의해 차르 정부의 관원으로 여겨져 심지어 암살 가능 명단에 오르기도 했다. 그는 차르 정부 철도 행정을 맡고 있던 시기인 1905년에 혁명가들이 폭탄을 만드는 것을 도왔다. 1917년 볼셰비키 혁명 이후 그는 자신을 '무당파non-Party 소비에트 마르크스주의자'라고 부르면서 고위 소비에트 행정가로 받아들여지는 데 필수적인 공산당 가입을 거부했다. 결과적으로 차르 시대 러시아와 소련 모두에서 많은 사람들은 그를 믿지 않았고, 그러한 불신은 정치적 스펙트럼을 넘어 확장되었다. 혁명 이전 그는 많은 혁명가 동지들에게 차르 정부 기득권층의 일부였다. 혁명 이후 그는 소비에트 당국에 체제를 지탱하는 충성스러운 마르크스주의자임을 계속해서 항변했음에도 불구하고 혁명의 대의를 배신할 수 있는 부르주아 전문가로 여겨졌다. 그의 공산당 가입 거부는 자신의 충성 발언들이 진실하지 않은 것으로 보이게 했다.

로모노소프에 대한 비판은 급진파 집단들로부터 제기되었고, 그는 자신이 소련에서 곤경에 처하게 되었다는 것을 점차 깨달았다. 따라서 소비에트 체제가 자신 같은 부르주아 전문가들 수백 명을 체포하기 시작하기 직전인 1927년에 로모노소프는 소비에트 정부가 지원하는 임무를 일시적으로 수행하고 있던 영국에 머무름으로써 이주할 기회를 잡았다. 그는 영국 시민이 되었고 이후 미국에서 짧은 기간 교수로 재직했다.

로모소노프가 소련에서 체포를 피하기 위해 영국과 미국으로 이주했을 때, 그는 충성스러운 사회주의자로서 사기업에 대한 그의 적대감을 이해할 수 없었던 많은 사람들과 소원해졌다. 그는 독특하고 거대한 몸집과 강한 성격에 매우 독립적인 사람이었다. 심지어 가족 내에서조차 그에게 주어진 별명은, 아마도 애정 어린 마음에서였겠지만, '괴물'이었다. 하지만 기관차 개발자로서 그의 재능은 의심할 여지가 없는 것이었다(로모노소프의 이 모든 특징은 앤서니 헤이우드Anthony Heywood의 최근 전기, 『혁명 러시아의 기술자: 유리 V. 로모노소프(1876–1952)와 철도Engineer of Revolutionary Russia: Iuri V. Lomonosov(1876 – 1952) and the Railways』에 훌륭하게 묘사되어 있다). 그가 자본주의에 대한 경멸 때문에 절대 하지 않았을 자기 회사를 차리거나 그의 능력 가치를 높게 평가해 기행을 눈감아주는 정부나 민간 기업에서 일할 기회를 가졌더라면 그는 큰 성공을 거뒀을 것이다. 그러나 그러한 일은 일어나지 않았다.

소련 철도가 결국 많은 디젤기관을 사용하긴 했지만, 로모노소프가 초래한 불신은 그의 디젤 기관차가 러시아에서 받아 마땅한 더 이상의 개량과 발전을 못 하는 하나의 원인이 되었다. 소련의 계약 업무를 담당하면서 로모노소프는 독일에 있는 작업장들에서 그의 최초 디젤 기관차를 개발했다. 왜냐하면 그가 경제적이고 정치적인 위기를 겪고 있던 1920년대 소비에트 러시아에서 알맞은 시설을 찾을 수 없었기 때문이었다. 그가 러시아가 아닌 독일에서 일한 원인들은 기술적으로는 합리적이었으나 정치적으로는 어리석은 것이었다. 그가 독일에 오래 머무른 탓에 소비에트 내에 있는 비판자들의 불신이 깊어졌으며 그들은 사실과 달리 로모노소프가 소련 공산주의자들보다 독일 자본가들을 더 좋아한다고 의심했다.

결과적으로 소련 정부는 로모노소프의 혁신으로부터 이익을 얻는 대신 많은 비용을 들여 스웨덴과 독일에서 기관차를 구매했다. 1920년대 소비에트 러시아는 수천 대의 외국산 기관차와 화물차를 구매하는 데 자국의 금 보유고 30퍼센트를 지출했다.[11] 이후 자국 공장에서 일하던 소련 기술자들은 종종 외국 모델의 기관차를 복제했다. 예를 들면 가장 대중적인 소련 기관차인 TEM2, TEM3, TEP70은 아메리카기관차회사ALCO에 의해 미국에서 만들어진 기관차의 복제품과 케스트렐Kestrel이라 명명된 간선 디젤 기관차 시제품인 1967년 브리튼 철도British Rails HS4000의 복제품들에 기반해 있었다. 러시아 철도에 대한 외국 기술의 영향 양상은 오늘날까지도 계속되고 있다. 오늘날 모스크바에서 상트페테르부르크까지 운행하는 인상적인 고속전철인 삽산Sapsan은 독일 회사인 지멘스Siemens가 제작했다. 2012년 11월 러시아 철도는 수십억 달러를 들여 기관차 675대를 구매하기 위해 지멘스와 계약을 체결했다.[12]

러시아는 늦게야, 그리고 주기적인 발작적 확장spasm of expansion을 통해 인상적인 철도 체계를 갖추게 되었으나 철도 건설의 궤적은 경제적 힘에 의해서가 아니라 정부의 중앙집권적 힘에 의해 이루어졌다. 이러한 러시아 정부의 철도와 철도 종사자를 향한 열정은 차오르다 시들었으며, 때로는 철도가 건설되지 말아야 할 방식과 장소에 철도를 건설하기도 했다. 이러한 "칙령에 의한 건설"에서 최고의 업적capstone은 엄청난 건설 계획이면서 동시에 눈에 띄는 비합리성의 일화인, 포스트-소비에트 시기 바이칼-아무르 간선 철도의 건설이었다. 이 이상한 이야기는 5장, 소련 산업화 부분에서 다뤄진다.

소련 붕괴 이후, 포스트 소비에트 러시아는 지멘스와 캐나다 회사인 봄바디어Bombardier와 같은 외국 회사와의 합작 투자를 통해 자국의 철도 현대화를 또다시 시도했다. 체레파노프, 멜니코프 및 로모노소프와 같은 사람들에 의해 나타났다가 뒤이어 그 창의성을 유지하지 못하는 불규칙한 공학적 창의성의 순간들은 다른 많은 기술들에서와 마찬가지로 러시아 철도를 계속해서 괴롭혔다.

3장

전기 산업: 19세기 실패한 발명가들

러시아의 발명가들은 파리와 런던 같은 유럽 대도시들에 조명을 밝힌 최초의 사람들이었고, 최초로 백열등을 사용했으며, 마르코니Marconi보다 먼저 라디오 전파를 전송했다. 하지만 이러한 천재들 중 누구도 사업상 성공을 거두지 못했고, 결국 그들은 오늘날 서방에서 잊혔다. 그들이 실패한 이유는 기술적인 것이 아니라 사회적인 것이었다. 그들은 러시아에서 자신들의 생각을 더욱 발전시키기에 불가능한 정치적이고 경제적이며 법적인 장벽에 부딪혔다. 게다가 그들은 사업에 대한 자신들의 태도에서 오늘날까지도 러시아 과학자들과 공학자들을 자주 특징짓는 순진무구함을 드러냈다.

"새로운 산업 분야 창출을 위한 출발점"

– 조지 웨스팅하우스, 미국의 발명가이자 산업가.
러시아 발명가 파벨 야블로치코프의 전기등을 설명하면서[1]

인상적인 전기공학자 집단이 제정 러시아의 마지막 50년 기간 동안 나타났다. 그들 중 가장 유명한 사람으로는 알렉산드르 로디긴Aleksandr Lodygin, 파벨 야블로치코프Pavel Yablochkov, 알렉산드르 포포프Aleksandr Popov를 들 수 있다. 그들은 세계 최초로 전기공학 기관들이 만들어진 지 불과 몇 년 되지 않아서 러시아에 전기공학 기관들의 설립을 이끈 운동의 일원이었다.[2] 세계 최초의 전기공학 과정은 1882년 MIT, 1883년 코넬, 그리고 같은 해 독일의 다름슈타트 공대에 설치된 것으로 알려져 있다. 러시아도 그에 뒤지지 않았다. 1886년 상트페테르부르크에서 전신공학 기술학교가 문을 열었고, 1891년 이 학교가 페테르부르크 전기기술대학이 되었다.

로디긴, 야블로치코프와 포포프는 서방에서 잘 알려진 이름들이 아니지만 알려져야만 한다. 야블로치코프는 파리와 런던을 최초로 밝힌 전기등을 발명했으며, 토머스 에디슨이 전등을 진지하게 연구하는 데 영감을 주었다. 로디긴은 오늘날까지도 여전히 사용되고 에디슨이 자신의 등을 완성하기 전인 1878년 에디슨에게 보인 모델인 텅스텐 필라멘트를 사용하는 백열등을 최초로 만들었다.[3] 포포프는 마르코니보다 앞서서 라디오 신호를 전송했고, 라디오에 안테나를 사용한 최초의 인물이었으며, 이를 통해 수백 명의 사람들을 구하는 초기 구조 작업이 수행되었다.

전기등과 라디오를 누가 '발명했는지'는 정당하게 논쟁될 수 있고 문자 그대로 수십 명의 후보들이 있다. 최근 두 명의 저자가 백열등 개발에서 에디슨보다 선구자인 20명 이상의 인물들을 열거했다.[4] 야블로치코프, 로디긴, 포포프의 이름이 비러시아 자료에서 언급될 정도로 논쟁 중인 질문은 정확하게 다음과 같은 우선순위에 대한 질문이다. 즉, 누가 실제로 전기 불빛이나 라디오를 발명했는가? 러시아의 발명가들이 먼저라는 민족주의적 주장, 특히 소련 시기에 강하게 주장되었던 이런 주장은 도움이 되지 않았다. 소련은 야블로치코프, 로디긴 및 포포프의 초상화가 그려진 우편엽서를 발행했다. 그것들 각각에는 그들이 최초의 도시 전등, 최초의 백열등 및 최초의 라디오 발명가라는 주장이 덧붙어 있었다. 당연하게도, 이러한 주장은 어느 곳에서나 저항을 불러일으켰고, 대중적 인정이 판단의 근거가 되는 곳이라면, 에디슨과 마르코니의 명성은 계속 유지되었다. 그러나 먼저라는 질문은 끊임없이 논쟁될 수 있고 종종 의미를 갖게 된다. 그것은 어떤 '발명'이 진정으로 의미가 있는가를 맴돈다. 그것은 누가 최초로 그 아이디어를 가졌는지를 의미하는가? 아니면 누가 실험실에서 그러한 생각을 최초로 내보였는지를 의미하는가? 혹은 누가 최초로 대중적 관심을 끌 정도로 그것을 했는지를 의미하는가? 아니면 누가 최초로 그 아이디어를 상업적으로 성공시켰는지를 의미하는가?

우선순위라는 질문에 잘못 현혹되면서 대다수 역사가들은 국가의 운명에 훨씬 더 중요한 쟁점을 놓쳐왔다. 당시 그러한 재능 있는 전기 공학자들이 있었는데도 왜 러시아는 전기 기술에서 선도자가 되지 못했고 왜 그러한 성공을 계속 유지하지 못했는가? 여기에서 러시아의 특수하면서도 당혹스러운 위치는 에디슨과 마르코니가 획득한 월계관이 그들의 조국인 미국과 이탈리아가 이제 막 태어나던 전기 산업에서 탁월했음을 의미하지 않는다는 사실에 의해 드러난다. 전기 산업의 창출은 최초로 성공적인 혁신들을 개발한 나라들이 모든 보상을 독차지하는 제로섬 게임이 아니었다. 모든 선진 산업 국가들이 그러한 [기술적] 고양에 참여했다. 그러나 충격적인 사실은 러시아 발명가들의 성취에도 불구하고 19세기 말과 20세기 초 이러한 전기[기술 개발] 확장에서 러시아의 위치가 미미했다는 점이다. 어떠한 러시아 전기 회사도 세계를 선도하지 못했다. 왜 그렇게 되었을까? 우리가 이 문제에 답하려 할 때, 우리는 야블로치코프, 로디긴 및 포포프의 생애에서 놀라운 공통점을 발견하게 된다. 이들 모두 경제, 정치, 사고방식 측면에서 조국의 특수한 일련의 장애들에 직면했다. 그들의 생애와 이러한 장애들을 짧게 살펴보자.

알렉산드르 로디긴

알렉산드르 로디긴(1847~1923)은 탐보프 지방에서 부유하진 않아도 뿌리가 오랜, 매우 유명한 귀족 가문의 일원으로 태어났다. 이러한 혈통은 러시아 혁명 이후 잘 지내지 못할 것임을 의미했고, 그는 이것을 목도하기도 했다. 그러나 로디긴은 귀족 배경에도 불구하고 많은 "참회한 귀족들"처럼 차르 체제 비판자들에 동조했다.

로디긴은 귀족들 사이에서는 종종 전통으로 간주된 과정처럼 처음에 간부학교에 들어갔고, 상트페테르부르크 기술대학 강의를 들은 후 유명한 툴라 조병창에서의 복무를 포함해서 수년간 군대에서 복무했다. 1872년 25세에 그는 최초로 필라멘트와 같은 매우 얇은 탄소 막대를 사용하는 전기 백열등에 대한 '발명 특권'(특허와는 다름)을 냈다. 이것은 토머스 에디슨이 그러한 등에 대한 연구를 시작하기 수년 전이었고, 프랑스, 미국 및 영국에서 몇몇 다른 사람들이 작동은 하지만 실용적이지 못한 백열등을 시연한 지 불과 몇 년 후였다. 로디긴의 진공 전구는 다른 일부 전구들보다 더 오래가는 필라멘트를 가지고 꽤 잘 작동했으며, 그는 오스트리아, 영국, 프랑스, 벨기에에서 이에 대한 정식 특허를 획득했다.

1874년 러시아 학술원은 로디긴에게 필라멘트 등 발명에 대해 로모노소프상을 수여했다. 같은 해 로디긴은 거의 무일푼으로 상트페테르부르크에 A. N. 로디긴 전기조명 회사라는 자신의 사업체를 설립했다. 거의 같은 시기에 로디긴은 나로드니키, 즉 인민주의자들의 사회주의적 사고에 큰 관심을 갖게 되었다. 이들은 사회주의의 배아로서 농민 코뮌(공동체)을 이상화했고, 군주정과 착취적 자본주의로 생각되는 것의 발전 모두에 반대했다. 로디긴의 친구들 중 많은 이들이 이러한 급진 운동에 뛰어들었다. 그러나 로디긴이 이러한 생각을 품었던 시기에 그는 자신의 회사를 시작했고 주주를 모집하고 있었다. 로디긴은 자신의 새로운 회사를 가진 자본가였던가? 아니면 자신의 급진적 친구들과 함께하는 사회주의자였던가?

안타깝게도 심지어 그를 존경하는 전기 작가 류드밀라 주코바Liudmila Zhukova가 쓴 것처럼, 로디긴은 "금융에 대해 아무것도 몰랐고 어떤 것도 알려고 하지 않았으며," 그는 자신의 발명품들에 전념할 수 있도록 "평화롭게 놔두기"만을 원했다.[5] 이러한 성격은 많은 러시아 발명가들과 과학자들에게서 관찰할 수 있는 것이며, 사업은 "더럽다"고 생각하는 그들의 믿음의 결과이다. 때로는 그들이 사업에 참여해야 함에도 불구하고 말이다. 이러한 태도는 기업가로 성공하고 싶은 사람에게는 유망하지 않다. 로디긴은 자신의 회사가 생존해야 하는 초창기 자본주의 환경에 대해 비판적이었다. 여기에 로디긴과 그의 경쟁자인 에디슨 사이에서 유일한 가장 큰 차이점이 존재했다. 후자는 금융에 큰 주의를 기울였기 때문에 월가에 친구들이 많았고 수익성 있는 사업을 창출하는 데 큰 관심을 보였다. 사실, 에디슨은 금융 거물인 J. P. 모건J. P. Morgan의 월가 사무실에 서서 그의 첫 번째 전력망 체계인 펄스트리트 변전소를 가동했다.

로디긴의 행정적이고 금융적인 세부사항들에 대한 혐오감에 주목하면서, 몇몇 강력한 회사 주주들은 회사를 장악하고 자산을 개인 자산으로 옮기기 시작했으며 로디긴에게는 발명가로서 일할 "자유"를 약속했다. 그들은 회사를 완전히 망쳐서 파산과 혼돈으로 밀어 넣었다. 새로운 경영자들은 공장에 남은 장비는 가리지 않고 전부 들고 도주했고 회사는 사라졌다. 로디긴에 대해 쓴 러시아 전기 작가들은 그가 에디슨보다 우선권을 가졌다고 주장했으며 회사 실패의 책임을 경영자들에게 돌렸지만, 로디긴의 투자 세계에 대한 적대감과 행정적 무능함으로 로디긴 역시 책임을 면할 수 없다. 게다가 개인의 책임 문제를 넘어서 신생 기술 회사가 서유럽의 대기업들과의 점점 심해지는 경쟁에 맞서 러시아에서 성공할 수 있었을까 하는 더 큰 문제가 있다. 당시 러시아는 산업 자본이 부족했고 투자와 경영에서 경험이 없었다. 로디긴의 성격과 그의 행정적 무능력은 이미 어려운 상황을 더욱 악화시켰다.

로디긴이 사업계에 느낀 불편함을 묘사한 장면은 그의 회사가 망한 직후에 이미 나왔다. 그는 생활양식에서 급격한 변화를 일으켰고 당시 러시아 지식인들 사이에서 유행한 '인민 속으로 운동[브나로드 운동]', 즉 농민과 결합해서 농촌 사회주의 세계를 구하자는 운동에 참여했다. 그는 코카서스 지역으로 갔다. 그곳에서 그는 한 코뮌에 들어가 흑해 어부로 일했으며 동시에 다른 코뮌 구성원들의 농사 및 어부 일을 돕는 소규모 발명가로 활동했다. 이러한 노력은 곧 실패로 돌아갔고, 로디긴은 상트페테르부르크로 돌아와서 몇 년 전의 자신처럼 야블로치코프-인벤터 앤 컴퍼니라는 자신의 전기 회사를 설립하고 있던 파벨 야블로치코프의 공장에서 기계공으로 일했다.

한편, 차르 정부는 사상을 불문하고 모든 급진주의자들을 박해하고 있었다. 이러한 탄압은 인민주의 운동 중 가장 급진적 분파인 '인민의 의지' 소속의 한 남자가 1881년 알렉산드르 2세를 암살한 이후 더욱 심해졌다. 로디긴 자신은 그러한 폭력을 혐오했지만, 그는 차르 정부 경찰이 수많은 자신의 친구들을 체포하는 것을 보았고, 점차 자신에게도 닥쳐오리라고 생각했다. 그래서 러시아를 떠나 미국으로 이주하는 것으로 대응했다. 그는 미국의 웨스팅하우스에서 일하자는 초청을 받아들였다.

로디긴은 웨스팅하우스에서는 불과 몇 년간만 머물렀고, 그 후에 미국, 프랑스, 러시아 사이를 왔다 갔다 했으며 모든 곳에서 성공적인 회사를 만들거나 자신을 위한 안정적 위치를 찾는 데 실패했다. 잠시 동안 그는 뉴욕 지하철 전기공으로 일했다. 1908년 로디긴은 자신의 경쟁자 에디슨의 원래 회사의 후신이자 자신의 이전 고용주인 웨스팅하우스의 경쟁자인 제너럴 일렉트릭에 텅스텐 필라멘트 전구에 대한 자신의 특허를 팔았다. 러시아에서 20세기 첫 몇 년 동안 로디긴은 매우 적은 돈으로 덜 비싼 숙소를 구하러 이 아파트 저 아파트를 전전하면서 살았다. 그는 1917년 러시아를 강타한 두 혁명들 중 첫 번째 혁명을 반겼으나 볼셰비키가 승리하게 되었을 때 미국으로 다시 피신했다.

새로운 소비에트 정부는 러시아전기화국가위원회GOELRO라 불리는 거대한 전기화 프로그램에 참여시키기 위해 로디긴에게 고향으로 돌아오라고 했다. 로디긴은 급진적인 과거 이력이 있었지만 공산주의 지배 하의 권위주의를 싫어했다. 그의 가족 구성원들에 따르면 그는 알렉산드르 케렌스키Alexander Kerensky를 동정했다. 케렌스키는 볼셰비키가 장악하기 전 러시아의 지도자이자 로디긴처럼 국가에서 도망쳐야 했던 민주적 사회주의자이다.

로디긴의 인생을 되돌아보면 우리는 그가 실험실 발명가로서는 커다란 재능이 있었지만 기업가로서는 거의 어떤 능력도 없다는 것을 알게 된다. 그는 사업을 경멸하면서, 그것이 '연구 재능'과 아무런 관계가 없다고 말했다. 그런 점에서 로디긴은 러시아의 가장 큰 약점, 즉 가장 뛰어난 연구자들 중 일부가 만들어낸 아이디어들을 상업화하는 데 있어서의 무능력을 상징했다.

파벨 야블로치코프

파벨 야블로치코프(1847~1894)는 1847년 러시아 사라토프 지역의 귀족 가문에서 태어났다.[6] 그의 가문은 이전 세대에는 부유했으나 파벨이 태어날 당시에는 후손들 간의 토지 분할과 농촌 경제 쇠퇴로 인해 재산 대부분을 잃었다. 야블로치코프의 부모는 그를 지역 김나지움에 보내 몇 년간 교육한 후, 기술적 주제들에 대한 그의 재능과 관심 그리고 군 복무를 준비하는 귀족 가문 자녀들에게는 무료인 학교라는 이유 때문에 그를 상트페테르부르크의 군사기술학교에 입학시켰다. 하지만 야블로치코프는 군대 경력을 쌓게 되지는 않았다. 그는 좋지 않은 건강으로 고통을 받는 데다가 군대 복무가 전기 기술이라는 새로운 분야를 향한 자신의 커져가는 관심에 비해 너무 제한적이라고 생각했다. 그는 1872년 25살의 나이에 건강상의 이유로 병역면제를 받았고 곧바로 모스크바–쿠르스크 철도에서 전신 전문가로 고용되었다. 이 철도는 전신 장비의 수리 및 유지 보수를 위해 모스크바에 작은 작업장을 갖추고 있었다. 이곳이 야블로치코프의 첫 번째 실험실이었다. 그리고 모스크바에서 그는 러시아 최초의 전기 기술자 집단들과 어울렸다. 이 젊은이들은 공개 전시회, 집단 토론회, 나아가 박물관을 조직함으로써 자신들의 분야를 열렬히 홍보했다. 유럽에서는 전기에 대한 관심이 빠르게 증가하고 있었고 야블로치코프는 그곳에서의 발전을 예의 주시했다. 1871년 벨기에 발명가 제노브 그람Zénobe Gramme이 파리 학술원에 성공적인 전기 발생기인 다이나모dynamo를 시연했다. 곧 뒤이어서 야블로치코프와 그의 친구들은 모스크바에서 비슷한 장치를 만들었다.

이들은 축전지, 발전기 및 전기 아크[섬락閃絡] 실험을 시작했고 곧 초기적인 아크등을 만들었으며 이것을 대중 앞에서 시연했다. 야블로치코프는 차르 알렉산드르 2세가 1874년 모스크바-쿠르스크 철도를 이용해서 크림반도로 휴가를 갈 때 자신과 자신의 새로운 장치들 중 하나가 주목받을 기회를 갖게 되었다. 야블로치코프는 밤에 사용하기 위한 차르의 기관차에 설치하는 아크 전조등을 고안했다. 그 등은 다루기가 어려워서 계속된 관리가 필요했기에, 야블로치코프는 차르가 남쪽으로 여행하는 동안 추운 날씨에도 불구하고 기관차 앞쪽에서 문을 열어놓은 채 전조등을 돌보면서 앉아 있었다. 이 사건은 기관차에 전기 전조등을 장비한 세계 최초의 사례였다.

야블로치코프가 차르에게 깊은 인상을 심어줬지만, 철도 행정부에 있는 그의 상관들은 기차에 전기 조명을 도입하는 것에 전혀 관심을 보이지 않았고, 그 프로젝트는 중단되었다. 8년 후 프랑스 철도 기술자들이 이러한 조명을 개발해서 그것을 "세계 최초"라고 발표했다. 여기에 이후 야블로치코프의 경력에 드리울 불길한 전조가 있었다. 러시아에서는 사업계 내에서 전기 기술에 대한 관심이 거의 없었다. 야블로치코프의 기관차 전조등은 (차르를 위한) "전시 기술"의 한 예일 뿐이었지, 러시아에서 전기 공학의 유기적 발전에 속하지 못했다.

모스크바에서 야블로치코프와 소규모 전기 기술자 집단은 축전지, 다이나모(발전기) 및 아크등을 포함한 전기 장치의 생산과 수리를 위한 작업장을 설립했다. 그들은 공장, 상점, 해운 회사, 철도 등에 자신들의 서비스를 제공했다. 하지만 누구도 그들에게 사업을 의뢰하지는 않은 것 같다. 전기 작업장은 너무나 많은 빚을 져서 야블로치코프가 법적 조치의 위협을 당할 정도로 처참하게 실패했다. 1875년 그는 많은 빚과 화난 채권자들, 그리고 가여운 아내와 아이들을 뒤로한 채 황급히 프랑스로 달아났다. 고국으로 돌아오면 그는 감옥에 갈 상황이었다.

파리에 처음 도착한 후 가난한 시절을 보낸 야블로치코프는 숙련된 전기 기술자로서 자리 잡게 되었다. 현지의 전기 사업가가 자신의 작은 회사에서 야블로흐코프에게 일자리를 제공했으며, 이곳에서 야블로치코프는 모스크바에서 자신이 만들었던 전자석과 아크등을 다시 생산할 수 있었다. 1875년과 1876년 그는 '야블로치코프 촛불'로 알려지게 된 아크등을 포함한 자신의 발명품들로 프랑스 특허를 취득했다. 1876년에서 1879년 사이에 야블로치코프는 자신의 아크등 개량과 관련한 6개의 특허를 더 출원했다. 1876년 그는 런던에서 열린 과학 기구 전시회에서 큰 화제를 모았다. 그는 자신의 프랑스 고용주를 위한 대표단을 이끌고 그곳으로 갔다. 그는 관람객들을 매료시킨 밝고 효율적인 아크등을 전시했다. 이로 인해 야블로치코프의 명성이 확립되었다.

이후 2년 동안 야블로치코프는 유명해지고 부유해졌다. 그의 프랑스 고용주 및 다른 투자자들과 함께 야블로치코프는 새로운 전기 회사를 설립했다. 그의 전등은 파리와 런던의 중심가를 밝히는 데 사용되었다. 그의 시스템이 첫 번째로 공개 시현된 것은 1877년 10월, 파리의 루브르 백화점을 밝힐 때였다. 1878년 파리 박람회에서 그는 0.5마일 길이의 오페라가를 밝혔다. 이후 그는 파리 히포드롬과 런던의 템스강 제방을 밝혔다. 두 도시에 있는 대형 상점과 호화 고급 호텔들은 수백 개씩 그의 전등을 설치했다. 파리는 그의 아크등 덕분에 너무 밝아져서 오늘날까지도 공공연한 명칭인 '빛의 도시'로 알려지게 되었다. 프랑스의 가장 큰 항구 중 하나인 르아브르에 배의 야간 하역 작업을 위해 야블로치코프의 전등이 설치되었다. 그의 전등은 마르세유와 로마를 포함한 많은 도시들에서 사용되었다. 러시아에서도 야블로치코프는 영웅으로 칭송되었고 1878년 그의 전등이 겨울 궁전과 다른 궁전들에서의 축하연을 위해 파리에서 상트페테르부르크로 수입되었다.

많은 나라들이 1878년 파리 박람회에 대표단을 파견했으며 러시아도 그중 하나였다. 야블로치코프의 전등은 큰 화제가 되었다. 미국의 발명가이자 산업가 조지 웨스팅하우스는 야블로치코프의 전등을 일컬어 "새로운 산업 분야 창출을 위한 출발점"이라고 했다. 러시아 대표단은 K. N. 로마노프K. N. Romanov 해군 제독이 이끌었다. 그는 차르 알렉산드르 2세의 형제이기도 했고, 1874년 황제의 기관차를 위한 야블로치코프의 전조등을 기억하고 있었다. 로마노프 제독은 야블로치코프에게 러시아로 돌아오도록 강력히 권유했고 러시아 해군의 선박, 부두 및 시설에 장비할 전등에 대한 대규모 계약을 약속했다.

야블로치코프는 자신의 가족과 많은 친구들이 남아 있는 조국으로 돌아가는 것에 설득되었지만 한 가지 문제가 있었다. 그는 모스크바 채권자들에게 변제하지 못한 채무 때문에 러시아 당국과 여전히 곤란한 상황이었다. 이 문제를 처리하기 위해 그가 택한 방법은 정치에 대한 그의 순진함을 보여준다.

파리에서 야블로치코프는 러시아 이민자 공동체의 많은 구성원들과 친구가 되었고, 그들 중 상당수가 과거 차르 전제정 당국과 충돌한 것 때문에 정치적 망명으로 그곳에서 살고 있었다. 혁명가이자 저술가인 게르만 로파틴German Lopatin도 그들 중 한 명이었다.[8] 로파틴은 급진적 행동을 보여 시베리아에 유배되었으나 서유럽으로 탈출했었다. 그는 카를 마르크스Karl Marx나 프리드리히 엥겔스Friedrich Engels와 친구가 되었고 마르크스의 『자본』 일부분을 러시아어로 번역했다. 로파틴은 마르크스주의자가 된 첫 번째 러시아 혁명가 중 한 명이었다. 음모에 능한 그는 급진적 목적의 일을 하기 위해 러시아로 여러 차례 은밀하게 들어왔었다. 로파틴은 야블로치코프한테서 돈을 받아 자신이 가명으로 모스크바로 들어가 야블로치코프가 고국으로 자유롭게 돌아갈 수 있도록 그의 빚을 모두 변제해주겠다고 제안했다. 야블로치코프는 이 제안을 받아들였고 로파틴은 임무를 성공적으로 수행했다. 그러나 이 모든 것이 차르 전제정의 비밀경찰에 의해 포착되었다. 이후 비밀경찰은 야블로치코프가 마르크스주의 혁명가 게르만 로파틴과 협력했다고 서류철에 기록했다. 야블로치코프 자신이 급진적이었다는 어떠한 실질적 증거도 없었는데도 말이다. 그는 그저 채무를 변제받고 싶었을 뿐이었다.

야블로치코프는 상트페테르부르크로 금의환향했고, 처음에는 러시아에서 가장 좋은 호텔인 유럽 호텔(오늘날에는 그랜드 유럽 호텔로 불리는)에서 지냈다. 그는 사회 전체에서 칭송받았고 호의에 보답하느라 빠르게 돈을 써버렸다. 러시아에서 자신의 전등을 생산하는 권리를 취득하기 위해 그는 프랑스의 공동 투자자들에게 백만 프랑을 지불해야만 했다. 그는 상트페테르부르크에 회사를 설립해 전등을 판매하기 시작했다. 러시아 해군은 약속대로 수백 개의 전등을 구매하는 최고의 고객이 되었다. 그러나 러시아 호텔, 사업체, 공장 들은 야블로치코프의 전등에 놀라울 정도로 별 관심을 보이지 않았다. 상트페테르부르크와 모스크바 같은 도시들은 이후 수년간 전기가 도입되지 않았고, 마침내 도입될 때

쯤에는 도시 당국이 전기 상용화를 위해 지멘스와 할스케Halske 같은 독일 회사와 계약했다. 그때는 이미 야블로치코프가 더 이상 경쟁자가 아니었다.

야블로치코프는 또다시 파산했고, 프랑스로 돌아가서는 그곳에서 그전처럼 승승장구하기를 희망했다. 하지만 전기 조명 분야는 야블로치코프가 제대로 주목하지 못한 방식으로 변화하고 있었다. 그의 아크등은 공공장소에는 알맞았지만, 개별 가정에는 적합하지 않을 정도로 과도하게 빛을 내뿜었다. 토머스 에디슨은 전기 조명의 진정한 미래가 책을 읽는 사람이 사용하기 좋은, 보다 부드러운 빛의 더 작은 전기등에 있다는 것을 알았다. 에디슨이 백열등의 발명가는 아니었지만, 백열등을 개선하고 더 나아가서는 개별 가정을 포함한 전체 도시에 전력을 공급하는 전기 발전소를 갖춘 전력망 체계의 일부로 만드는 능력 면에서 타의 추종을 불허했다. 그리고 에디슨은 월가의 금융가들과 매우 가까운 관계를 맺으며 일했다.

야블로치코프는 이러한 경쟁에서 패배했다. 그는 영국과 프랑스 모두에서 계속 재기를 시도했지만, 1875년부터 1878년까지 파리에서 거둔 성공을 다시는 이루지 못했다. 그는 1894년 러시아에서 쇠약해지고 병든 채로 죽었다. 그가 러시아에서 성공하는 데 어려움을 겪은 한 가지 원인은 해군을 제외한 차르 전제정 당국이 그를 의심한 것에 있었다. 차르 정부는 성공한 기업가들이 결국 갖게 될 정치적 독립성을 두려워했으며, 야블로치코프가 루파틴과 같은 급진적 혁명가들과 연관된 것이 차르 당국의 염려를 더욱 증폭시켰다. 그리고 러시아 사업체들은 기술 혁신에 관심이 없었다. 야블로치코프가 상트페테르부르크에서 한 동안 머물렀던 고급 호텔들조차 전통적인 가스등을 선호했고 그의 전기등을 구매하지 않았다.

야블로치코프는 뛰어난 발명가였지만 형편없는 사업가였다. 그는 오로지 홀로 발명했으며, 에디슨이 만든 것과 같은 종류의 대규모 연구 실험실의 이점을 전혀 가지지 못했다. 에디슨이 발명한 모든 것들 중 가장 대단한 발명은 아마도 '발명의 발명'일 것이다. 러시아의 야블로치코프 전기 작가들은 에디슨과 비교해서 그를 칭송했다. 그 작가들이 보기에 에디슨은 종종 지식을 위해서가 아니라 그것이 축음기가 되었든 전구가 되었든 당시 사회가 원하는 것이면 뭐든지 이익이 되도록 하기 위해 발명한 사람이며, 동시에 야블로치코프와 로디긴 같은 다른 발명가들의 아이디어를 빌려왔을 뿐이므로 기회주의적인 사람이었다. 그러나 그 점이 바로 러시아가 가장 이해해야 할 필요가 있었던 지점이다. 즉, 기술에서 성공하려면 그것이 기술적 탁월함의 문제일 뿐 아니라 사업적 감각의 문제이기도 하다는 점을 알아야 한다. 실제로 발명 자체는 기술 분야에서 상업적인 성공을 거두기에 아마 쉬운 부분일 것이다. 가장 어려운 부분은 시장을 알고 경제적 기회에 맞게 혁신하는 것이다. 많은 러시아 발명가들처럼 야블로치코프도 이러한 기술을 익히지 못했고 그걸로 사회에서 대우받지도 못했다. 즉, 조지 웨스팅하우스는 야블로치코프를 "새로운 산업 분야를 위한 출발점"이라고 이야기했지만, 그 산업은 러시아에 없었다.

알렉산드르 포포프

알렉산드르 포포프(1859~1906)는 러시아와 시베리아의 경계에 있는 우랄 북부 지역에서 태어났다. 성직자 아버지를 둔 그는 강한 교육적 전통을 지닌 가문의 일원이었으며 그의 형제자매들 중에도 몇 사람이 고등교육을 받았다. 우랄 지역은 광업과 산업의 본고장이었으며, 알렉산드르는 어려서부터 기계 장치들에 둘러싸여서 기계를 다루며 성장했다. 그는 처음에는 돌마토보라는 농촌 지역에서, 이후에는 페름시市의 종교 학교들에서 공부했다. 그러고 얼마 지나지 않아 뛰어난 학생으로서 명성을 얻었다.[9] 입시 경쟁에서 상위권에 든 그는 상트페테르부르크대학에 입학할 자격을 획득했다. 그 대학에는 그보다 먼저 그의 형이 다니고 있었으며 그에게 많은 도움을 주었다. 상트페테르부르크대학은 당시 아마 러시아에서 학문적으로 가장 강력한 대학이었을 것이다. 포포프는 물리학을 전공으로 택했다. 1882년 졸업하면서 그는 더 나은 실질적 직책이 주어지기를 바랐고 대학 연구실 조교로 선발되었지만, 교수직 공석은 나오지 않았다. 그 이후 포포프는 상트페테르부르크 근처 발트해 연안에 있는 코틀린섬 크론슈타트에 위치한 러시아 해군 군수학교Russian navy's school of munitions에서 학생들을 가르치게 되었다. 1889년 이후 그는 불과 몇 년 전에 전자기파의 존재를 증명한 하인리히 헤르츠Heinrich Hertz의 연구에 매우 깊은 관심을 갖게 되었다.

1894년 포포프는 그의 첫 번째 라디오 수신기를 만들었다. 이것은 처음에는 낙뢰 탐지기로, 이후에는 송수신기로 설계되었다. 1895년 5월 7일, 포포프는 러시아 물리화학학회에서 성공적인 라디오 송수신을 시연했다. 포포프는 1895년에는 600야드의 거리에서, 1897년에는 6마일의 거리에서, 그리고 1898년에는 30마일의 거리에서 "하인리히 헤르츠"라는 단어로 전보를 보내는 데 성공했다. 그는 코틀린섬에 라디오 기지국을 설치했고 1900년에 호그랜드섬(수르사리)에 또 다른 기지국을 설립했다. 곧바로 그는 러시아 해군 기지에서 선박들에게로 라디오 메시지를 보내기 시작했다.

포포프 라디오의 중요성과 효과를 극적으로 보여준 것은 1900년으로, 전함 아프락신Apraksin이 수백 명의 수병과 장교들을 태운 상태에서 핀란드만의 유빙들 안에 좌초된 사건이 벌어진 때였다. 전함 아프락신은 몇 달 동안이나 그 부근에서 좌초되어 있었으나, 그 기간 동안 440번의 공식 전보 메시지들이 포포프의 라디오 기지국에 의해 전함과 해안의 해군들 사이에 전해졌다. 이 메시지들에 근거해서 전함에 쇄빙선으로 보급이 진행되었고, 승무원들은 결국 구출되었다. 이 사건은 포포프에게 엄청난 명성과 명예를 가져다주었다. 그는 해군 상관들에게 자신의 작업에 논쟁의 여지가 없는 가치가 있음을 보여주었다.

포포프는 그 이후 상트페테르부르크에 있는 전기기술연구소에 자리를 제안받아 수락했으며 수년 내에 그곳에서 행정 고위직으로 진급했다. 이 시기인 20세기 초 러시아는 정치적으로 혼란스러운 곳이었고, 학생 파업과 시위로 인해 대학도 자주 폐쇄되었다. 성향이 조용하고 앞에 나서지 않는 포포프는 이러한 스트레스에 잘 준비되어 있지 않았다. 러일전쟁에서의 굴욕적 패배로 급진파와 보수파 모두가 똑같이 격분했고, 수도에서 노동자 운동은 점차 전투적이 되어갔다. 1905년 1월 초, 상트페테르부르크는 파업으로 마비되어 전기도, 신문도 없게 되었다.

그 뒤 1월 22일(러시아 구력으로 1월 9일) '피의 일요일Bloody Sunday'에 겨울궁전의 무장 군인들이 평화로운 시위대에 발포해서 수백 명이 사망했다. 이 사건은 항의 시위를 촉발했으며 1905년 혁명의 한 원인으로 작용했다. 많은 다른 러시아 물리화학학회 구성원들을 따라서 포포프도 항의 서한에 서명했다. 전기기술 연구소장으로 새로이 선출되었지만 아직 실질적으로 취임하지 않은 포포프는 교수와 학생들 모두가 호소할 수 있는 자연스런 위치에 있었다. 그는 합법적으로 버틸 수 없을 정도로 엄청난 압박을 받았다. 그러다 병이 들어 1905년 12월 31일 46세의 나이에 뇌출혈로 사망했다.

그 당시부터 현재까지 포포프는 러시아에서 영웅이었다. 러시아에서 그는 거의 보편적으로 '라디오 발명가'로서 칭송받으며 다른 나라에서 가장 빈번하게 라디오 발명가라고 여겨지는 굴리엘모 마르코니Guglielmo Marconi보다 압도적으로 더 많은 지지를 받고 있다. 또한 포포프는 라디오를 개발한 몇 안 되는 선구자들 가운데 한 명이라고 주장해도 될 만큼 절대적으로 정당한 자격을 가지고 있다. 마르코니 이외에 다른 강력한 후보들로는 니콜라 테슬라Nikola Tesla와 올리버 로지Oliver Lodge가 있다. 라디오 발명에서 이 네 명의 결정적 실험 날짜를 살펴보면 단지 몇 달 차이밖에 나지 않음을 알 수 있다. 니콜라 테슬라는 1893년, 올리버 로지는 1894년, 알렉산드르 포포프는 1895년 그리고 굴리엘모 마르코니는 1895년이다. 각기 다른 네 곳의 나라, 즉 미국, 영국, 러시아, 이탈리아에서 작업한 이들은 거의 같은 시기에 모두 무선 전신을 구상하고 있었다. 누가 최초로 라디오를 만들었는가 하는 질문은, 수십 권의 책들이 이 주제를 다뤘지만 가장 중요한 질문은 아니다. 기술적으로 먼저인가라는 쟁점보다는 인류 생활에서의 중요성과 편익의 문제가 훨씬 더 의미 있다. 즉, 누가 처음으로 라디오를 수백만 명의 사람들의 생활을 바꾼 성공적인 상업적 생산품으로 만들었는가라는 문제 말이다. 그리고 이러한 물음은 직접적으로 또 다른 의문, 즉 이 사람들 중 오직 한 사람, 왜 마르코니만이 거대한 상업적 성공을 거뒀는가라는 문제로 이끈다. 그리고 후자의 질문에 대한 답이 러시아 후보가 왜 성공을 못했는지, 러시아 외 국가의 대다수 사람들이 심지어 오늘날에도 그의 이름을 듣지 못했는지를 밝힌다.

포포프는 자신을 과학자라고 생각했지, 상업적 프로젝트를 추구하는 발명가라고 여기지 않았다. 그는 자신을 제대로 보호해줄 특허를 제때 출원하지 않았다. 그런 노력에 그저 관심이 없었던 것이다. 포포프는 과학 학회들에서 논문을 발표함으로써 우선권을 확립했다고 생각했지만, 그의 아이디어를 곧 자신들의 것으로 만들 사람들이 주변에 있다는 사실을 알아차리지 못했다. 포포프는 전형적인 '러시아 지식인'이었고 자신이 상업적 이해를 가지고 있지 않다는 사실을 자랑스러워했다. 그에 대해 쓴 중요한 러시아 전기 작가는 포포프가 "러시아 지식인이 지닌 최고의 특성인, … 겸손하고 부에 무관심하며 사람들의 이익만을 고려하는 그런 성격의 체현"[10]이었다고 확고히 주장했다. 포포프는 분명 존경할 만한 사람이었다. 하지만 또 다른 질문이 제기되어야만 한다. 사람들의 편익에 쓰이지 않는 중요한 아이디어들이 진정으로 사람들의 이익에 기여하는가?

러시아에서 여전히 들끓는 마르코니와 포포프 사이의 대결에는 도덕극의 요소들이 있다. 마르코니는 단순한 포포프의 대립점이었다. 즉 부유한 이탈리아 지주의 아들이자 능숙한 사업가, 사교에 능한 대중성의 달인이며 뻔뻔한 기회주의자, 탐욕적인 자본가, 그리고 금융, 산업 제국의 관리자였다. 백만장자가 된 그는 30명의 선원과 라디오 실험을 수행한 실험실을 갖춘 멋진 흰색 요트에서 여생을 보냈다. 또한 사회의 최상류층에서 활동하며 요트에서 왕과 왕비들을 접대하면서 애인을 여럿 두었다.[11] 전 세계의 신문은 마르코니를 인류에 라디오를 가져다준 사람으로 찬양했다. 반면 포포프는 사업적 관심과는 전혀 무관했고 그가 자신의 위치에 관심을 가진 경우는 과학 보고서에 근거했을 때뿐이었다. 마르코니는 자신이 과학자가 아니라 영리한 발명가일 뿐이라고 자랑했으며 다수의 특허로 경쟁자들을 압도했지만 그것들 중 상당수는 논란의 여지가 있었다. 마르코니는 심지어 다른 사람들의 아이디어를 훔친 것으로 고소되기도 했고 상당수 특허권을 잃었다. 그러나 그는 유명인이 되었고 그가 만든 회사의 후신들이 오늘날에도 남아 있다. 러시아 외부에서는 포포프에 대해서 들어본 사람이 거의 없으며 어떤 러시아 회사도 오늘날 그의 직속 후예라고 주장할 수 없다. 다시 말하건대, 러시아인들은 아이디어 면에서는 뛰어났지만 사업에서는 형편없었다.

포포프는 오늘날 여전히 러시아에서 존경받고 있다. 상트페테르부르크 전기기술대학은 포포프가에 자리하고 있다. 이 학교 홍보책자는 포포프를 최초의 학장이자 최초의 '무선 수신기' 발명가라고 설명한다. 5월 7일은 러시아 전역에서 라디오의 날로 기념되는데, 이날은 포포프가 1895년 성공적으로 라디오 전파 전송의 시연에 성공한 날을 기념하며, 러시아인들은 그날이 "건방진 놈" 마르코니보다 먼저라고 말한다. 마르코니를 향한 러시아인들의 적대감은 그의 정치적 행보에 의해 더욱 증폭된다. 마르코니는 이탈리아에서 주요한 파시스트가 되었으며, 그의 두 번째 결혼식에 베니토 무솔리니Benito Mussolini가 들러리를 섰다.

4장

항공:
좌절한 대가, 기형적 산업

러시아의 비행기 설계자와 항공 공학자들은 항공 시대의 초기부터 대단한 창의성을 보였다. 이들 중 한 사람은 1903년 라이트Wright 형제가 최초의 비행에 성공한 지 불과 몇 년 후에 라운지와 화장실을 갖춘 4발 엔진 여객기를 설계하고 비행했다. 다른 사람들은 1930년대 당시로서는 최장, 최고 비행 기록을 포함해 62개의 세계 기록을 가진 비행기들을 설계했다. 그러나 러시아 항공 산업은 정치적 요구에 의해 왜곡되고 상업적으로 서방 경쟁자들과 성공적으로 경쟁할 수 있는 비행기들을 만들어내지 못했다. 그 결과 오늘날 러시아 항공사들은 점점 더 보잉과 에어버스가 만든 서방 비행기를 사용하고 있다.

"나는 이것이 세계 다른 곳에서 일어날 수 있다고 생각하지 않는다."

– 항공 개척자인 이고르 시코르스키가 자신이 러시아에서
처음 만든 놀라운 비행기들을 더 발전시키는 데 실패한 후
미국에서 진행한 자신의 성공적 작업을 서술하며 한 말

이고르 시코르스키Igor Sikorsky(1889~1972)는 러시아 기술이 오랫동안 보유했지만 러시아의 사회, 정치, 경제 여건으로 인해 실패한 위대한 가능성을 평생에 걸쳐 보여준 창의적인 항공 개척자였다.[1] 20세기의 다른 많은 위대한 기술 혁신가들과 마찬가지로 그 역시 자신의 발명을 촉진시키기 위해 자신의 자원에 의존한 아웃사이더였으며, 대학 중퇴자였다. 시코르스키는 라이트 형제가 1903년 첫 비행을 한 몇 년 후 중산층 가족에게서 돈을 빌려, 키예프의 아버지 집 정원에서 침대 프레임, 자전거, 피아노 철선, 고물상에서 구입한 부품들을 가지고 비행기 여러 대를 제작했다.

당시 제정 러시아 당국은 이 기괴한 기계가 날 수 없다며 무시했고, 실제로 시코르스키의 초기 시도 몇 가지는 보기 좋게 실패했다. 이뿐만 아니라 차르 경찰은 날아다니는 기계가 반란 목적으로 사용될 것이 두려워 이 기계들을 의심스러운 눈으로 감시했고, 실제로 "비행 기계의 도움을 받은 범행 기도를 감시하는" 위원회를 만들었다.[2] 그럼에도 시코르스키는 시도를 멈추지 않았고, 결국 엔진 하나를 장착한 복엽 비행기인 S-6를 만들어냈다. 우아한 곡면의 거대한 날개를 가진 이 비행기는 시동을 걸기 위해 손으로 크랭크를 돌려야 했다.

제정 러시아군은 속도, 이륙 거리, 착륙 속도, 착륙 거리, 인양 능력

lifting capacity, 들판에서 이착륙할 수 있는 능력을 기준으로 한 최상의 비행기 경연대회를 열었다. 시코르스키는 자신이 만든 비행기에 올라타서, 서리가 밭고랑을 아주 단단하게 만들어서 비행기 기어가 충분히 지탱할 정도가 된 추운 날 아침을 조심스럽게 선택해 비행기를 출발시켰다. 그는 성공적으로 이륙을 했고 상을 거머쥐었다. 당시 그는 불과 스물세 살이었다.[3]

시코르스키는 상트페테르부르크 인근에 위치한 큰 회사인 러시아-발트 객차 회사에서 비행기 부문 책임자 자리를 제안받았다. 그는 새 일자리에서 얻는 수입으로 교수인 아버지와 장애 아동을 위한 주거 임대업을 하고 있는 누이로부터 빌린 돈을 이자까지 계산해 갚았다. 시코르스키의 비행기 제작 지출 비용 때문에 타격을 입은 가족의 재정 상태도 회복되었다.

러시아 산업과 정부 체제에 편입된 것은 이익과 함께 불이익도 가져왔다. 시코르스키는 상업 항공의 시대를 열 수 있는 여객기를 제작하고 싶어 했고, 얼마 안 있어 상트페테르부르크에서 고향인 키예프까지 세계 최초의 다발 엔진 비행기를 타고 비행했다. 16명까지 태울 수 있는 그의 거대한 4발 엔진 비행기는 당시로서는 세계 기록이었다. 이 비행기는 많은 관심을 끌었고, 러시아 황제 니콜라이 2세도 직접 엉성한 사다리를 타고 비행기의 본체 안으로 올라가 비행기를 살펴보았다(279쪽 사진). 이 비행기에는 객실, 식탁, 화장실, 안락한 버드나무 좌석이 설치되었다.

러시아 정부와 러시아 사업계는 이러한 혁신을 수용할 준비가 되어 있지 않았다. 그들은 여객기 대신에 전쟁에 사용할 수 있는 폭격기를 원했다. 시코르스키는 이 요구를 수용해서 객실을 폭탄창으로 바꾸고 70대 이상의 4발 엔진 전략 폭격기를 제작했고, 이 폭격기들은 1차 세계대전에서 큰 활약을 했다(1차 세계대전 때 4발 엔진 폭격기가 존재했다는 사실을 아는 사람은 많지 않다. 이러한 비행기들은 붉은 공작Red Baron 전설이나 현대 기사들이 단발 양엽 비행기 개활 조종석에서 전투를 벌이는 전설과 잘 맞지 않는다). 시코르스키의 폭격기는 커다란 내부 밀폐 공간을 가지고 있었고, 그런 유형으로는 역사상 최초의 비행기였다.

이 새로운 위협을 본 독일군은 이 폭격기를 후방에서 공격했다. 후방 공격은 처음에는 시코르스키 조종사들에게는 아주 위험한 것이었다. 시코르스키는 자신의 폭격기에 사격수가 있는 후방 기관총좌를 설치해서 많은 독일군 비행기를 격추했다. 전쟁 중 시코르스키의 폭격기는 수백 번의 작전을 수행했지만 단 한 대만 격추되었다. 이 폭격기는 독일군 병력을 수송하는 열차를 공격하는 데 특히 큰 효과를 발휘했다.

전쟁이 끝나자 시코르스키는 상업 비행이라는 자신의 원래 꿈으로 돌아가길 희망했다. 그러나 러시아 혁명이 끼어들었다. 그의 고용주인 러시아-발트 객차 회사 사장은 혁명군들에 의해 총살당했고, 회사는 사私기업 척결을 선언한 새로 들어선 소비에트 정부가 흡수했다. 최고의 조종사를 포함해 시코르스키 휘하 직원 여러 명도 처형당했다. 시코르스키는 신앙심이 깊은 사람이어서 종교에 대한 소비에트의 태도를 혐오했다. 소비에트 당국에게 시코르스키는 새 질서에 반대하는, 개조할 수 없는 '부르주아 전문가'였다

새로운 소비에트 정부에서 상업 비행을 향한 자신의 꿈에 대한 지원을 찾으려는 시코르스키의 시도는 성공하지 못했다. 차르 시대 여느 전

임자들과 마찬가지로 소비에트 당국은 군용 비행기를 원했다. 시코르스키는 러시아에 대한 강력한 애국심에도 불구하고 고국을 떠나기로 결정하고, 처음에는 많은 항공 선구자들이 일하고 있는 프랑스로 갔다. 그러나 프랑스에서도 그는 필요로 하는 기회를 찾지 못했고, 1919년에 미국으로 건너갔다.

미국에서도 상업 비행의 꿈을 실현하는 것은 쉽지 않았다. 시코르스키는 친구의 농장에서 비행기를 만들기 시작했고, 개인 투자가들로부터 일부 지원을 받았다. 이 중에는 초기에 가장 많은 금액을 지원한 러시아 작곡가 세르게이 라흐마니노프Sergei Rachmaninoff도 있었다. 최종적으로 시코르스키는 자신의 회사인 '시코르스키 제작회사'를 설립했다. 이 회사는 유나이티드 항공 회사United Aircraft Corporation의 자회사가 되어 오늘날까지 유나이티드 테크놀로지 회사United Technologies Corporation의 자회사인 시코르스키 항공 회사로 맥을 잇고 있다. 미국에서 시코르스키의 이름은 헬리콥터와 거의 동일시되지만, 그는 선도적인 비행기 설계자이기도 했다.

시코르스키의 상업 비행 꿈은 그가 대형 수상 이륙 비행기인 팬 아메리칸 클리퍼스Pan American Clippers를 만들면서 실현되었다. 이 비행기를 가지고 팬암 항공사Pan American Airlines는 1930년대 남태평양 노선과 다른 먼 지역에 장거리 상업 비행 노선을 개설했다. 이 비행기들은 40명 이상의 승객을 태울 수 있었고, 야간 비행을 위해 14개의 침대 좌석과 라운지를 갖추고 있었다. 시코르스키는 결국 자신의 비행기 개신을 되찾게 되었다.

이 짧은 초기 러시아 항공 역사는 시코르스키가 만났던 장애가 기술적 장애가 아니라 사회, 정치, 경제적 장애였음을 보여준다. 만일 러시아 혁명이 일어나지 않고 시코르스키가 러시아에 남았다면 시코르스키와 그의 꿈이 어떻게 되었을까 묻고 싶어진다. 이 뛰어난 공학자가 미국에서 성공한 것처럼 러시아에서도 성공했을 것이라고 생각하기 쉽다. 그러나 이 결론은 근거가 없다. 차르 정부와 소비에트 정부 모두 개인 주도와 사기업을 좋아하지 않았고, 두 정부 모두 개인 투자가가 뛰어난 혁신가를 지원할 환경을 마련하지 못했다. 민주적 정부와 자유가 기본 원칙인 프랑스에서조차 시코르스키는 자신이 필요로 하는 지원을 얻지 못했다. 그는 회고록에서 미국에 대해 다음과 같이 썼다. "나는 내 평생의 작업을 다시 시작할 수 있게 둘도 없는 기회를 제공해준 이 위대한 나라에 깊이 감사한다. … 나는 이런 일이 세계 다른 곳에서 일어날 수 있다고 생각하지 않는다." 기술을 지원하는 사회적, 경제적 환경이 필요하다는 점을 시코르스키의 경우보다 잘 보여주는 더 좋은 예는 찾아보기 어렵다.

물론 소련이 어느 면에서는 아주 인상적인 자체 항공 산업을 만든 것은 사실이다. 그러나 소련 지도자들은 자신들의 통치를 정당화하고, 서방 국가들에 대한 우위를 과시하는 데 더욱 관심이 많았다. 이를 위해 효율적이고 세계 시장에서 경제적으로 경쟁할 수 있는 비행기를 개발하는 것보다 속도, 지구력endurance, 장거리 비행 기록을 세우는 데 집중했다. 그 결과 소련은 기형적인 항공 산업을 발전시켰다.

스탈린은 특히 자신이 조종사들에게 붙인 이름인 '매들falcons'이 전 세계에 강한 인상을 남기고 소련 사회 체제의 우월성을 과시하기를 원했다. 1920년대 후반과 1930년대에 스탈린은 조종사들에게 "더 높게,

더 빠르게, 더 멀리!" 비행하라고 요구했다. 1929년에 그는 새로 개발된, '소련인의 날개Wings of the Soviets'라고 불린 투폴레프Tupolev ANT-9 단발 비행기를 5,600마일 유럽 순회 비행에 나서게 했다. 같은 해 개발된, 일명 '소련의 대지Land of the Soviets'인 투폴레프 ANT-4는 미국까지 13,000마일을 비행하도록 했다.[4] 이목을 끄는 비행에 대한 스탈린의 욕구는 그가 거대한 비행기를 원한다는 것을 의미했고, 그 결과 8개의 엔진을 단 괴물같이 거대한 ANT-20이 탄생했는데, 이 비행기는 크기 말고는 아무 가치가 없었다. '막심 고리키Maxim Gorky'라는 이름이 붙은 이 거대한 비행기는 붉은 광장과 여러 곳에서 대중 앞에 전시되었다. 불행하게도 1935년 5월 18일, 이 비행기는 감탄하는 군중 앞에서 시험 비행을 하던 도중 소형기와 충돌해 48명을 사망에 이르게 했다.

스탈린은 이에 굴하지 않고 조종사들을 크렘린으로 불러 이목을 끄는 북극 횡단 여행을 지시했다. 이 비행 중 가장 유명한 것은 1937년 발레리 치칼로프Valerii Chkalov가 시도한 비행이었다. 발레리는 모스크바를 출발하여 북극을 횡단, 밴쿠버를 거쳐 워싱턴에 도착했다. 그가 탄 ANT-25는 이 위업을 위해 특별히 설계되었고, 극단적인 날개 본체 비율wing aspect ratio로 인해 다른 목적으로는 사용될 수 없었다. 그러나 스탈린은 상업적 성공 가능성보다는 월계관에 더 관심이 있었고, 1938년까지 최장 거리, 최고 고도, 최고 속도를 포함한 62개의 비행 관련 세계 기록을 자랑하게 되었다.[5]

2차 세계대전 전까지 발전한 소련 항공 산업은 정치적 권위주의의 흔적을 그대로 반영하고 있었다. 스탈린은 비행기 설계자들이 자기 마음에 들지 않으면 투옥했는데, 그중에는 가장 뛰어난 설계가인 니콜라이 폴리카르포프Nikolai Polikarpov와 안드레이 투폴레프Andrei Tupolev도 있었다.⁶ 스탈린은 이목을 집중시키는 성취를 얻고자 하는 욕망으로 항공 산업 전체를 왜곡했다. 그가 실용적 비행기에 관심을 가진 부분이 있다면 그것은 주로 군사용 비행기였다. 그 결과 독자적 창의성은 없었고, 상업적 이익에 대한 무관심이 팽배했다.

 2차 세계대전 후, 특히 1953년 스탈린 사후 소련 항공 산업은 정상에 한 발 더 다가갔다. 그럼에도 불구하고, 스탈린 시대에 지속된 설계 관행이 계속적으로 소련 항공 산업에 악영향을 끼쳤다. 러시아 비행기 설계의 기준에서 가장 중요도가 낮은 부분은 연료 경제성, 안전, 매력attractiveness, 안락함이었다. 그 결과 소련 해체 후 국제 경쟁에 노출된 소련 항공 산업은 외국 항공 산업의 제품과 경쟁을 할 수 없게 되었다. 오늘날 러시아 항공사들은 점점 더 보잉Boeing과 에어버스Airbus처럼 러시아가 아닌 다른 나라에서 생산한 비행기를 사용하고 있다. 그러나 초음속 전투기로 유명한 러시아 비행기 제작사인 수호이Sukhoi는 새로 설계한 100인승 슈퍼제트Superjet를 가지고 국제 항공 시장에 뛰어들려고 노력하고 있다. 슈퍼제트는 국제적 관심은 끌었지만, 아직까지 판매 실적은 저조하다. 수호이의 명성은 2010년 이 회사의 기술자 70명이 지역 기술대학에 뇌물을 주고 가짜 기술 학위를 받은 것이 드러나면서 크게 떨어졌다.⁷ 수호이의 명성은 2012년 5월 9일 인도네시아에서 시험 비행 중 수십 명의 승객을 태운 슈퍼제트기가 추락하면서 더 아래로 떨어졌다.

5장

소비에트 산업화: 그것이 현대화였다는 신화

　많은 사람들은 소련의 산업화가 성공이라고 생각한다. 결론부터 말하면, 농업 위주 국가였던 러시아는 불과 수십 년 만에 산업 국가로 바뀌었고, 2차 세계대전 때 소련은 히틀러의 군대를 성공적으로 막아냈다. 그러나 이러한 성취는 오늘날 러시아 산업이 국제 경쟁자들과 경쟁할 수 없는 상태라는 정치적 평결로 뒤틀리고 왜곡되었다. 소련의 공장들은 종종 부적절한 장소에, 잘못된 방법으로 세워졌다. 정치적, 이념적 고려는 건전한 공학적, 경제적 고려를 눌러버렸다. 그 결과 소련의 산업 체계는 오늘날 러시아에 이익이 되는 만큼 방해가 된다.

"러시아는 저개발underdeveloped 국가가 아니라 잘못 개발된badly developed 국가이다."

— 토머스 사이먼스Thomas W. Simons, 소련에서 근무한 미국 외교관,
전 폴란드, 파키스탄 주재 미국 대사, 하버드대학교 정치학과 객원 교수

소련이 정치적, 경제적 체제로서는 실패했지만, 오늘날 소련의 산업화와 현대화 프로그램은 성공적이었다고 여기는 이들이 많다. 그런 사람들은 뚜렷하게 농민적이고 농업 국가였던 러시아가 세계적인 산업 강국이 되었다는 사실에 주목한다. 무엇보다 '붉은 군대Red Army'는 히틀러 군대의 기술적 힘에 맞서서 이길 수 있었다. 소련은 한때 세계 2위의 산업 체제를 이룩했다. 2차 세계대전 이전에 시작된 5개년 계획들이 진행되는 동안 소련 땅에는 세계에서 가장 큰 철강공장과 가장 큰 수력발전소가 건설되었다. 사진작가 마거릿 부르크─화이트Margaret Bourke-White에서부터 노동운동 지도자 월터 로이터Walter Reuther에 이르기까지 외국 관찰자들과 참가자들은 '위대한 소련의 실험'을 목격하고 경탄했다.

그러나 이것이 현대화였을까? 시간이 흐를수록 그것이 현대화가 아니었음이 점점 더 분명해졌다. 특히 현대화가 사회, 경제적 문제에 대한 해결에 합리적 분석을 적용하는 것이라면 더욱 그렇다. 사실상 현재의 러시아는 소련 시대의 중앙집중적 명령 탓에 지나치게 왜곡된 나머지, 오늘날 진정한 현대화에 큰 걸림돌로 작용하는 산업 체계와 인구 분포라는 짐을 지고 있다.

공장, 발전소, 운하, 철도, 도시, 거대한 산업단지가 비용 분석 면으로 평가했을 때 부적절한 장소에 잘못된 방법으로 지어졌다. 산업 건설

은 경제적 고려보다는 군사적, 이념적 고려에 좌우되었다. 몇몇 저자들이 말해왔듯이 이러한 "과거의 유산"은 러시아의 추가적 경제 발전을 극도로 어렵게 만들었다.[1] 발전된 기술의 판매를 둘러싼 국제 경쟁이 세계적으로 진행되는 현대 세계에서 오늘날 러시아의 비효율적인 생산 기반은 러시아에게 심대한 불이익을 안겨주고 있다. 현대 러시아는 소련의 산업을 바탕으로 발전하기보다는 그것을 극복해야 하는 상황에 처해 있다. 소련이 산업화를 진행한 과정을 조사하는 것이 오늘날의 상황을 이해하는 데 도움을 줄 것이다. 우리가 보게 되는 바와 같이 산업화는 훨씬 더 효율적이고 효과적으로 진행될 수 있었지만, 정치적 고려에 의해 정도에서 벗어났다. 소련의 일부 초기 산업가들, 특히 기술자들은 소련 지도자들이 저지르려는 실책에 대해 경고했다. 그러나 안타깝게도 이 경고는 묵살되었다.

1917년 혁명(그해 두 번째 정부 전복)에서 공산주의자들의 승리에 러시아의 위대한 과학자, 기술자 대부분은 적대적이 되었다. 일부는 해외로 이민을 떠났고, 러시아에 남았지만 일자리를 지킨 대다수 사람들은 자신들의 기술 작업이 방해를 받지 않고 계속 진행되기를 바랐기에 정치적으로 침묵을 지켰다.[2] 아마도 그들은 권력을 잡은 급진주의자들이 부적합성에 의해 곧 실패할 것이며, 러시아 역사에서 이 불행한 사건은 곧 종결되리라고 생각했을 수도 있다. 그러나 시간이 지나면서 새로운 소비에트 정부는 계속 권력을 유지하고, 새 정부의 목표 중 하나가 러시아를 산업화하고 현대화하는 것이 분명해지면서, 산업 계획에 관심이 있는 기술자들 상당수는 "볼셰비키들"과 함께 일하는 것이 가능하다는 생각을 하게 되었다. 기술자들은 합리적인 "과학적" 분석에 헌신했고, 중앙 계획 아이디어가 자신들이 생각하는 건전하고 효과적인 정책에 일치하면 그것에 반대하지 않았다.

혁명 이전에 교육을 받았지만 소비에트 정부와 함께 일하기 시작한 기술자들 중 저명한 사람으로 I. A. 칼리니코프Kalinnikov, Iu. V. 로모노소프Lomonosov, P. K. 엔겔메이에르Engelmeier, R. E. 클라손Klasson, I. 람진Ramzin, N. F. 차르놉스키Charnovskii, S. D. 셰인Shein, V. I. 오치킨Ochkin, P. A. 팔친스키Palchinsky를 꼽을 수 있다. 그중 가장 적극적으로 나선 이는 재능 있고 열정이 넘치는 광산 기술자 표트르 팔친스키였을 것이다. 그는 정부가 합리적이고 정당한 채굴 정책을 만들고 추진한다면 러시아는 풍부한 광업 자원에 힘입어 막강한 산업 국가가 될 수 있다고 확신했다.[3] 팔친스키는 소비에트 정권 초기에 가장 잘 알려진 기술자 중 한 사람으로서, 러시아기술협회 회장과 전러시아기술자협회 최고위원을 역임했다. 그는 지속적으로 정부의 자문에 응했고, 정부 위원회의 많은 보고서를 썼으며, 어디를 가든 산업의 대의를 위해 일했다. 드니프로강Dnieper River의 거대한 댐 건설과 우랄 지역의 철광석 광산 채굴, 항구, 운하, 철도의 건설 같은 많은 프로젝트에 대해 정부에 자문을 해주기도 했다.

팔친스키는 계획 산업planning industry에 대한 접근법의 핵심에 "인적, 재정적 자원의 낭비를 최소화하면서 가능한 최대의 유용한 효과를 달성한다"[4]는 개념을 두었다. 이 접근법은 어떠한 대형 산업 프로젝트가 시작되기 전에 모든 가능한 대안과 변이형variants이 세심하게 연구되어 어느 것이 가장 효과적인지를 확인하는 것을 의미했다. 이러한 변이형은 해당 목표에 사용될 수 있는 다른 기술과 심지어 공장의 다른 물리적 장소를 포함해야 하고, 최종적으로 선택된 것은 교통 접근성, 상당한 노동 인구, 난방과 전력 비용 측면에서 가장 효율적인 곳이 되어야 했다.

팔친스키는 비판하기를, 전통적인 공학 수업 과정은 자연과학, 수학, "서술적 기술descriptive technology"에 지나치게 편중되어 있으며 경제학과 정치경제 같은 과목을 거의 무시했다고 했다.[5] 차르 시대에 관리들은 서방의 '급진적인' 경제·정치 아이디어를 두려워해서 이러한 과목들을 교과 과정에서 제외했다. 새로운 소련 시대에도 팔친스키는 그 밖의 이념적 우려 역시 비슷한 결과를 가져올까 봐 우려했다. 그는 러시아 기술자들이 더 이상 좁은 기술적 방법으로 문제를 접근하지 말고 모든 관점, 특히 경제적 관점에서 산업 프로젝트를 평가하라고 요구했다. 또한 그는 노동자들의 필요를 만족시키기 위한 배려는 단순히 윤리적 원칙이 아니라 효율적인 생산을 위한 필수 요건이라고 보았다. 그는 성공적인 산업화와 높은 생산성은 고도로 훈련된 노동자들과 이들의 사회, 경제적 필요에 대한 적절한 보상provision 없이는 불가능하다는 것을 강조했다. 교육에 대한 투자는 기술 장비에 대한 같은 양의 투자보다 산업화를 더 촉진했다. 그 이유는 교육받지 못하고 불행한 노동자는 곧 장비를 쓸모없게 만들기 때문이었다.[6] 노동자들의 사기와 능력에 주의를 기울이지 않고 단지 새로운 장비에 투자하는 것은 크나큰 낭비를 초래할 따름이었다.

소련 정부가 드니프르강 위에 세계에서 가장 큰 수력발전소를 건설하려고 할 때[7], 팔친스키와 그의 공학 동료들(특히 전력 전문가인 R. E. 클라손 Klasson)은 이 프로젝트에 자신들의 통상적인 체계적 방법으로 접근하려고 했다. 그들은 소련이 좀 더 많은 전력을 필요로 한다는 데 동의하고 더 많은 발전소를 건설하는 데 열의를 보였으나, 그렇게 큰 댐을 그 장소에 건설하는 것이 목표를 달성하는 데 최선인지에 대해서는 고민했다. 그들은 인근에 충분한 석탄이 매장되어 있어서 그곳에 수력발전소를 건설할 것인지 화력발전소를 건설할 것인지를 결정하는 것은 사회적, 경제적 비용을 계산한 바탕 위에 내려져야 한다고 생각했다. 그리고 드니프로강의 수위가 12월부터 2월까지는 많은 전기를 생산하기에 충분하지 않아서 결국 화력발전소가 필요하게 될 것이라고 주장했다. 그들은 또한 건설하려는 댐이, 깊은 계곡이나 협곡에 보통 건설되는 다른 나라의 수력발전소와 다르게 강바닥 위 평지 지형에 건설된다는 점과 댐 저수지로 인해 많은 사람들과 넓은 지역이 영향을 받게 된다는 점을 지적했다.

저수지를 만들기 위해 10만 명 이상의 시골 주민들이 집을 버리고 떠나야 했다. 이들 대부분은 농사를 잘 짓고 근면한 독일계 메노파Mennonite 농부들이었다. 비평가들은 농민들이 현재의 장소에서 계속 농사를 짓지 못하는 경우 발생하는 농지의 상실과 식량 생산 감소가 댐과 저수지를 건설하는 비용에 포함되어야 한다고 말했다.

팔친스키는 에너지가 사용되는 곳과 생산되는 장소의 거리를 고려에 넣지 않은 채로 드니프로강에 계획된 것과 같은 거대한 수력발전소를 건설하지 말라고 정부에 권고했다. 장거리 송전선은 막대한 송전 비용과 효율성의 감소를 가져온다고 그는 경고했다. 긴 송전선 상의 매 단위 송전 지점이 늘어날수록 전달되는 에너지 비용이 증가하므로, 지역의 자원으로부터 좀 더 저렴한 전기를 얻을 수 있는 기회가 늘어난다.

이 모든 요인을 고려한 팔친스키, 클라손을 비롯한 기술자들은 드니프로강 지점에 한두 개의 증기발전소를 건설하는 것으로 시작해서 필요에 따라 수력발전소와 화력발전소를 결합해서 이 지역의 전력 수요에 맞춰 단계적으로 발전소를 늘려나가자고 건의했다.[8] 이 지점에서 좀더 먼 지역에는 가장 경제성이 높은 대안을 택해 다른 형태의 전력 발전을 고려해야 한다고 조언했다.

소련 정부가 마그니토고르스크Magnitogorsk에 세계에서 가장 큰 철강공장 건설을 제안했을 때도 팔친스키와 동료 기술자들은 앞서와 유사한 우려를 제기했다. 소련 정부 지도자들은 철강공장이 마그니토고르스크에 건설되어야 하는 이유로 이 지역이 자석산(마그니트산Magnetic Mountain)이라고 알려진 가장 풍부한 철광석 매장지라는 점을 들었다.[9] 공산당 지도자들 같은 비전문가들이 보기에 이 위치 선정은 합리적인 것 같았다. 그러나 여기가 정말 이렇게 거대한 철강공장을 건설할 최적의 장소인가? 1926년과 1927년 발표한 논문에서 팔친스키는 소련 정부가 마그니토고르스크의 철광석 매장량과 철광석의 질, 가용 노동력, 철광석을 운송하는 경제성, 노동자들에게 적절한 주거를 제공하는 어려움 등에 대한 적절한 연구 없이 이 계획을 추진하고 있다고 불평했다.

그는 마그니토고르스크에 계획된 도시 인근에 유연탄이 없기 때문에 처음부터 용광로를 가동하기 위한 연료를 철도로 끌고 와야 한다는 점을 지적했다. 그곳에 얼마나 많은 철광석이 매장되어 있는지를 아는 사람이 없기 때문에 비교적 짧은 시간에 철광석과 유연탄 모두를 먼 곳에서부터 이 잘못 선정된 철강 도시로 끌고 와야 할 가능성이 컸다(이것은 후에 실제로 일어난 일이다).[10]

다른 나라들이 어떻게 철강공장 위치를 선정하는지를 아는 팔친스키는(그는 영어, 독일어, 이탈리아어, 프랑스어 자료를 계속 읽었다) 소련 최대의 철강공장을 마그니토고르스크에 건설하는 것은 다른 나라들의 "최선의 관행"에 역행한다고 지적했다. 그는 말하길, 미국에서 철강공장은 미네소타주 메사비산맥이나 미시건주 마르케트산맥의 풍부한 철광석 매장지 인근에 위치하지 않고, 이곳에서 수백 마일 떨어진 디트로이트, 개리, 클리블랜드, 피츠버그에 건설되었다고 했다. 이 도시들은 모두 풍부한 노동력을 가지고 있고 그중 앞의 세 도시는 수운으로 철광석 산지와 연결되어 있으며, 피츠버그는 거대한 유연탄 매장지 인근에 자리 잡고 있다는 것이다. 산업 시설 선정은 다양한 요인을 고려해야 하고, 천연 자원 매장지처럼 이중 어느 하나의 요인이 지배해서는 안 된다고 팔친스키는 강조했다. 그는 중량 측정 도표gravimetric charts, 자기 측정magnetometric measurement, 경제성 계산을 시행할 것과 운송 방법과 물류 공학freight engineering 원가 분석을 요청했다. 마그니토고르스크 도시와 철강공장을 건설하는 비용이 너무 커서 철광석 매장량은 적더라도 더 양호한 노동, 교통 자원을 가진 지역 인근의 철강공장을 확장하는 것이 더 현명하다고 그는 주장했다.

소련 산업화 프로그램의 세 번째 거대 프로젝트는 백해와 발트해를 연결하도록 설계된 백해 운하White Sea Canal였다. 백해와 발트해를 연결하는 꿈은 표트르 대제 시기로 거슬러 올라간다.[11] 팔친스키의 친구인 N. I. 흐루스탈레프Khrustalev가 이끄는 러시아 기술자 팀에게 소련 정부는 운하 설계를 맡겼다. 이 기술자들은 두 바다 사이에 운하 대신에 철로를 건설하는 것이 더 경제적이지 않겠느냐고 물었다. 왜냐하면 철로는 1년 내내 이용할 수 있지만, 북방 지역의 운하는 1년 중 절반의 기간 동안 얼어 있기 때문이었다. 스탈린이 철로가 아니라 운하를 원한다는 말을 들은 그들은 운하의 수량이 심각한 문제이고, 정부가 선호하는 가장 직선적인 노선은 커다란 선박 항해에 필요한 충분한 수량을 공급해 주지 않기 때문에 작은 선박이나 바지선만이 통행할 수 있다고 답했다. 그들은 수심과 안정적 수량을 제공하는 '서쪽 대안' 운하를 제안했다. 서쪽 대안의 문제점은 건설에 시간이 더 걸리고, 더 많은 기계화된 장비를 필요로 한다는 것이었다.

드니프로강 댐 건설, 마그니토고르스크에 세계에서 가장 큰 철강공장 건설, 백해 운하 건설, 이 모든 경우에서 소련 정부는 지역 기술자들의 건의를 무시했다. 소련 정부는 비용−효과 분석에 관심이 없었다. 정부는 기술자들이 아주 중요하게 생각한 지역적 조건들보다는 대규모 프로젝트와 혁명적 상징주의에 매달렸다. 스탈린은 산업 시설이 거대 규모일 것을, 가능하면 세계에서 제일 클 것을 요구했다. 훗날 서방 관측가들은 이러한 정책을 가리켜 '거대주의gigantomania'라고 불렀다. 이와 대조적으로 팔친스키는 규모가 그 자체로 가치virtue가 되지는 않는다고 주장했다. 그는 수사적으로 다음과 같이 물었다. "작은 작업장이나 수동 공방에서 기관차, 대양 항해 선박, 교량, 거대한 수압 프레스를 만드는 것이 가능한가? 당연히 가능하지 않다. 그럼 우리가 좋은 단추, 좋은 양말, 사무실 용품, 식기, 옷 등을 위해 거대한 공장을 필요로 하는가? 당연히 그렇지 않다."[12]

팔친스키는 소련이 상징적, 이념적 목적을 위한 중공업 건설을 넘어서는 목표를 가져야만 한다고 경고했다. 소련은 또한 모든 인간적 필요가 경제적으로 충족되는 사회를 지향해야 한다고도 주장했다. 이것은 국민을 위해서 필요할 뿐만 아니라 합리적이고 비용-효과를 고려한 산업 능력을 건설하고 있는 다른 나라와 비교해서 소련의 경쟁력을 강화하는 데도 중요했다. 산업화와 관련되어 소련이 추진한 정책의 결과는 비효율적이고 경쟁력이 없는 산업화된 국가라고 그는 예측했다.

팔친스키 같은 기술자들의 추천은 묵살되었고, 공학자들 자신은 당 지도자들의 제안을 방해함으로써 의도적으로 소련의 산업 팽창 속도를 지체시키려는 "파괴wrecking"를 한다는 혐의로 기소되었다. 팔친스키는 재판 없이 처형되었고, 정부 산업 정책에 대해 의문을 제기한 거의 모든 기술자들이 체포되었다.[13] 소련식으로 교육받은 새 세대 기술자들이 대거 등장했고, 이것은 소련에서 가장 큰 교육받은 집단이 되었다. 이 사람들은 정부 정책에 의문을 제기하지 않는 교육을 받았다. 그들은 지시받은 장소에 지시받은 방법으로 공장들을 건설했다.

이후 60년간 수행된 이러한 정책들의 결과로 오늘날 러시아는 심하게 왜곡된misallocated 산업 체계를 갖게 되었다. 마그니토고르스크는 오늘날 세계에서 가장 큰 철강공장이면서 가장 효율이 떨어지고, 모든 주요 원자재, 유연탄, 철광석을 먼 곳에서 운송해 와야 하는 공장이 되었다. 드니프로강 댐은 오늘날까지 운영되고 있지만, 러시아의 환경주의자들이 지적한 대로 저수지의 침식과 조류藻類를 관리하는 데 든 비용은 "발전소가 만들어낸 단기적 이익을 오래전에 넘어선 지 오래이다."[14] 백해 운하도 여전히 존재하지만, 수량 부족 문제가 심각해서, 대형 선박 운행이 정부가 운하 건설을 밀어붙인 명분이었지만 대형 선박은 이 운하를 이용할 수 없다. 그러나 이것은 소련 전체의 훨씬 더 큰 패턴에서의 세 가지 사례에 불과하다.

소련의 이념은 '자연 정복conquer nature'이라는 강력한 명령을 포함하고 있었다. 이것은 북극 지방에 이전에 건설된 적이 없는 도시와 공장을 건설하는 것을 의미했다.[15] 서방 저자 두 사람은 이러한 패턴을 "시베리아의 저주Siberian curse"라고 불렀다.[16] 오늘날 러시아에는 매우 춥고 보급품, 난방, 에너지 관점에서 너무 비용이 많이 들어서 세계 시장에서 경쟁할 수 없는 주민 수백만 명이 사는 도시들이 있다. 이것을 가장 생생하게 보여주는 방법은 산업 잠재력의 관점에서 미국과 러시아의 북쪽에 건설된 두 도시, 미국 미네소타주의 덜루스Duluth와 러시아의 페름Perm의 성장을 서로 비교하는 것이다. 덜루스는 북아메리카에서 가장 넓은 철광석 매장지 인근에 위치하고 있고, 20세기 초반 일부 미국 인구학자들은 미국의 주요 도시가 될 것이라고 예언한 바 있다. 페름은 여러 값비싼 광물자원 매장지인 우랄산맥 인근에 위치하고 있다. 덜루스와 페름 모두 무척 추운 지역이다.

20세기 초 페름과 덜루스의 인구는 각각 20만 명에 못 미쳤다. 오늘날 페름의 인구는 약 50만 명이고 덜루스는 20만 명 조금 넘는 주민이 살고 있다. 달리 말하면 덜루스는 거의 성장하지 않은 반면, 페름은 폭발적으로 성장했다. 그러나 이러한 차이가 미국보다 러시아에서 산업과 인구가 더 인상적으로 성장한 결과라고 생각한다면 그건 오판이다 (러시아의 인구는 1900년부터 1990년 사이 두 배 조금 넘게 증가한 반면, 미국의 인구는 같은 기간 세 배 이상 증가했다). 덜루스가 크게 성장하지 못한 이유는 1937년 두 지리경제학자가 기록한 고전적인 사례 연구에 잘 나타나 있다. 그들은 덜루스는 추운 겨울 탓에 철강 생산 원가가 높아졌고 기후가 차가워 노동 원가가 높으며, 시장에서 멀리 떨어져 있어서 미국 내 다른 산업 중심지에 비해 경쟁력이 불리하다고 결론 내렸다. 똑같은 결론이 페름에도 적용될 수 있지만, 이러한 사실은 자연을 정복한다는 소련의 이념, 미개발 지역의 산업화를 강조한 소련 지도자들, 그렇게 하는 데 있어서 경제적 요인을 무시하는 결정으로 인해 무시되었다. 그 결과 페름은 분석가인 힐Hill과 개디Gaddy가 말했듯, "러시아의 얼어붙은 공룡 중 하나이고, 무엇보다 이런 규모의 도시를 건설할 근거가 결여된, 백만 명 이상의 인구를 가진 세계에서 다섯 번째로 추운 도시"라고 불렸다.[17]

소련 산업화의 비합리적 계획을 선명하게 보여주는 또 다른 사례는 2차 세계대전 후 소련 최대의 건설 프로젝트였던 바이칼-아무르 철도 BAM Baikal-Amur Mainline 건설이다. 차르 시대 러시아도 종종 칙령을 통해 철도를 건설했고, 경제의 교통 수요에 대한 합리적 분석보다는 군사, 정치적 고려에 의해 더 많이 좌우되는 논리를 적용했지만, 바이칼-아무르 철도 건설에서 소련은 이 원칙을 황당한 극단까지 밀어붙였다.

BAM은 철도 길이가 거의 2,000마일에 달하고, 21개의 터널과 4,200개의 다리를 포함하며, 완공까지 수십 년의 시간과 약 50만 명의 노동력이 요구되었다. 이것은 엄청난 규모의 경제적 실책이었다. 이 철도에서 어떠한 의미 있는 경제적 이익도 아직 나오지 않았다. 서방 역사가들이 이 노력을 가리켜 "브레즈네프의 바보짓Breznev's folly"이라고 한 것도 전혀 이상한 일이 아니다.[18] 이것은 중앙 정부가 대안을 적절히 고려하지 않고, 비용-이익 분석을 하지 않은 채 주도를 한 경우 저지를 수 있는 오류의 기념비적 사례이다. 철도는 노보쿠즈네츠크에서 태평양까지 이어지고 지구상에서 가장 험한 지형의 일부를 통과하며 산맥,

늪지대, 강을 넘어가거나 관통해야 한다. 이 철도를 건설하면서 겨울의 너무 추운 날씨에 작업을 강행해서 장비가 작동하지 않았고, 건설 도구들이 부서졌다. 20개 이상의 소도시와 도시들이 철로변에 건설되었다. 소련에서 발간된 한 책에서 선언한 것처럼, "바이칼-아무르 철도는 전 세계에서 진행되고 있는 철도 건설 역사의 다른 모든 프로젝트들을 넘어선다."[19]

BAM 철도 건설을 주장한 사람들은 시베리아에 숨겨진 광물 자원을 개발하고 철도변을 따라 번영하는 도시를 건설한다고 약속했다. 특히 중요한 것은 치타 지방 우도칸에 있는 풍부한 동copper 광산에 접근하는 것이었다. 시베리아 석유를 유연탄과 목재와 함께 수출하기 위해 태평양 연안으로 운송하는 것 또한 핵심 목표였다. 이 계획을 지지한 사람들은 주요 철강 산업단지를 포함한 "막강한 산업 벨트를 BAM을 따라" 건설하겠다고 장담했다.[20] 자주 언급되지는 않았지만, 이 프로젝트의 중요한 동기 중 하나는 중국과 충돌이 발생할 경우 중국에게 장악되지 않는 철도를 건설하는 것이었다. 이전의 시베리아 횡단철도는 수백 마일에 걸쳐 중국 국경 근처를 통과하고 있는 반면, BAM은 이보다 북쪽의 훨씬 안전한 지역을 통과했다.

레오니트 브레즈네프는 1974년 BAM 건설 계획을 발표했다. 그는 이것을 드니프로강 수력발전소, 마그니토고르스크의 철강공장과 같이 "우리 국민에 의한 노동 성취" 전통의 연속이라고 설명했다.[21]

BAM 건설은 어려운 기술적, 사회적 문제에 최소한도의 주의만 기울인 채, 격려하는 축하로 작업을 조직하는 옛 소련식 방법의 최후 순간이었다. 철도 건설 프로젝트는 빠른 시간 안에 어떠한 대가를 치르더라도 성공적으로 완수해야 하는 군사 작전 같이 조직되었다. 이것은 30년대 초반 이후 소련의 모든 거대 건설 프로젝트에서 나타나는 동일한 낭비적인 특성을 많이 보여주었다. 철도를 건설하는 결정은 반대자와 옹호자가 근거 있는 증거를 가지고 견해를 제시하는 공개된 과정이 아니었다. 대신, 공산당 지도자들이 경제적, 환경적, 사회적 비용을 고려하지 않고 생산 시설의 외연적 개발이라는 이미 익숙한 기풍에 길들여진 소수의 관료 집단에 의존해서 내린 결정이었다.

철도를 건설한다는 결정이 내려지자 이에 대해 비판을 제기하는 사람은 회의주의자, 게으름뱅이, 공산주의 건설에 대한 열의가 없는 사람으로 매도되었다. 이런 사람들은 스탈린 시대처럼 감옥으로 보내지지는 않았지만, 정부가 통제하는 언론에 의견을 발표하는 것이 철저히 금지되었다. 소련 신문, 라디오, TV는 BAM을 전쟁 시기와 같은 열정과 인내, 적극적 참여가 요구되는 숨 막히는 도전으로 묘사했다. 그러나 적은 적군이 아니라 자연 그 자체였다. 겨울에 얼어붙은 타이가 지대와 영구 동토층, 여름에는 모기가 득실득실한 늪지대가 적이었다. 이러한 장애 앞에서 성공은 단단한 결의만으로 얻어질 수 있었다. 트집쟁이와 비판자가 끼어들 틈은 없었다.

정부의 대단한 격려에도 불구하고 BAM 프로젝트는 예정보다 훨씬 지연되었고, 부적절하게 산정된 예상 비용을 훨씬 뛰어넘었다. 공사 감독관들은 당연히 건설 속도를 높이고 비용을 절감할 수 있는 방법을 찾을 수밖에 없었다. 그 방법 중 하나는 원래 계획했던 것보다 경량의 철로를 사용하는 것이었다. 70년대 말과 80년대 초 더 단단하고 무거운 R65 철로 대신에 경량 R50 철로가 몇 구간에 설치되었다.[22] 그 결과 철도가 완성되기도 전에 세 번의 열차 탈선사고가 일어났고, 철도는 금방 악화의 길에 들어섰으며, 특히 곡선 구간에서 더욱 그랬다. 결국 모든 경량 철로는 대체되었지만, 감독 기술자들이 상관들에게 철로가 규정대로 완성되었다고 거짓 보고를 한 다음에야 이 점이 시정되었다. 안전과 장기적 예산은 공사 일정표와 단기 예산에 희생되었고, 이것은 공사 가속화의 전형적 결과였다.

건설 속도를 높이는 또 다른 방법은 교량 건설에 군인들을 동원하는 것이었다. 건설 현장에 군인들을 동원하는 것은 소련의 전통적 관행이었다. 군인들은 이그날리나 원자력발전소와 고리키 원자력발전소 건설과 볼가강변의 많은 관개 수로 공사에 동원되었다. 실제로 군인들은 도로를 수리하고, 건물이 건설되는 거의 모든 모스크바 거리에서 볼 수 있었다. 건설 감독관들이 정해진 시한 안에 건설 프로젝트를 끝내는 데 어려움을 겪으면 예외 없이 "당신들이 병사들을 제공하지 않으면, 이 프로젝트는 완공할 수 없습니다"라고 하며 국방부에 도움을 청한다.[23] BAM 건설자들도 예외가 아니었다. 철도의 동부 구간 상당 부분은 군인들이 건설했고, 이들은 전 노선에서 굴착과 폭파 같은 힘든 과업의 25퍼센트를 담당했다.[24]

이러한 과업에 군인들을 동원하는 것은 윤리적으로나 경제적으로 문제가 있는 것이었다. 이들은 소련 시대 초기에 자주 동원되었던 감옥 노동자들은 아니었지만, 이들은 분명히 비자발적 노동자들이었으며 명령을 내리는 장교들에 의해 건설현장에 투입되었다. 이들은 사발석 노동자들이 작업하기를 꺼리는 가장 힘든 일을 배정받았다. 여기에다가 이들은 사회 낮은 계층에서 강제로 징집된 병사들이라 보상도 거의 받지 못했다.

BAM 건설 기간에 대부분의 군인을 노동자로 투입한 것은 거의 거론되지 않았다. 그러나 고르바초프의 페레스트로이카 시기가 시작되고(BAM 완공 시기 이전), 소련 언론은 군인들이 투입된 내용을 보도하기 시작했다. 한 기자는 윤리적 기준에서 이런 관행을 비난했고 또한 이것은 건설에 대한 경제 평가를 왜곡한다고 제대로 지적했다.

군인들을 민간 경제 건설 작업에 투입하는 것은 오랜 기간 언론에서 비판할 수 없는 일종의 '성스러운 암소sacred cow'였다. 그러나 한 가지 분명한 사실은 군인들을 계획 할당량을 채우는 데 사용하는 것이 우리의 많은 부처departments를 '부패시킨다'는 것이다. 왜냐하면 그들의 욕구는 더 이상 자원의 제약을 받지 않게 되고, 결국 군인들의 인력은 그들에게 아무 비용도 발생시키지 않기 때문이다.[25]

군인을 투입하는 것과 근시안적인 비용 절감 수단을 사용하는 것도 BAM 건설 계획을 살리지는 못했다. BAM 건설 완수 시기는 원래 1983년으로 잡혀 있었지만, 실제로 이 프로젝트가 완결된 것은 2003년이 되어서이다. 철도 건설에서 특히 난제였던 구간은 부랴티아 자치 공화국을 통과하는 북부 무이아 터널 공사였다. 이것은 철도 전 노선 중 가장 긴 9.5마일을 지하로 건설하는 것이었다. 철도 노선이 설계되기도 전에 부랴티아의 지질학사들과 기술자들은 정부에 이 지역의 강력한 지진 활동으로 터널을 건설하는 것은 바람직하지 못하다고 경고하고 대신에 이 지역을 우회하는 노선을 건설할 것을 제안했다.[26] 우회 노선 공사로 건설 완공이 지연되는 것을 받아들일 용의가 없었던 정부는 전문가들의 의견을 무시하고 터널 공사를 승인했다.

터널 공사는 예상보다 훨씬 큰 난제였다. 1984년을 BAM 완공을 상징하는 "황금 못the golden spike을 박는" 시한으로 하라는 상급자들의 압력을 받은 감독 기술자들은 통상적 화물 열차들이 지나갈 수 없는 경사를 가진 17.4마일의 우회 철로를 만들어냈다. 이 구간을 돌아본 한 기자는 "슬랄롬(활강)스키 선수만이 이 도로를 지나갈 수 있을 것이다"라고 보도했다.[27] 그럼에도 불구하고 언론은 1984년 BAM이 완성되었다고 선언할 수 있었다. 그러나 사실은 첫 정기 화물열차가 BAM 전 구간에 운행되기까지 5년의 시간이 더 걸렸고, 그 후에도 문제는 계속 남아 있었다. 2003년이 되어서야 이 건설 문제 대부분이 해결되었다.

이렇게 서둘러서 엄청난 철로를 건설한 영향으로 시베리아 환경은 상당한 해를 입었다.[28] 겨울이 되면 개울과 작은 강들이 바닥까지 얼어붙고, 1년 내내 지표면 아래 1~2피트가 얼어 있어 수많은 노동자들이 배출한 오물을 처리할 곳이 없었다. 건설 노선 인근의 강과 개울은 유류, 윤활유, 쓰레기, 버려진 장비로 크게 오염되었다. 겨울이면 중장비에 사용하는 디젤유가 밤새 흐르도록 방치되었다. 그렇게 하지 않으면 아침에 장비를 다시 가동할 수가 없었다. 발동기는 항시적인 스모그와 오염을 유발했다. 극도로 취약한 이 지역 툰드라에 입힌 해는 엷은 토양thin soil을 노출시켰고, 이것은 수십 년 동안 회복되기 어려울 터였다. 비슬라브계 종족인 토착 시베리아 원주민들은 지역의 야생동물을 살상하고, 토양과 수원을 망치며, 자신들이 원하는 지굴리 승용차를 살 돈을 벌자마자 이 지역을 떠나는 러시아인들을 경멸했다.[29] 세계에서 가장 오래되고 수심이 깊으며 수많은 생물종이 서식하는 바이칼호는 BAM의 핵심 보급 노선이 되었다. 이 호수는 여름에는 수송선이, 겨울에는 얼어붙은 수면 위를 오가는 트럭들로 가득했다. 새롭게 깨어난 환경운동은 바이칼호의 오남용abuse에 격렬하게 저항했다.

BAM은 90년대 초기에 가동되었지만, 그 경제적 가치는 불분명하다. 수출용 원유가 철도를 이용하는 가장 중요한 화물이 되리라는 원래의 희망은 시베리아의 이 지역 원유 개발이 너무 힘들어 무기한 연기되었기 때문에 현실로 실현되지 않았다. 철도 건설의 두 번째 중요한 경제적 동기였던 우도칸에 동(구리) 제련 산업을 발전시키는 것도 당분간 연기되었다. 아직까지 이 지역에서 대규모 지하자원 굴착이 계획된 것은 없다. BAM 노선을 통한 유일한 중요한 화물 운송은 목재이지만, 러시아 다른 지역에서 나오는 목재 운송보다 비용이 더 든다. BAM을 옹호하는 사람들은 남부 야쿠티아에서 유연탄을 운송하는 이익이 남는 교역을 자주 언급하지만, 이 지역 유연탄은 BAM이 아니라 오래된 시베리아 횡단철도 지선으로 운송된다. 1988년 한 러시아 경제학자는 "현재로서는 새로 건설된 값비싼 철로를 이용해 운송할 것이 없고, BAM은 이익이 나지 않는 모험venture이 되었다"라고 말했다.[30] 장차 시베리아 지역이 개발되면 이 철도가 유용해질 가능성은 있다. 그러나 그런 일이 일어난다 해도 많은 경제, 환경, 사회적 결과를 고려하지 않고 절대명령에 의해 철도를 건설하는 방식은 엄청난 비용을 치른 합리성의 실패로 항상 기억될 것이다.

드니프로강의 대형 댐, 마그니토고르스크의 거대한 철강공장, 백해 운하, 얼어붙은 북쪽 오지에 산업 도시를 건설하는 것, 바이칼-아무르 철도 건설은 모두 비합리적이고 낭비적인 소련식 산업화 프로그램의 사례이며 이는 오늘날 러시아에게 다른 선진국 산업과 경쟁을 시작할 수 없는 산업을 유산으로 물려주었다. 그 결과로 2013년 초반까지 러시아의 산업은 많은 자원을 낭비했으며 많은 공장이 폐허가 되었다. 오늘날 러시아 경제는 산업이 아니라 교역(특히 석유, 가스, 천연자원, 삼림 생산품)에 의존하고 있다. 최근 러시아 전문가 두 사람이 발표한 「우리는 아무것도 생산하지 못하고 있다」라는 제목의 논문에 따르면, 러시아의 1인당 공장 생산 물량은 다른 선진국의 10분의 1에 불과하다.[31]

6장

반도체 산업: 알려지지 않고 보상받지 못한 러시아 선구자들

트랜지스터는 20세기 가장 중요한 발견 중 하나로서, 이전 세기 증기기관이 했던 것과 같은 방식으로 전체 산업을 활성화시켰다. 서방의 그 누구도 러시아 발명가가 반도체 크리스털(결정체)이 고주파 라디오(전파) 신호를 증폭하고 생성할 수 있다는 것을 세계 최초로 보여주었다는 사실을 알지 못한다. 같은 발명가가 트랜지스터를 이용한 라디오solid-state radio를 만들고 LEDs, 즉 유기발광다이오드 개발에 대한 중요한 초기 작업을 했다. 수십 년 후 이 발명가의 작업에 대해 알게 된 서방의 몇몇 연구자들은 그가 트랜지스터 개발에서 이룩한 진보에 놀랐다. 그러나 오늘날 세계 최대의 트랜지스터, 컴퓨터 칩 혹은 다이오드 제조업체들 목록에서 러시아 회사는 단 한 곳도 찾아볼 수 없다. 이러한 실패의 이유는 정치적이고 경제적이며 제도적인 것이었지, 기술적인 것이 아니었다.

"그의 직관적인 실험 선택과 설계는 그저 놀라울 따름이다."

— 미국의 전기 공학자 에곤 뢰브너, 전기 발광에 대한 올레그 로세프의 연구를 설명하며, 그의 시대보다 30년 앞서 나갔다고 평가

"우리는 소련에서 이루어진 매우 뛰어난 고체물리학 연구에 익숙하며, 우리의 지식에 크게 기여한 많은 소련 과학자들의 이름을 알고 있다."

— 노벨 물리학상 수상자 존 바딘, 1960년 모스크바 방문 중

반도체는 지난 60년간 전자 장치 혁명의 중심에 자리해왔다. 트랜지스터는 반도체의 일종이며, 오래전 이전에 사용하던 진공관을 대부분 대체하여 현재는 수십억대의 통신, 컴퓨터 및 다른 장치들에서 사용되고 있다. 이것은 전기 흐름을 조절하고 증폭하는 면에서 탁월하다. 트랜지스터는 작은 크기, 신뢰도, 효율성, 낮은 가격으로 인해 대부분의 응용 분야에서 진공관보다 이점이 많다. 반도체 기술은 증기기관이 인간의 물리적 능력을 향상한 것만큼이나 인간의 지적인 힘을 증진했다. 그리고 증기기관이 아마도 18세기 가장 위대한 발명이었듯, 트랜지스터는 아마도 20세기 가장 위대한 발명일 것이다.[1]

반도체의 역사를 아는 대다수 사람들은 그 기원을 2차 세계대전 이후 시기로 본다. 트랜지스터의 발명은 보통 미국인 윌리엄 쇼클리 William Shockley, 월터 하우저 브래튼 Walter Houser Brattain, 그리고 존 바딘 John Bardeen의 공으로 인정되며, 그들의 연구는 1948년 벨연구소가 발표했다(이 세 사람은 1956년 노벨 물리학상을 공동 수상했다). 텍사스 인스트루먼트 Texas

Instruments는 1954년 트랜지스터 라디오를 최초로 시장에 내놓았다. 그러나 서방 사람들은 반도체 연구의 선구자가 러시아인인 올레그 V. 로세프Oleg V. Losev라는 것을 거의 알지 못한다. 로세프는 한 세대 전인 1922년, 레닌그라드에서 작동하는 트랜지스터를 이용한 라디오solid-state radio 송수신기를 만들었다.[2] 그는 비록 정규 대학교육은 받지 못했지만 총 43편의 출간 논문과 16편의 '저자 증명'이 있는 과학 문헌으로 작성된 완전한 연구 프로그램을 수행했다.

로세프는 반도체 크리스털(결정체)이 고주파 라디오 신호를 증폭하고 생성할 수 있음을 보여준 세계 최초의 인물이다.[3] 1922년 그는 홍아연광 결정zincite crystal과 처음에는 탄소로, 그 후에는 강철로 만들어진 고양이 수염 수신기cat's whisker receiver를 사용하여 라디오를 만들었다. 그것은 불과 서너 개의 손전등 배터리(축전지)에 해당하는 매우 적은 전력을 사용했다. 이 라디오는 '크리스토다인crystodyne'으로 알려졌으며 많은 나라들에서 급성장 중이던 집단인 라디오 아마추어들 사이에서는 인기가 있었다. 미국의 월간지 〈라디오 뉴스Radio News〉는 1924년 다음과 같은 기사를 내보냈다.

"진동 크리스털은 잘 알려진 기술자들에 의해 1906년까지 거슬러 올라간 시기에 연구되었기 때문에 새로운 것이 아니지만, 러시아 기술자 O. V. 로세프 씨가 진동 크리스털에 대한 몇몇 흥미로운 사용법들을 발견하는 데 성공한 것은 최근이었다. 크리스털을 발생기로 사용해서 진동을 발생시킬 수 있는 장치의 구성은 매우 간단해 보이며, 우리 독자들에게 큰 관심을 불러일으킬 것이다."[4]

로세프의 트랜지스터를 이용한 라디오는 획기적이었으나 결점들도 있었다. 즉 범위가 제한적이었고, 뚜렷한 이유 없이 가끔 작동이 멈춰 신뢰도가 떨어졌다. 이 라디오의 작동 이론은 이해받지 못했다. 라디오 아마추어들은 크리스토다인을 가지고 노는 것을 좋아했으나, 그것은 당시에 진공관 라디오의 진정한 경쟁자가 되지는 못했다.

그 후 로세프는 또 다른 중요한 발견을 했다. 크리스털로 라디오 신호를 어떻게 발생시키는지 배운 이후 그는 여러 종류의 크리스털을 좀 더 잘 이해하기 위해서 그것들을 가지고 실험을 시작했다. 그는 1923년 1월에 탄화규소에 전류를 가했을 때 "접점에서 희미한 녹색 빛을 관찰"했다는 점에 주목했다.[5] 처음에 그는 이 현상에 크게 주목하지 못한 것으로 보이며 대신 라디오 송수신기 작업에 집중했다. 그러나 그 후 그는 현미경으로 탄화규소에서 전류의 동작을 연구했다. 극을 바꾸고, 전압을 다양하게 변화시키며, 다양한 구성과 구조의 크리스털에 있는 다양한 지점을 탐침하면서 실험했다.[6] 크리스털에서 빛을 만들어내는 로세프의 능력은 지속적으로 향상되었고 그는 그 결과들을 러시아, 독일 및 영국의 과학 문헌(학술지)에 보고했다.[7] 독일에서 몇몇 과학자들이 그의 작업을 알게 되면서 "로세프 빛Losev light"에 대해 언급하기 시작했다. 로세프가 해낸 이 일은 LED 즉 유기발광다이오드를 발명한 것이다(그러한 빛의 발산은 1907년 헨리 조지프 라운드Henry Joseph Round에 의해 관찰되었으나 로세프에 의해 재발견되었고, 그는 그것의 특성을 연구하는 데 훨씬 더 나아갔다). 로세프는 자신의 "광선 세전light relay"에 대한 저자 승명을 받았고 그것이 "빠른 전시 및 전화 통신, 이미지 전송 및 다른 응용applications"을 위해 사용될 수 있다고 믿었다.[8] 그는 LED 동작을 설명하기 위해 아인슈타인의 양자 이론을 적용했으며, 그것을 "역광전 효과inverse photo-electric effect"라고 불렀다. 그는 실제로 이 이론을 개발하는 데 도움을 요청하고자 아인슈타인에게 편지를 써 보냈으나 답장을 받지는 못했다.[9]

로세프의 생애는 아직까지도 충분히 탐구되지 못한 요소들을 가지고 있다. 우리는 그의 아버지가 차르 정부 군대의 전직 장교이자 귀족이었다는 것을 알고 있다.[10] 이러한 사회적 배경으로 인해 로세프는 소련 정부하에서 매우 조심해야만 했다. 소련 정부는 사회적 출신 때문에 '이질적'이라고 여기는 기술 전문가들을 극도로 의심했기 때문이다. 그러한 사람들 중 많은 이들이 감옥에서 생을 마감했다. 로세프는 귀족 혈통이었음에도 재산이 없었고 늘상 돈벌이를 찾아다녔다. 소련 정부는 단기간 동안 그에게 기회를 줬다. 모든 사기업이 제거되는 초기 경제적 전투성의 시기 이후 소련 당국은 약간 누그러졌다. 즉, 1921년부터 1927년까지의 신경제정책NEP 시기 동안 일부 독립적인 경제적 행위의 활성화가 허용되었는데, 특히 소상점과 소기업이 그러했다. 정부는 경제의 '중요 산업commanding heights' 부문 소유권을 보유했는데, 특히 중공업 부문에서 그러했다. 이 길지 않은 NEP 기간은 로세프가 자신의 크리스토다인 트랜지스터 라디오Crystodyne solid-state radio를 개발한 시기였고, 따라서 그는 그것을 시장에 팔 기회를 포착했다. 1924년 그는 라디오 수신기와 크리스털 감지기를 광고하고 몇 개를 팔았다.[11] 그는 50대 이상을 만들었다고 알려져 있다. 그러나 몇 년 후 사기업 강력한 탄압이 가해지기 시작했고, 로세프는 라디오를 팔려는 모든 시도를 포기해야만 했다. 그는 당시 이중으로 비난받을 배경을 갖게 된다. 바로 귀족 혈통과 현역 "부르주아 넵만NEPman 경제활동의 참여자"라는 것이었다. 로세프는 가능한 한 납작 엎드려 있으려고 했다. 짧은 기간 라디오 연구소 배달원으로 일했으며, 다락으로 가는 계단통에서 살았다. 그러면서도 그는 연구를 계속했고, 다른 동료 고용자들은 작업대에서의 그의 존재를 참아줬다.

(러시아 태생의) 미국 전기공학자 에곤 뢰브너Egon Loebner가 1950년대 RCA Radio Corporation of America 연구소에서 전장발광electroluminescence 연구를 시작했을 때, 30년 전 로세프의 과학 논문들 중 일부를 발견했다. 그는 다음과 같이 반응했다. "로세프의 연구는 매우 정확했고 그의 논문들은 그가 실제로 했던 것을 오늘날에 알아보는 데에도 전혀 어려움이 없을 정도로 명확하다. … 그의 직관적인 실험 선택과 설계는 그저 놀라울 따름이다."[12] 뢰브너는 RCA에서 그와 자신의 동료들이 상업적으로 활용 가능한 LEDs로 이끄는 실험을 했을 때, 그들이 "로세프의 기술을 따라했다"고 말했다.[13]

로세프는 크리스털의 "전도성이 낮은 층으로 자유전자가 침투하는" 현상에 대해 이야기하면서 크리스털 증폭에 대한 기초 이론을 개발했다. 결정적으로 4개의 전극을 가진 탄화수소 크리스털을 만들었다. 그는 한 쌍에 전극을 흘림으로써 다른 한 쌍에서 증폭될 수 있음을 알게 되었다. 이 장치를 '트랜지스터'라고 부르는 것은 오늘날에는 매우 그럴듯하다([하지만] 이 단어는 로세프가 이 실험을 할 때에는 존재하지 않았다). 그는 실험 결과를 레닌그라드에서 열린 과학 회의에서 발표했고 그 후 〈전기기술소식지 The Herald of Electrotechnology〉라는 학술지에 그 결과들을 게재했다.[14] 56년 후 한 명의 신중하지만 감탄해 마지않는 러시아 물리학자가 이 논문을 읽고 다음과 같이 썼다. "로세프는 여기에서 한 쌍의 접점에 전류를 가할 때 다른 쌍의 접점 사이에서 전도성의 변화를 발견했기 때문에 트랜지스터의 실현에 매우 근접해 있었다."[15]

로세프가 트랜지스터를 개발했다고 인정해야 할까? 로세프가 자신의 실험대에서 생겨난 현상을 놀라운 직관으로 꿰뚫긴 했지만, 그는 경험적 방식으로 작업했을 뿐이지 트랜지스터에 대한 물리학적 이론 지식이 전혀 없었기 때문에 그가 트랜지스터를 개발했다고 정당성을 얻기는 어려울 것이다. 그는 자신이 했던 일을 완전히 설명할 수는 없었다. 그러한 설명은 훨씬 나중에야 나올 터였다. 로세프가 앞으로 나아가는 데 필요했던 것은 이론 물리학자들로부터의 도움과 그의 아이디어를 충분히 시험하고 개선시킬 수 있는 안정적인 연구개발 공간이었다. 그러나 그러한 일은 일어나지 않았고, 그러한 부족함에 대한 설명만이 있다.

로세프는 그가 필요로 했던 지원 환경을 어디에서 찾아야 했을까? 서방에서 두 가지 가장 그럴듯한 가능성은 사기업이나, 아마도 대학 안에 있는 학술 연구소였을 것이다. 이 두 가능성 모두 로세프에게는 닫혀 있었다. 그는 더 이상 라디오를 팔 수 없었고, 1930년대 소련에서는 사기업은 사실상 존재하지 않았다. 로세프가 자신의 발명품에 대해 받은 저자 인증(종종 '특허'라 불리는)은 그에게 상업적 의미에서의 독점권을 주지 않았다. 로세프의 혁신은 소련 정부에 귀속되었고, 소련 정부는 그것에 대해 아무런 조치도 취하지 않았다. 학문적 연구 기관은 당시 소비에트 러시아에도 존재했고 일부는 매우 훌륭했으나, 로세프는 대학을 졸업한 적이 없고 어떠한 고급 학위도 없었기 때문에 그러한 곳에서 일할 자격이 주어지지 않았다(저명한 물리학자인 아브람 이오페Abram Ioffe는 훗날 로세프에게 일종의 명예학위를 수여하도록 했으나, 1938년에야 이뤄졌고, 그것은 로세프가 마땅히 받아야 할 지위를 얻기에는 충분치 않았다). 라디오 연구소에서 자신의 지위를 잃고 난 후, 그는 의료 시설에서 교사로 일하게 되었다. 그곳에서 그의 관심은 인정받거나 보상받지 못했다. 로세프는 자신의 연구를 계속하고자 했으나 1935년에서 1940년 사이에 단 한 편의 논문도 발표할 수 없었다. 재능 있는 사람이었지만, 그는 자신의 관심을 어떻게 홍보할지를 몰랐으며 (혹은 아마도 그렇게 하기를 주저했으며), 자신이 가장 잘하는 분야임에도 불구하고 '응용 연구'를 얕잡아보는 경향이 있었다. 그는 소련 산업을 괴롭힌 경제적·정치적인 압박에서 가능한 한 벗어난 안식처를 찾아 이론적인 연구소에서 자리 잡기를 갈망했다.[16] 그는 사회적 관계를 성공적으로 맺지 못했으며 결혼에 두 차례 실패했다. 2차 세계대전이 터졌을 때, 이 외톨이는 독일군이 도시를 포위하기 전에 그곳을 떠날 기회를 제안 받았으나 거절했다. 로세프는 결국 레닌그라드 포위 기간 동안 굶어 죽었다. 당시 나이 39살에 불과했고, 정상적인 환경이었으면 몇십 년 더 일을 했을 것이다. 그러나 로세프는 러시아에서 과학계의 기득권 구성원이 아니었으며 정상적인 환경에 있을 운명이 아니었다.

러시아 과학계에서 반도체 분야 권위자는 아브람 이오페였다. 그는 소련 학술원 회원이었으며 유명한 레닌그라드물리기술연구소(현재 상트페테르부르크 이오페연구소로 알려져 있다)의 소장이었다. 이오페의 연구소는 종종 "소련 물리학의 요람"으로 불리며 여러 노벨상 수상자를 포함한 많은 뛰어난 과학자들의 입직의 산실이었다.

1930년대 초 이후, 이오페는 이 연구소의 전체 부서를 반도체에 헌신하도록 지도했다.[17] 후일, 2차 세계대전 이후에 그는 반도체를 위한 독립된 연구소를 설립했다. 러시아 과학자들이 어떤 주제가 국제 과학계에서 중요해졌다는 것을 알아차릴 때면 언제나 그들은 그 분야에 대한 독립된 연구소를 설립하는 것이 전형적인 소련식 정책이었다. 수십 개 이상의 연구소들이 레닌그라드에 있는 이오페의 원래 연구소에서 탄생했다. 이 연구소들은 종종 훌륭한 이론과학 연구가 이뤄지던 곳이었지만, 그곳에서 일하는 과학자들은 거의 대부분 국제적인 시장에서 번영한 상업적 기업들을 일궈내는 데 성공하지 못했다. 이오페는 소련 체제에 의해 자주 칭송되었지만(그는 스탈린상을 받았다), 그의 전체 생애 동안 학식 있는 관찰자들로부터 비판의 기류에 직면했다. 그들은 이오페의 연구소들에서 일부 군사적인 응용을 제외하고는 좋은 응용과학이 거의 나오지 않았고, 세계 시장에서 상업적으로 의미 있는 기술이 거의 없었음을 지적했다.

그러한 비판의 기류는 옳았다. 지난 두 세대에 걸친 반도체 물리학의 역사는 러시아 과학자들이 중요한 이론적 기여를 한 수많은 순간들을 포함한다. 쇼클리Shockley와 브래튼Brattain과 함께 보통 트랜지스터를 발명했다고 인정되는 존 바딘John Bardeen이 1960년 소련을 방문했을 때, 그는 다음과 같이 말했다. "우리는 소련의 고체물리학에서 이룬 매우 뛰어난 업적을 익히 들었고 우리의 지식에 크게 기여한 당신들의 과학자들의 이름을 알고 있다."[18] 그러나 국가 운명의 관점에서 더 중요한, 완전히 다른 이야기는 산업 반도체 기술의 역사에서 러시아는 매우 작은 역할을 했다는 것이다. 러시아는 오늘날 반도체 물리학을 포함한 이론 물리학에서는 거인이지만, 산업적인 고급 기술에서는 국제적 수준에서 난쟁이이다. 러시아의 과학적 성취와 산업 기술 사이의 격차를 반도체 분야에서보다 더 극명하게 보여주는 예는 없다.

21세기 초 이오페연구소의 소장은 반도체의 헤테로구조(이종구조) 개발로 2000년 노벨 물리학상을 수상한 조레스 I. 알표로프Zhores I. Alferov였다. 알표로프의 성취에도 불구하고 러시아는 상업적인 트랜지스터 이용 면에서 여전히 후진적이었다. 이러한 부족한 점을 인식하고 나서 2010년 러시아 정부는 '스콜코보Skolkovo'라 불리는 러시아 판 실리콘 밸리를 조성하기로 결정했다. 러시아 정부는 스콜코보의 과학자문위원회 위원장으로, 공산당원이자 러시아 과학계의 전통적 조직을 옹호하는 사람인 이오페연구소 소장 알표로프를 임명했다. 그는 학술 연구소를 중심으로 하는 과학 체제의 옹호자이기도 했다. 러시아 정부는 스콜코보 자문위원회 위원장에 정치적으로나 과학적 관점에서나 모두 보수적이었던 알표로프보다 더 나은 선택을 할 수도 있었다. 알표로프의 정치적 관점은 그가 벨라루스 공화국의 발전을 칭송하면서 "벨라루스는 현대적이며 문명화된 유럽 국가"라고 언급한 2012년 6월의 예로 잘 드러난다. 그곳은 전 미국 국무부 장관 콘돌리자 라이스Condoleezza Rice가 "유럽의 심장부에 남은 마지막 진정한 독재국가"[19]라고 부른 바로 그 나라이다.

오늘날 세계 최대 컴퓨터 혹은 컴퓨터 칩 제조 회사 목록에 러시아 회사는 한 곳도 없다. 트랜지스터 기반의 전 세계 전자 산업에서 러시아는 놀랍도록 미미한 역할을 하고 있다.

반대로 미국에서는 학계의 트랜지스터 연구와 산업 사이의 관계가 긴밀했다. 트랜지스터의 발명은 윌리엄 쇼클리와 월터 브래튼 둘 다 일했던 AT & T에 속한 벨연구소에 의해 알려졌다. 트랜지스터 연구의 미국인 개척자들 중 몇몇은 산업에 강하게 개입되어 있었다. 쇼클리는 자신의 회사를 시작했고, 그것이 실패하기는 했지만, 이 회사를 위해 일했던 사람들 중 일부가 독립해서 다른 회사들을 차렸으며 그것들 중 하나가 오늘날 이 분야의 거인인 인텔이다. 존 바딘은 여러 산업에서 자문으로 일했으며 수년 간 제록스 이사회에 있었다. 1956년 노벨상을 공동으로 수상한 이 세 명은 나중에 각자 자신의 길을 갔다. 쇼클리는 자신의 우선권을 주장함으로써 브래튼과 바딘을 화나게 했으나, 세 명 모두 학술적 연구와 민간 산업을 매우 실용적인 방식으로 묶는데 헌신했으며, 이것이 소련에서는 없었던 것이다.

7장

유전학과 생명공학: 놓친 혁명

뛰어난 생물학 및 유전학 학파가 소비에트 러시아 초기에 발전했다. 이 과학자들은 (러시아 용어로) '유전자 풀gene pool'이라는 개념을 처음으로 제시했으며, 이후 현대 생물학 발전에서 필수 단계인 멘델 유전학과 다윈의 진화를 합친 '현대적 종합'에 중요한 기여를 했다. 이 시기 한 러시아 식물학자가 실제로 새로운 종을 창조한 최초의 과학자가 되었다. 이 러시아 과학자들은 다른 나라의 저명한 생물학자들 및 유전학자들과 긴밀히 협력했다. 이들 외국의 생물학자들 중 한 명인, 미국의 미래 노벨상 수상자 허먼 J. 멀러는 러시아의 작업에 깊은 인상을 받아 러시아어를 배우고 소련에 가서 러시아 동료들과 함께 일하기도 했다. 하지만 이러한 뛰어난 생물학파는 현대 유전학을 받아들이지 않은 트로핌 리센코Trofim Lysenko가 주도한 정치적 운동으로 말살되었다. 정부와 경찰 권력을 등에 업고 리센코는 소련에서 현대 유전학을 억압했다. 포스트-소비에트 시기에 생물학 교육이 회복되기는 했지만, 오늘날까지도 이 재앙의 결과들이 여전히 관찰되고 있다. 현재 러시아는 매출 기준으로 세계 상위 100대 생명공학회사들 중 단 하나도 보유하고 있지 못하다.

"여기에서의 연구는 매우 흥미로우며, 유전학 연구의 발전 가능성이 크다는 것을 알 수 있다."

– 허먼 J. 멀러, 미국의 미래 노벨 생리의학상 수상자, 1933년 레닌그라드에서 씀[1]

1920년대 러시아의 한 재능 있는 생물학자 집단이 전 세계 생명과학과 생명공학 분야를 변혁시킨 분야인 분자생물학으로 이어질 수 있었던 뛰어난 유전학파의 기초를 다지고 있었다. 두드러진 출발 이후에 러시아는 이 혁명에서 거의 아무런 역할도 하지 못했으며, 오늘날 따라잡기 위해 열심히 노력을 기울이고 있지만 이 분야에서 여전히 뒤처져 있다. 엄청난 초기 가능성 이후 이러한 중대한 실패의 이유는 거의 완전히 정치적인 것 때문이었다. 하지만 아주 짧은 기간 동안 소비에트 러시아는 유전학 연구의 선두에 있었다. 러시아 생물학자들은 이 분야 발전을 뒷받침하는 진화적 종합을 만드는 데 기여했다.[2] 그리고 1927년 이러한 러시아 생물학자들 중 한 명인 게오르기 카르페첸코Georgi Karpechenko는 새로운 식물종을 창조했다.[3]

이러한 소련 생물학의 업적과 그에 뒤이은 침체를 이해하기 위해서는 생물학 연구의 역사에 대해 조금 살펴보는 것이 도움이 된다. 20세기 초 많은 생물학자들은 다윈적인 진화와 멘델적인 유전학 사이에서 모순까지는 아니지만 긴장이 있다고 보았다. 다윈주의자들은 유기체의 변화가 미세한 변형에 기반해서 오랜 기간에 걸쳐 점진적으로 발생한다고 보았다. 반면, 멘델주의자들은 처음에는 유전자의 극단적인 안정성을 강조하다가, 나중에 돌연변이 개념을 수용하면서 이러한 안정성이 때로는 상당히 큰 변화에 의해 중단될 수 있다고 기술했다. 이는 전통적인 다윈주의적 진화와는 다른 그림이었다. 게다가 각각의 진영 구성원들은 대조적인 방법에 기반해서 연구를 진행했다. 전통적 다윈주의의 추종자들은 서술적인 자연사natural history를 강조한 반면, 새로운 멘델주의자들은 수학적 접근을 사용했다. 이 두 가지 지적 조류가 합쳐질 수 있는 어떤 방법이 있었을까? 아니면 다윈주의적 접근은 멘델주의적 접근에 의해 대체될 운명이었을까?

1920년대 이 문제에 관심을 가진 생물학자들을 대략 다음 세 개의 집단으로 분류해 볼 수 있다. 첫 번째 집단은 19세기 후반 다윈주의적 전통 내에서 작업하고 있던 자연주의자들이다. 두 번째 집단은 유전자 위치와 돌연변이를 연구하는 유전학자들로서, 그들 중 많은 사람들이 뉴욕에 있는 컬럼비아대학의 T. H. 모건T. H. Morgan 학파와 연관이 있다. 그리고 마지막으로 칼 피어슨Karl Pearson 등이 발전시킨 고도로 수학적인 방법을 사용하는 '생물통계학자들'이다. 일부 학자들은 다양한 접근법들의 공통점 혹은 종합을 발견하는 것이 가능하다는 희망을 품었지만, 그 방법이 분명하지 않았다.

1926년 러시아인인 세르게이 체트베리코프Sergei Chetverikov가 그러한 종합에 길을 여는 가장 중요한 논문 중 하나를 썼다.[4] 체트베리코프는 그의 논문 첫 문장에서 러시아와 외국의 "뛰어난 진화론자들"이 멘델주의를 적대했다고 지적하고 나서, 자신의 목적은 유전학적 관점에서 진화를 분석함으로써 이 두 접근법을 결합하는 것이라고 언급했다. 체트베리코프는 이어서 실험실에서 관찰되는 돌연변이 과정은 자연에서도 발생하지만, 열성 돌연변이가 이형접합체일 것이기 때문에, 표현형에서 드러나지 않을 것이라고 주장했다. 자연선택은 해로운 우성 돌연변이를 빠르게 제거하겠지만, 해로운 열성 돌연변이에 대해서는 좀 더 천천히 작동할 것이다. 따라서 모든 개체군에는 숨겨진 열성 돌연변이가 축적될 것이다.

같은 논문에서 체트베리코프는 자연선택이 유전자 자체에 영향을 줄 수 없다는 미국의 생물학자 T. H. 모건과 몇몇 사람들의 주장에 동의했지만, 그는 다음과 같이 언급하면서 유전자들이 나머지 유전형들과 별개로 고립되어 작동하지 않는다고 강조했다.

동일한 유전자라도 그것이 속한 다른 유전자들의 복합체에 따라 다르게 발현될 수 있다. 이러한 복합체, 즉 유전자형은 유전적 환경genotypic milieu이 되어, 그 안에서 외부적으로 발현된다. 마찬가지로, 표현형적으로 모든 특성은 주변의 외부 환경에 의존하며, 주어진 외부 영향에 대한 유기체의 반응이다. 이와 같이 유전자형적으로도 각 특성은 전체 유전자형의 구조에 의존하며, 특정한 내부 영향에 대한 반응이다.

체트베리코프는 여기에서 극도로 복잡한 집단 유전학population genetics 개념을 제시하고 있었으며, 그와 학생들은 자연적 집단들에 대한 독창적인 실험 작업을 가지고 이 개념을 지지했다.

이 시기 유전학에 대한 소련의 또 다른 기여는 '유전자 풀' 개념이었다. 러시아 유전학자 A. S. 세레브롭스키A. S. Serebrovskii가 '제노폰드genofond'라는 용어로 이 개념을 처음 만들었고, 테오도시우스 도브잔스키Theodosius Dobzhansky에 의해 이 단어가 소련에서 미국으로 유입되었다. 그는 체트베리코프 집단의 구성원 중 한 명으로서 이 개념을 '유전자 풀'이라는 영어로 번역했다. 오늘날 전 세계 생물학 담론에서 매우 일반적인 이 용어의 기원이 러시아에 있다는 사실을 아는 이는 별로 없다. 그러나 또 다른 소련 연구자, 체트베리코프의 학생인 D. D. 로마쇼프D. D. Romashov는 유전자 부동genetic drift 개념에 독자적으로 도달했다. 이 개념은 서방에서 시월 라이트Sewall Wright와 몇몇 연구자들이 개발한 것이었다. 그리고 또 다른 사람인 유리 필리프첸코Yuri Filipchenko는 '미시진화'와 '거시진화'라는 용어를 만들어서 멘델의 법칙들을 진화론과 통합했다. 즉, 그는 현대적 종합에 엄청난 추동력을 제공했다.

1920년대 러시아의 선구적인 생물학자들로는 체트베리코프, 세레브롭스키, 필리프첸코, 도브잔스키, 카르페첸코 및 로마쇼프 등이 있었다.[5] 그 밖에 주요 인물들로는 니콜라이 콜초프Nikolai Kol'tsov, N. V. 티모페예프-레솝스키N. V. Timofeev-Resovskii, 니콜라이 바빌로프Nikolai Vavilov, N. P. 두비닌N. P. Dubinin 등이 있다. 이들은 컬럼비아대학의 모건연구실에서 일하던 허먼 J. 멀러Hermann J. Muller와 같은 다른 나라의 저명한 생물학자 및 유전학자들과 긴밀히 협력하고 있었다. 멀러는 엑스선 돌연변이 유발을 시연한 공로로 결국 노벨 생리의학상을 수상하게 되는 인물이다. 멀러는 이 소련 유전학자 집단의 연구에 깊은 인상을 받아, 그들을 자주 방문하고 함께 일했으며, 여러 해 동안 함께 연구하기도 했다.

이러한 소련의 유전학자들이 다음 세대를 위한 대학원생들을 길러내면서 자신들의 선도적인 학파를 유지할 수 있었다면, 러시아 생물학은 의심할 여지없이 번성했을 것이고 러시아는 나머지 과학 세계를 휩쓴 분자생물학 혁명에 완전한 참여자가 되었을 것이며, 커다란 실질적 결과를 이끌어내서 전체 산업을 창출했을 것이다. 그러나 이러한 일은 일어나지 않았다.

1920년대 소련 생물학자들 대부분이 스탈린주의적 억압에 고통받았다. 체트베리코프는 체포되어 추방되었으며 자신의 주된 연구 주제로 돌아오지 못했다. 도브잔스키는 정치적 통제에서 벗어나기 위해 미국으로 망명해서 록펠러 연구소(후일 록펠러대학)에서 유명한 과학자가 되었다. 카르페첸코는 사형을 언도받아 1941년 처형되었다. 콜초프는 이데올로기 범죄들로 기소되어 직위 해제되었으며, 자신의 분야를 떠났다. 바빌로프는 1940년 체포되어 1943년 감옥에서 영양실조로 사망했다. 두비닌은 1948년 유전학을 포기하고 수년 동안 조류학자로 근무하다가 1965년 이후에야 자신의 주된 연구 분야로 돌아올 수 있었다. 로마쇼프는 두 번이나 체포되었으나 지병 때문에 풀려났다. [하지만] 그의 아내는 감옥에서 죽었다. 티모페예프-레숍스키는 독일로 망명을 떠났다가 수년 후에야 러시아로 돌아왔다.

이 모든 어려움의 원인은 정치적 탄압과 교육 수준이 낮은 농학자 트로핌 리센코가 주도한 사기성 유전학 관점의 부상에 있었다. 리센코는 사실상 소련에서 현대 유전학을 파괴하고 소련 농업에 막대한 피해를 초래했다. 이 책에서는 그 사건이 어떻게 일어났는지에 대한 역사는 다루지 않겠지만(이 이야기는 다른 곳에 잘 설명되어 있으며,[6] 나 또한 1971년에 리센코와 만나 대화한 이야기를 출판한 바 있다[7]). 이 사건들에 대한 가장 흔한 해석에 대해 하나의 수정이 필요하다. 서방에서의 많은 추측과는 달리, 리센코는 후천적 특성의 유전에 기초하여 '새로운 소련 인간'을 창조할 수 있다고 설파한 적이 없다. 사실상 리센코는 자신의 유전학적 견해가 인간에게 적용될 수 있다고 주장한 적이 없다. 그는 소련 경제의 위기 영역인 농업을 개선할 수 있다는 허위 주장과, 나중에는 자신의 생물학적 견해가 마르크스주의와 일치한다고 보여주려는 시도에서 힘을 얻었다. 그의 생물학적 견해는 무엇이었는가? 그는 '춘화처리vernalization'라고 부르는 과정을 통해 밀, 감자, 그리고 후에는 옥수수와 유제품의 생산을 크게 향상시킬 수 있다고 믿었다. 그는 심지어 겨울 밀을 봄 밀로 전환할 수 있다고 주장하기도 했다.

리센코는 농업 개선에 대한 열망을 가지고 있지만 자신들 스스로가 그러한 주장의 진위를 판단할 능력이 없는 스탈린과 흐루쇼프와 같은 지도자들에게 직접적으로 호소함으로써 자신의 엉터리 농업 대책에 대한 정치적 지지를 얻었다. 이 정치 지도자들은 리센코를 지지했을 뿐만 아니라 그에 대한 비판자들, 즉 리센코가 사기꾼이라는 것을 안 생물학자들을 억압했다. 수천 명의 이러한 생물학자들이 결국 체포되었고, 모스크바대학의 저명한 생물학자, D. A. 사비닌D. A. Sabinin 같은 일부 학자들은 자살을 택했다.

소비에트 러시아의 유전학 이야기는 명백히 인간적인 비극이지만,

이 책이 강조하는 '러시아의 이뤄지지 않은 약속'이라는 측면에서 그것은 많은 유망한 기술들에서 성취 이후 실패라는 친숙한 이야기의 또 다른 예에 불과하다. 1920년대와 30년대 초 유전학의 성공에 기반해서 과학적 농업과 생명공학 분야의 세계적인 선도자가 되는 대신 러시아는 다시 한번 다른 곳의 진보를 따라가는 추종자가 되었다. 오늘날 이 분야에서 국제적으로 주요한 역할을 하는 러시아 회사는 단 하나도 없다. 실제로 러시아는 오늘날 매출 기준으로 상위 100위 안에 단 하나의 생명공학 회사도 없다. 반면 그 밖의 12개 국가들에 기반을 둔 회사들은 그 목록에 올라 있다.[8]

8장

컴퓨터: 성공과 실패

러시아인들은 계산기, 컴퓨터 그리고 정보 과학의 수학적 토대의 초기 발전에서 선구자였다. 차르 전제정 말기 러시아 공학자와 과학자들은 계산 장치에서 중요한 진전을 이뤄냈다. 소련 시기 V. A. 코텔니코프V. A. Kotelnikov, 안드레이 콜모고로프Andrei Kolmogorov, I. M. 겔판트I. M. Gelfand 등 많은 수학자들이 정보 이론에 중요한 기여를 했다. 게다가 소련 과학자들과 공학자들은 유럽 대륙에서 최초의 전자 디지털 컴퓨터를 만들었다. 미국과 소련의 공학자들이 처음 우주 계획에서 협력하기 시작했을 때, 소련 공학자들은 때때로 미국 동료들보다 훨씬 더 신속하게 컴퓨터 문제를 풀 수 있었다. 그러나 이후 몇 년 사이 컴퓨터가 점차 상업적 물건이 되면서 수련은 시장 경쟁을 따라갈 수 없었다. 소련 컴퓨터 과학사들은 독자적인 노력을 포기하고 IBM 표준을 수용해야 했다. 오늘날 국제 경쟁에서 눈에 띄는 러시아 컴퓨터 제조업체는 없다.

"그는 화장실에 종이와 양초를 들고 가곤 했다. 거기에서 그는 몇 시간 동안이나 '1들'과 '0들'을 쓰고 있었다."
— 소련 컴퓨터의 선구자인 세르게이 레베데프의 아내 알리사 그리고 레브나 레베데바가 1941년 독일의 공습 기간 동안 세르게이가 모스크바에서 한 행동을 묘사한 것 중에서

러시아인들은 계산 장치, 정보 이론 그리고 컴퓨터 개발의 아주 초창기부터 활발하게 활동했다. 1917년 러시아 혁명 이전에도 러시아 공학자와 과학자들은 이 분야에서 중요한 진전을 이뤄냈다. 러시아 해군 공학자이자 수학자인 알렉세이 크릴로프Alexei Krylov(1863~1945)는 선박 건조 문제에 수학을 적용하는 데 관심이 많았다. 1904년 그는 미분 방정식을 푸는 기계를 만들었다. 같은 도시인 상트페테르부르크에서 근무하던 또 다른 젊은 공학자 미하일 본치-브루예비치Mikhail Bonch-Bruevich(1888~1940)는 라디오용 진공관 개발을 연구하고 있었다. 1916년경 그는 두 개의 음극선관을 사용하는 전자 회로를 기반으로 한 최초의 플립플롭 회로flip-flop relays 중 하나를 발명했다.

서방에서 정보 이론의 선구자 중 한 명은 클로드 섀넌Claude Shannon이었다. 그는 1937년 MIT 석사 논문을 썼는데, 여기에서 릴레이 배열과 2진 산술을 사용하여 부울 대수 문제를 해결할 수 있음을 보여주었다. 섀넌의 연구는 컴퓨터용 디지털 회로 설계의 기초가 되었다. 이보다 2년 먼저인 1935년에 러시아 논리학자 빅토르 셰스타코프Viktor Shestakov가 그와 유사한 부울 대수에 기반한 전기 스위치 이론을 제안했으나 섀넌의 논문이 발표된 지 3년 후인 1941년에야 출판되었다는 사실을 서방에서 아는 사람은 거의 없다. 이러한 초기에 섀넌과 셰스타

코프 모두 서로의 연구에 대해 알지 못했다.

유럽 대륙에서 최초의 전자 컴퓨터는 1948~1951년 사이에 키예프 부근의 페오파니아라 불리는 장소에 있는, 금방이라도 무너질 듯한 건물들에서 비밀리에 만들어졌다. 소련 시기 이전에 그 건물들은 떡갈나무, 꽃 융단, 야생 산딸기 및 버섯들과 수많은 야생 동물들로 둘러싸인 수도원이었다. 소련 초기에 그 수도원은 정신 병원으로 전환되었다(종교 시설을 연구나 의료 시설로 전환하는 것은 자주 있는 소련식 관행이었다). 이 병원의 모든 환자들은 건물이 심하게 피해를 입은 2차 세계대전 기간에 살해당하거나 흩어졌다. 그곳으로 가는 길은 진흙이라 봄과 가을에는 거의 통행이 불가능했으며 가장 좋은 계절에도 험난한 모험이었다. 1948년, 절반쯤 폐허가 된 이 건물들이 전자 컴퓨터를 만들기 위해 전기공학자인 세르게이 레베데프Sergei Lebedev에게 맡겨졌다.[1] 페오파니아Feofania 연구 시설에서 레베데프와 20여 명의 공학자들이 조수 10명과 함께 MESM(소형 전자계산기'의 러시아어 약자)을 만들었다. 이것은 세계에서 가장 빠른 컴퓨터 중 하나였으며 많은 흥미로운 특징들을 보여주었다. MESM의 구조는 당시 세계에서 유일하게 더 나은 컴퓨터들, 그중 일부 미국에서 개발된 컴퓨터들과는 완전히 달랐다.

세르게이 레베데프는 1902년 니즈니 노브고로드Nizhny Novgorod(후일 고리키시가 되었다가 오늘날 다시 니즈니 노브고로드시가 됨)에서 태어났다. 그의 아버지가 여러 곳에 발령을 받은 학교 선생님이었기 때문에, 세르게이는 성장기의 대부분을 우랄 지역에 있는 여러 도시에서 살았다. 그러다 그의 아버지가 모스크바로 전근했고, 거기에서 세르게이는 러시아 최대 공학 학교에 속하는, 오늘날 바우만 공대로 알려진 모스크바 고등기술학교에 입학했다. 거기에서 세르게이는 수학적 준비와 능력이 요구되는 분야인 고전압 공학에 관심을 갖게 되었다. 졸업 후 그는 바우만 공대의 강사이자 전기 네트워크 연구소의 연구원이 되었다. 그는 열정적인 등산가였기 때문에 후일 그의 컴퓨터들 중 하나에 자신이 등반에 성공한, 코카서스에 위치하며 유럽에서 가장 높은 산인 '엘브루스Elbrus'라는 이름을 붙였다.

1930년대 말 세르게이 레베데프는 2진법 연산에 관심을 갖게 되었다. 모스크바가 독일의 폭격 때문에 정전된 1941년 가을, 음악가였던 레베데프의 아내는 이렇게 회상했다. 그가 "화장실에 종이와 양초를 들고 가곤 했는데, 거기에서 몇 시간 동안 '1들'과 '0들'을 쓰고 있었다"라고. 전쟁 후반부에 그는 스베르들로프스크(현재 예카테린부르그)로 옮겨서 무기 설계 일을 했다. 그는 미적분 방정식을 푸는 계산 장치가 필요하다는 것을 파악하고 1945년에 러시아 최초의 전자 아날로그 컴퓨터를 개발했으나, 그는 이미 2진법 연산에 기반한 디지털 컴퓨터라는 아이디어를 가지고 있었다. 놀랍게도, 우리가 아는 한 그는 당시 같은 나라 사람인 셰스타코프나 미국의 클로드 섀넌이 이 분야에서 한 작업들을 알지 못했다.

1946년에 레베데프는 모스크바에서 키예프로 옮겨졌고, 거기에서 그는 전자 컴퓨터에 대한 작업을 시작했다. 1949년 레베데프의 작업을 알고 있던 키예프의 중요한 수학자이자 과학 행정가인 미하일 라브렌티예프Mikhail Lavrentiev는 스탈린에게 컴퓨터가 군사적 목적으로 유용하다는 점을 강조하면서 컴퓨터 개발을 가속화하도록 촉구하는 편지를 썼다. 스탈린은 라브렌티예프에게 새로운 컴퓨터 과학 연구소 설립 권한을 주는 것을 답했고 라브렌티예프는 레베데프를 연구소장으로 초빙했다. 이제 레베데프는 돈과 우선권의 이점을 갖게 되었다. 동시에 스탈린의 이 명령은 소련 기술의 상승에서 정치권력의 중요성—실제로는 한 사람의 중요성—을 보여주었다.

레베데프는 세계 최초의 전자 컴퓨터인 미국의 '에니악ENIAC'이 개발된 지 불과 3~4년 만이자, 영국의 에드삭Electronic Delay Storage Automatic Calculator: EDSAC과 거의 같은 시기에 MESM을 개발했다. 1950년대 초 MESM은 핵과학, 우주비행 및 로켓 공학과 원격 전력 공급 송전선 분야의 문제를 해결하는 데 사용되었다.[2]

1952년 레베데프는 MESM에 이어서 또 다른 컴퓨터인 BESM(약어로 '거대 전자계산기')을 개발했다. 그것은 유럽에서 가장 빠른 컴퓨터였으며 최소한 얼마 동안은 세계에서 가장 좋은 컴퓨터들과 비견할 수 있을 만한 진정한 승리였다. BESM-1은 불과 1개만 만들어졌으나 이후 모델들, 특히 BESM-6은 수백 개가 생산되어 많은 곳에서 활용되었다. BESM-6 컴퓨터의 제조는 1987년에 끝났다. 1975년 미국과 소련 사이의 아폴로-소유즈 우주 협력 계획 기간 동안 소유즈 궤도 파라미터 처리는 미국인들이 같은 계산을 하는 것보다 훨씬 더 빠른 BESM-6 기반 시스템으로 이뤄졌다.

그러나 역시 이러한 전도유망한 출발 이후 러시아 컴퓨터들은 다른 나라의 최신 제품들에 크게 뒤떨어졌다. 이러한 실패는 컴퓨터 산업을 궁극적으로 변형시킨 사회·경제적 요소들을 충분히 고려하면서 컴퓨터 산업의 역사를 검토해야만 이해될 수 있다. 2차 세계대전 이후 컴퓨터 산업은 선도 국가들에서 학계, 정부(특히 군사적 관심) 및 사업계라는 세

개의 주요한 세력에 의해 형성되었다. 학계와 정부 세력은 초기에 특히 중요했고, 사업계는 훗날에야 근본적인 역할을 했다. 소련은 컴퓨터 장치들이 학계와 정부에 의해서 전반적으로 결정되는 한 이 분야에서 매우 잘했다. 소련 정부는 대공방어와 핵무기 연구를 위한 컴퓨터에 아낌없이 지원하고 있었다. 그러나 이후 서방에서 사업계가 주된 세력이 되었다. 1955년 제너럴 일렉트로닉스가 스키넥터디 공장의 급여 지불 목록과 다른 기록들을 자동화하기 위해 IBM 702 컴퓨터를 구매하고 뱅크 오브 아메리카가 1959년에 (스탠퍼드 연구소에서 고안한 ERMA Electronic Recording Machine, Accounting) 컴퓨터를 사용하여 금융업을 전산화하기로 결정한 것은 이를 상징적으로 보여주었다.

이러한 노력들은 은행 업무와 사업에서 광범위한 전산화가 시작되었음을 알렸다. 1960년대와 1970년대에 컴퓨터는 상업적인 상품이 되었으며, 시장의 영향으로 인해 비용이 크게 감소하고 사용 편의성이 향상되었다. 중앙집중화되고 비경쟁적인 시장을 가진 소련은 이러한 진보를 따라갈 수 없었으며, 1970년대에 소련 컴퓨터 산업은 독자적인 길을 추구하던 초기의 인상적인 노력을 포기하고 대신 IBM 표준을 채택했다. 그 시점부터 러시아인들은 컴퓨터 분야에서 선도자가 아닌 추종자였다.[3] 세르게이 레베데프는 1974년에 죽었지만, 또 다른 소련 컴퓨터의 주도적인 설계자인 바쉬르 라메예프Bashir Rameyev는 1994년 사망할 때까지 IBM 구조를 채택한 결정에 개탄했다.[4] 소련 컴퓨터 산업을 패배시킨 것은 컴퓨터 과학에서의 능력이나 지식의 부족이 아니라 시장의 압도적인 힘이었다.

결정적인 것은 아닐지라도 또 다른 요인은 이데올로기였다.[5] 1950년대 소련의 이데올로기 신봉자들은 사이버네틱스 이론에 매우 비판적이었으며, 이를 "반계몽주의자의 과학"이라고 불렀다. 1952년에 한 마르크스주의 철학자는 사이버네틱스 분야를 "유사과학"이라고 비난하면서 컴퓨터가 인간의 사고를 설명하는 데 도움을 줄 수 있다거나 사회 활동을 이해하는 데 도움이 될 수 있다는 믿음을 비웃었다.[6] 다음 해에 출간된 「사이버네틱스는 누구를 위한 것인가?」라는 또 다른 논문에서 ("유물론자"라는) 익명의 저자는 사이버네틱스를 마르크스주의적인 변증법적 유물론에 모순된다고 비난하면서, 컴퓨터 과학을 서방 자본가들이 프롤레타리아에게 임금을 지급할 필요를 제거함으로써 산업에서 좀 더 많은 이윤을 뽑아내기 위한 매우 악의적인 노력이라고 설명했다.[7]

이러한 이데올로기적 선언들이 소련 컴퓨터 과학에 일정 정도 악영향을 주었지만(젊은이들이 이 분야에 진입하려는 열의를 꺾는), 컴퓨터의 개발, 특히 군사용 컴퓨터의 개발은 조금도 수그러들지 않고 지속되었다.[8] 1960년에 한 소련 컴퓨터 과학자는 나에게 "우리는 사이버네틱스를 사이버네틱스라고 부르지 않으면서 그것을 했다"고 말했다. 더 나아가서 1950년대 말과 1960년대 초에 소련은 사이버네틱스에 대한 입장을 완전히 바꿔서 이것을 소련의 목표에 기여할 수 있는 과학으로 찬양하기 시작했다. 1961년에 나온 한 중요한 책에는 심지어 『공산주의에 기여하는 사이버네틱스』라는 제목이 붙었다.[9] 많은 러시아 대학과 연구소들은 사이버네틱스 학과를 창설했으며 오늘날까지 그 학과가 남아 있는 곳들도 있다.[10]

소련의 컴퓨터 발전에 더욱 심각한 정치적 위협은 개인용 컴퓨터의 출현이었다.[11] 소련 당국은 컴퓨터가 중앙 정부, 군대, 산업체 사무실의 거대 중앙 컴퓨터이기만 했을 때는 반겼으나 일반 시민들이 컴퓨터를 사용할 수 있는 아파트로 이동했을 때는 걷잡을 수 없게 정보를 전파시킬 우려 때문에 더 이상 열렬히 지지하지 않았다. 정보 통제를 위해 소련 당국은 인쇄기와 복사기의 개인 소유를 오랜 기간 금지했다. 프린터가 딸린 개인용 컴퓨터는 소형 인쇄기나 다름없었다. 소련 당국은 이에 대해 무엇을 했어야만 했을까?

컴퓨터에 대한 소련 지도자들 사이의 논쟁이 절정에 달한 것은 1980년대 중후반이었다. 1986년에 나는 소련 최고의 컴퓨터 과학자들 중 한 명인 안드레이 에르쇼프Andrei Ershov와 이 문제에 대해 이야기를 나눴다. 그는 반체제 인사와는 완전히 거리가 멀었는데도 놀랍도록 솔직하게도 공산당이 정보 통제를 지속하고자 하는 욕망 때문에 컴퓨터 산업의 발전이 저해되고 있다는 사실에 동의했다. 뒤이어 그는 다음과 같이 언급했다.

우리 지도자들은 컴퓨터가 인쇄기, 타자기 혹은 전화기 중 어느 것과 가장 비슷한지를 아직 결정하지 않았으며 많은 것들이 그들의 결정에 달려 있을 것이다. 그들이 컴퓨터가 인쇄기랑 비슷하다고 결정한다면 소련 당국이 모든 인쇄기에 하는 것처럼 통제를 지속하기를 바랄 것이다. 개인들은 컴퓨터를 가질 수 없을 것이고 오직 기관만 소유할 수 있을 것이다. 반면 우리 지도자들이 컴퓨터가 타자기랑 같다고 결정할 경우 개인들은 컴퓨터를 소유할 수 있을 것이며, 당국은 개인들이 생산한 정보의 확산을 통제하려 할 수 있겠지만 실제 기계를 통제하려 하지는 못할 것이다. 마지막으로 우리의 지도자들이 컴퓨터가 전화기와 같은 것이라고 결정한다면, 대부분의 개인들이 그것을 갖게 될 것이며, 그들은 자신들이 원하는 것을 컴퓨터로 할 수 있을 것이지만, 온라인 통신이 경우에 따라 검열될 것이다.

나는 궁극적으로는 소련 정부가 개인들이 소유하고 제어하는 개인용 컴퓨터를 허용해야만 할 것이라고 확신한다. 더 나아가서 개인용 컴퓨터가 이전의 어떠한 통신 기술과도 같지 않다는 것, 즉 인쇄기와도, 타자기와도 그리고 전화와도 다르다는 것이 명백해질 것이다. 머지않아 전 세계 어디서든 개인이 거의 즉시 다른 개인과 소통할 수 있는 시대가 올 것이다. 그것은 소련뿐만 아니라 당신들에게도 혁명이 될 것이다. 그러나 그 효과는 여기에서 가장 클 것이다.¹²

이 발언은 소련 지도자들에게 컴퓨터가 얼마나 어려운 정치적 문제였는지를 생생하게 보여준다. 그러나 에르쇼프가 나에게 이 발언을 한 지 5년 후에 소련이 사라졌기 때문에 그 질문은 고려할 가치가 없어졌다. 그리고 통신 기술에 대한 모든 통제가 사라졌다(다만 텔레비전과 같은 대중매체에 대한 통제는 지속되었다).

소련 해체 이후 러시아에서 컴퓨터 산업은 후기 소련 시기에 겪었던 지체로부터 결코 회복되지 못했다. 우리가 살펴본 것처럼, 이러한 침체는 정치적 통제보다는 시장 경쟁력 부족이 더 큰 원인이었지만 정치적 통제 역시 영향을 미쳤다. 러시아인들이 컴퓨터 과학 분야의 개척자들 중에 자신들도 존재한다고 정당하게 주장할지라도, 오늘날 국제적 수준에서 중요한 러시아 컴퓨터 제조사는 없다.

9장

레이저:
천재와 잃어버린 기회

러시아인들은 오늘날 수십 억 달러 가치의 산업인 레이저 개발의 개척자였다. 그들 중 두 명인 알렉산드르 프로호로프Alexander Prokhorov와 니콜라이 바소프Nikolai Basov는 미국인 찰스 타운스Charles Townes와 함께 레이저와 메이저(분자증폭기) 발명의 공로를 인정받아 1964년에 노벨상을 수상했다. 그보다 훨씬 전인 1930년대와 1940년대 러시아 과학자 발렌틴 파브리칸트Valentin Fabrikant는 레이저 개발로 이어진 물리 광학과 가스 방전의 기초를 세웠다.

흥미롭게도 레이저의 역사는 미국과 소련 양 체제 모두의 강점과 약점을 보여준다. 정치적, 경제적 장애들이 양 체제 모두에 존재했고 양국 모두에서 발전을 지연시켰다. 그러나 투자자의 관심과 상업적 경쟁은 소련보다는 미국에서 훨씬 더 강했고, 이는 중요한 미국 레이저 스타트업 회사들의 발전으로 이어졌다. 오늘날 국제적으로 중요한 러시아 레이저 제조업체는 존재하지 않는다.

"그들은 제대로 조사하지 못했다. 러시아 물리학자 파브리칸트를 인정하는 것이 더 합당했을 것이다."

— 시어도어 메이먼, 최초의 레이저를 만든 미국인.
찰스 타운스, 알렉산드르 프로호로프 및 니콜라이 바소프가 레이저 개발로
1964년 노벨상을 수상한 것에 대한 언급 중[1]

1955년 4월 뉴욕시에 위치한 컬럼비아대학의 물리학 교수 찰스 타운스는 영국 케임브리지에서 열리는 과학 학술회의에 참석했다. 거기에서 그는 자신이 하고 있던 유도 마이크로파 방사 연구를 발표하고자 했다. 약 1년 전에 타운스는 컬럼비아대학의 퍼핀홀에서 몇 명의 대학원생들과 함께 암모니아 분자를 마이크로파로 폭격하는 장치에서 그러한 방사를 성공적으로 시연했다. 그 결과는 단지 몇십억 분의 1와트만큼의 출력이었지만, 그것은 장치가 작동한다는 것을 보여줬다. 타운스는 돌파구를 찾은 것이었다.

이 역사적인 사건 직후, 타운스는 학생들과 점심을 함께하면서 이 장치의 이름을 고심하다가, '유도 방사에 의한 마크로파 증폭microwave amplication by the stimulated emission of radiation'의 약자인 '메이저maser'로 정했다. 타운스의 암모니아 메이저는 몇 년 후 더욱 야심적인 '레이저laser', 즉 '유도 방사에 의한 광증폭light amplication by stimulated emission of radiation'을 포함한, 뒤이어 재빨리 등장하는 다음 세대 장치들의 선조였다. 레이저와 메이저는 수십억 달러 규모의 산업이 될 것이있으며 오늘날 모두가 실제 사용하고 있는 수많은 현대 전자기기들의 핵심에 위치할 터였다.[2]

그의 성취 이후 타운스는 저명한 학술지인 〈Physical Review〉에 이

사실을 알리는 짧은 논문을 투고했으나 영국으로의 여행 시기에 자신이 한 것에 대한 완벽한 이론적 설명을 아직 하지 못한 상태였다. 따라서 그는 알렉산드르 프로호로프[3]라는 이름의 소련 물리학자가, 유창한 영어로, 타운스가 사용했던 장치와 똑같은 암모니아 메이저에 대한 이론을 설명하는 논문을 학술회의장에서 타운스보다 앞서서 발표하자 깜짝 놀랐다. 타운스는 이전에 프로호로프를 만난 적이 없었으며 그가 결국 레이저 개발의 공로로 프로호로프와 그의 학생인 니콜라이 바소프[4]와 함께 노벨상을 공동 수상하는 순간이 올 것이라고는 꿈에도 생각하지 못했다. 케임브리지에서 타운스의 첫 번째 우려는 자신의 발명에 대한 주장을 확신시키는 것이었지, 그것을 프로호로프에게 양보하는 것이 아니었다. 프로호로프가 자신의 발표를 끝낸 후 타운스는 일어나서 "네, 매우 흥미롭군요. 우리는 이 작동하는 장치 중 하나를 가지고 있습니다"라고 말했다. 그는 그 후 암모니아 메이저에 대한 자신의 최근 작업을 설명했다.

사람들이 물리 광학과 가스 방전 분야에서 러시아 과학자들이 수행한 연구를 좀 더 면밀히 연구하기 시작했을 때, 그들은 러시아 과학자들이 발견한 것에 놀라움을 금치 못했다. 1960년에 최초로 레이저를 제작한 미국의 시어도어 메이먼Theodore Maiman은 훗날 "1940년에 레이저 개념을 처음 제안한 것은 러시아 물리학자 A. V. 파브리칸트[Fabricant, 원문에 표기된 그대로]였다"[5]고 말했다. 파브리칸트는 1939년 자신의 박사 논문에서 레이저의 원리를 제시했고, 1951년 자신의 작업에 대해 "저자 증명"(서방에서는 종종 "특허"라고 불리지만 서방의 특허와는 매우 다른 것이다)을 획득했다. 그는 그 이론을 정교화했을 뿐만 아니라 수은 증기와 수소 혼합물을 사용해서 광학 방사의 증폭을 실험적으로 관찰한 최초의 인물이었다. 그는 진정한 선구자였다.[6] 메이먼은 심지어 파브리칸트가 바소프, 프로호로프, 타운스 대신 노벨상을 받았어야 했다고 생각했다. 그는 노벨위원회가 파브리칸트 대신 세 명을 선정하자, 그들이 "제대로 조사하지 못했다. 러시아 물리학자 파브리칸트[원문에 표기된 그대로]를 인정하는 것이 더 합당했을 것이다"[7]라고 말했다.

소련에서 저자 증명은 러시아 발명가들에게 독점권이나 재정적 권리를 보장하지 않았다. 가끔 저자 증명으로 1회에 한해 소액의 재정적 보너스를 받기도 했지만, 그것은 단지 명예 표창에 불과했다. 하지만 그것은 발명가들에게 자신들의 발명품으로 시장에 접근하고 재정적으로 이익을 거둘 수 있는 능력을 주지 않았다. 그리고 실제로 그러한 이익은 파브리칸트의 관심사와는 거리가 멀 수밖에 없었다. 그는 "자신의 아이디어에 대한 실용적 가치에 주목하지 않았다"[8]고 인정했다. 그는 전형적인 러시아 지식인이자, 박식한 좌담가이며, 아이디어의 세계에 살던 인물이었다. 사업은 그저 그의 관심 대상이 아니었을 뿐이다.

미국과 소련에서 레이저 개발은 두 체제의 강점과 약점 및 군사적 관심에 있어서 양자가 긴밀히 연결되어 있음을 보여주었다. 미국에서는 휴즈항공Hughes Aircraft, AT&T와 같은 민간 발명가와 상업적 회사들이 레이저 연구를 장려하며 특허와 상업적 이익을 기대했다. 이후 이 사람들과 기관들 사이에서 지저분한 특허 분쟁이 수십 년 동안 질질 끌게 되었다.[9] 레이저는 강력한 무기가 될 가능성이 높다고 여겨져 군사 집단의 관심 대상이었기 때문에, 비밀과 보안 처리 문제가 곧바로 제기되었다. 그리고 이는 실질적으로 연구를 지연시키는 효과를 가져왔다. 소련의 중앙집중화된 연구 체계는 레이저 연구와 같은 높은 우선순위를 가진 프로젝트를 선호했기에 소련 군부가 빠르게 개입해서 충분한 자금을 공급했다. 훗날 내가 프로호로프를 그의 모스크바 연구실에서 인터뷰할 때, 그는 자신이 레이저를 발명했을 뿐만 아니라 물리학에서의 "일반 효과" 또한 발견했다는 것을 자랑스럽게 이야기했다. 내가 "일반 효과"가 무엇이냐고 묻자 그는 "군대의 장성들이 나의 물리학에 매우 관심이 많다"고 대답했다.[10]

메이저와 레이저에 대한 업적으로 노벨 물리학상을 수상한 찰스 타운스는 오늘날 레이저의 발명가로 가장 많이 인용되지만, 이 분야의 성취에서 누가 먼저인가는 물리학자들, 상업 회사들 및 과학기술역사가들 사이에서 여전히 뜨겁게 논쟁 중이다.[11] 타운스와 함께 다른 수상 후보자로는 그의 처남인 아서 샤블로Arthur Schawlow, 휴즈연구소의 시어도어 메이먼, 야심 많은 발명가 고든 굴드Gordon Gould, 벨연구소에서 일하던 4개의 서로 다른 물리학자 집단 그리고 소련의 여러 연구 집단들이 있었다. 이 과학자들은 수십 년 동안 누가 먼저인지를 놓고 서로 비난했다.

1960년 5월 16일에 캘리포니아 말리부에 있는 휴즈연구소에서 연구하고 있던 시오도어 메이먼은 처음으로 레이저를 작동시켰다. 이것은 합성 루비 결정에 기반한 것이었다.[12] 소련 연구자들은 아주 근소하게 뒤를 따랐다.[13] 레닌그라드 국가 광학 연구소의 연구 집단과 모스크바 레베데프 물리학 연구소의 또 다른 연구 집단, 이렇게 두 연구 집단이 그 분야에서 이미 경험을 쌓았으며, 메이먼의 성과를 듣자마자 그들은 그것을 복제하려 시도했다. D. D. 하조프D. D. Khazov가 이끄는 레닌그라드 연구 집단은 1961년 6월 2일 성공했고, M. D. 갈라닌M. D. Galanin, A. M. 레온토비치A. M Leontovich와 Z. A. 치쥐코바Z. A. Chizhikova로 구성된 모스크바 팀도 몇 주 후인 9월 15일에 같은 것을 해냈다.

메이먼과 소련 경쟁자들 사이의 큰 차이점은 레이저를 만든 후 그들이 무엇을 했는가 하는 점에 있었다. 메이먼의 회사인 휴즈항공은 특허를 취득해서 이후에 매우 큰 수익을 냈다. 메이먼은 휴즈사의 피고용인으로서 특허권을 회사에 양도하게 되었기 때문에 재정적 이익을 빼앗기게 된 그는 불만을 품고 회사를 떠나 레이저 회사를 설립했다. 소련의 연구자들 중 누구도 그와 유사한 일을 하지 않았으며 할 수도 없었다. 왜냐하면 소련에는 특허권도 민간 기업도 없었기 때문이다. 더욱 중요한 것은 소련 연구자들이 자신의 연구를 상업화하려는 시도는 애초부터 불가능했다는 것이다.

미국과 소련의 초기 레이저 개발사는 매우 잘 드러나 있어서 두 체제의 강점과 약점을 명확히 보여준다. 소련 체제는 혁신과 상업적 발전을 방해했으나, 미국 체제 또한 혁신에 장애물들을 안고 있었다. 특히 미국인 연구자 고든 굴드의 예는 흥미롭다. 그는 소련과의 경쟁에서 비롯된 미국의 정치적 문제들과 정면으로 충돌했다.

1920년생인 굴드는 예일대에서 물리학 석사학위를 취득했다. 그는 맨해튼 프로젝트에 포함되었으나 좌익 단체와의 연관성 때문에 그 프로젝트에서 해고되었다. 그는 급진적 시기를 거치면서 자신보다 훨씬 더 급진적인 첫 번째 아내와 함께 공산주의 조직에 가입했다. 그러나 1950년경부터 소련에 환멸을 느낀 그는 찰스 타운스의 가까운 동료이자 그 역시 노벨상 수상자였던 폴리카르프 쿠슈Polykarp Kusch의 지도하에 물리학 박사 학위를 취득하기 위해 1949년 컬럼비아대학에 들어갔다.

하지만 굴드는 자신을 학문적인 물리학자라기보다는 발명가로 상상했다는 점에서 쿠슈나 타운스와는 달랐다(그는 결국 박사학위를 마치지 못했으며 그의 영웅은 자신의 교수 스승들이 아니라 토머스 에디슨이었다). 굴드는 좌익 성향이었음에도 발명으로 부자가 되고자 했다. 그는 메이저와 광학에 많은 관심을 가지게 되었고 타운스에게 종종 자신의 연구에 대해 말하곤 했다. '레이저'라는 명칭을 처음 붙인 사람도 실제로는 굴드였다. 타운스는 작업 중인 장치에 '광학 메이저'라는 명칭을 붙였다.

1957년에 굴드는 컬럼비아대학 연구소에서 나온 연구와 자신의 풍부한 아이디어를 결합한 공책을 비밀리에 작성했다. 그런 이후 지역의 한 상점에서 (그가 그 공책을 얼마나 중요하게 생각했는지를 보여줄 정도로, 낱장 하나하나에) 공증을 했다. 그 상점 주인은 해당 내용을 전혀 이해하지 못하는 공증인이었다. 이 공책은 훗날 특허 분쟁에서 기본 서류가 된다.

다음 해인 1958년, 굴드는 대학원을 떠나 작은 민간 회사인 TRG Technical Research Group에 합류하여 자신의 레이저 프로젝트를 추진했다. 1959년에 이 회사는 ARPA Advanced Research Projects Agency(군사적 잠재력이 높은 프로젝트를 추진하는 미국 정부 기관인 고등연구계획국)로부터 레이저 연구를 위한 대규모 지원금을 받는 데 성공했다. 한편으로 이러한 전개는 굴드에게 커다란 성취였지만 다른 한편으로는 이것이 그가 자신의 남은 생애 동안 직면할 문제의 원천이 되었다. ARPA는 해당 연구를 기밀로 분류할 것을 요구했지만, 굴드는 자신의 급진적 배경 때문에 보안 승인을 받을 수 없었다. 곧 우스꽝스러운 상황이 전개되었다. 즉, 회사의 레이저 연구 지휘자인 고든 굴드가 기밀로 분류된 연구가 진행되는 연구소

출입이 불허되는 상황이 벌어졌다. 실제로 굴드의 사무실은 연구소 맞은편 거리에 있었지만 그는 그 경계를 넘는 것이 허용되지 않았다.

이 우스꽝스러운 상황이 벌어지지 않았다면 무슨 일이 있었을지 예상할 수는 없지만, 대부분의 사람들은 이러한 상황 때문에 연구의 발전이 지체되었다는 데 동의한다. 규정에 별로 개의치 않던 굴드는 보안과 1급 기밀 자료를 관리하던 여직원과 불륜을 저지름으로써 정부가 자신의 연구소에 부과한 치명적인 어리석음에 맞섰다. 그 문제가 밝혀지자 그 여성은 해고되었지만 굴드는 그렇지 않았다. 또 다른 사건에서는 굴드가 근무 시간 이후에 기밀 구역에서 레이저를 훔치기도 했다. 하지만 그는 여전히 발명가로서 뛰어난 능력을 인정받았다(그는 레이저 외에도 콘택트렌즈와 치과 기기 등 다양한 프로젝트를 진행했다).

굴드는 10년 동안 시도했음에도 불구하고 보안 승인을 얻지 못했다. 결국 그는 제도권이 자신에 반대한다고 확신하면서 독특한 반항아가 되어 급성장하고 있는 레이저 산업에서 로열티를 받기 위해 다수의 특허 소송을 제기하는 전략을 취했다. 도덕적인 남부 신사인 타운스와 다른 이들은 굴드가 다른 사람들이 한 연구의 공을 가로채려 한다고 여겼다. 굴드는 오히려 타운스가 자신의 아이디어를 도용하고 있다고 비난했다.

처음에 굴드는 특허 소송에서 실패했지만, 결국 결정적인 소송에서 승리해서 레이저 산업으로부터 수백만 달러를 벌어들였다. 굴드가 감행한 모험의 기괴한 결과는 젊은 시절 공산주의에 동조한 급진파였던 인물이 만년에 초기 레이저 연구자들 중 가장 성공한 자본가로 끝나는 것이었다. 다른 연구자들은 그의 성공에 분개했으며 정당하지 못하다고 생각했다. 메이먼은 굴드가 성공한 특허 소송을 "정의의 희화화"라고 불렀다.[14] 그는 타운스에 대해서도 더 좋게 말하지 않았다. 메이먼의 생각에 타운스는 "제도권 기득권층old boy establishment"으로서 권위 있는 동부 대학을 나오지 않은 산업 과학자에게 설자리를 주지 않는 사람이었다.[15]

소련에서 이 분야 연구를 이끌던 알렉산드르 프로호로프 또한 매우 강한 자기 주관을 가진 사람이었기에 다른 사람들에게 자신의 의견을 강요하는 데 주저함이 없었다. 그의 권위주의에 대한 많은 이야기들이 전해졌는데, 그중 하나는 너무 극적이어서 나는 여러 번 들었는데도 믿기가 어려웠다. 그러나 2007년에 러시아 과학·교육부 장관인 안드레이 푸르셴코Andrei Fursenko가 러시아 주요 신문에서 그 이야기를 다시 꺼냈다.[16] 그 이야기는 이렇다. 1950년대에 레베데프 물리연구소에 있는 프로호로프의 실험실은 그다지 흥미로운 결과를 내지 못할 것 같은 다소 평범한 연구를 진행하고 있었다. 프로호로프는 방향을 전환하여 가스의 유도 방사에 대한 연구를 시작할 필요가 있다고 결심했다. 실험실의 조교들은 자신들의 학위 논문을 작성하고 있었고 그것을 방해받지 않기를 원했기 때문에 다른 방향으로의 전환을 바라지 않았다. 프로호로프는 조교들에게 자신들의 입장을 다시 생각할 한 달의 시간을 주었다. 조교들이 거부하자 그는 망치를 가지고 실험실을 돌아다니며 조교들이 진행하고 있던 연구에 필요한 장비들을 때려 부수는 과격한 행동을 했다. 그 후 그는 새로운 장비들을 가지고 와서 자신이 말한 것을 연구하도록 지시했다. 엄청난 사건들이 잇따랐고 연구원들 중 절반이 떠났지만, 남은 이들은 프로호로프를 따라 결국 노벨상 수상의 결실로 이어지는 연구를 했다.

이러한 개인 성품은 긍정적인 결과뿐만 아니라 부정적인 결과를 가져올 수도 있었다. 프로호로프는 1950년부터 당원으로 활동한 공산주의자이자 자부심 강한 소련 애국자였다. 그는 정치적인 불충을 용인할 수 없었다. 그는 소련 반체제 과학자인 안드레이 사하로프를 잘 알고 있었지만, 사하로프의 의견에는 강하게 반대했다. 사하로프가 소련의 대외정책을 비판하는 기사를 발표했을 때, 프로호로프는 3명의 다른 동료들과 함께 소련의 주요 신문인 〈이즈베스티야Izvestiia〉에 사하로프를 명예 없는 반역자라고 부르면서 가능한 가장 강한 어조로 비난하는 서신을 썼다.[17]

이런 악의적인 공격으로 서방에서 프로호로프의 명성은 심각하게 손상됐다. 프로호로프가 논문을 발표하러 샌프란시스코에 갔을 때, 미국 과학자 앤드루 세슬러는 "프로호로프 – 위대한 과학자, 형편없는 인간"이라는 문구가 적힌 팻말을 들고 연단 앞을 행진했다.[18]

러시아 과학자들이 레이저 개발에서 어떤 중요한 부분의 역할을 했는지를 생각할 때, 충격적인 사실은 러시아가 전 세계 레이저 산업에서 얼마나 중요하지 않은지이다. 2000년에 대략 2천억 달러의 레이저 및 레이저 시스템이 팔렸다.[19] 하지만 두 명의 러시아인과 한 명의 미국인이 메이저와 레이저의 발명으로 노벨상을 수상한 지 36년이 지난 이 시기에 전 세계 레이저 시장에서 러시아가 차지하는 비중은 단 1~1.5퍼센트에 불과했다.[20] 당시 세계 최대 레이저 제조사는 미국 회사였다. 어떠한 러시아 제조사도 주요 행위자가 아니었다.

레이저를 둘러싼 초기 러시아의 주도권과 이후 레이저 상업화에서 생겨난 약점 간의 이러한 극적 대비를 설명하기 위해서는 세계 레이저 산업이 어디에서 비롯되었는지를 고려하는 것이 도움이 된다. 일부 대기업들이 레이저를 제조하지만, 대부분의 레이저 그룹은 과거 독립적인 스타트업으로 시작했는데, 그 시기 소련에서는 그러한 소규모 독립적인 기업이 불가능했다. 초기에 최대 레이저 제조사는 스펙트라-피직스Spectra-Physics와 코히런트Coherent사였다. 두 회사는 각각 1961년과 1966년 미국에서 설립되었다. 2004년에 스펙트라-피직스는 1969년에 창설된 또 다른 미국 회사인 뉴포트 코퍼레이션Newport Corporation에 합병되었다.

실리콘 밸리에서 거대 기업이 차고에서 시작되었다는 뒷이야기가 지금은 거의 진부한 이야기이지만, 최대 레이저 제조사들 중 몇 곳은 실제로 그런 방식으로 시작했다. 1969년 캘리포니아 공과대학(칼텍CalTech)의 두 대학원생 존 매슈스John Matthews와 데니스 테리Dennis Terry, 그리고 곧바로 합류하게 되는 또 다른 칼텍 대학원생, 밀튼 창Milton Chang은 뉴포트 코퍼레이션을 설립했다. 뉴포트 코퍼레이션은 개업 첫해에 46,000달러의 매출을 냈는데 이는 아주 큰 액수는 아니지만 차고에서 임대 산업 공간으로 이주하기에는 충분한 것이었다. 이 작은 회사는 곧 고도 기술 고객 기반을 확보하고 정밀 광학, 전자-광학 및 광학-기계 제품들을 제조했으며 간섭계interferometry와 홀로그래피를 연구했다. 뉴포트 코퍼레이션은 1978년에 주식 시장에 상장되었다.

또 다른 주요 레이저 제조사인 코히런트사의 기원은 레이저 산업의 반항적인 젊은 창업자들조차도 반발을 겪었음을 보여준다. 제임스 호바트James Hobart라는 이름의 젊은 물리학자는 선구적인 실리콘 밸리 레이저 회사인 스펙트라-피직스의 초창기 직원이었다. 그는 금속 절삭과 용접과 같은 일에 산업 레이저를 사용하는 것에 관심을 갖게 되었으나 상사들이 이런 제품 개발에 확신을 갖게 하지는 못했다.

1966년 30대 초반의 호바트는 회사를 그만두고 10,000달러의 창업 자본을 가지고 캘리포니아 팔로 알토에 회사를 설립했다. 첫 사무실은 세탁실에 차렸는데 거기에서 호바트는 새 레이저에 전력을 공급하는 데 필요한 220볼트 전원을 끌어다 썼다. 세탁기와 건조기 옆에서 호바트와 그의 동료들은 주요 구성 부품으로 낙수받이를 사용하는 자신들의 첫 산업용 레이저를 만들었다. 이 장비는 상업적으로 사용 가능한 최초의 이산화탄소 레이저였다. 그것은 성공적이었고, 호바트는 재빨리 낙수받이를 빛나는 금속관으로 대체했다. 호바트는 성공적인 시연 도중 실수로 스포츠 코트를 태워 구멍을 냈지만 보잉사에 이 레이저를 납품하는 데 성공했다. 회사는 빠르게 성장하여 1970년에 상장되었다. 1980년대에 이 회사는 세계에서 가장 큰 독립 레이저 제조사였다.

설립자가 아무리 재능 있고 독립적일지라도 레이저 사업에 종사하는 어떤 회사도 창의적 의견 차이와 잠재적 분열로부터 안전하지 않았다. 뉴포트 코퍼레이션 창립자 중 한 사람인 존 매슈스는 1970년대에 총기에 사용하는 레이저 조준기를 개발했다. 그러나 회사 내에서 추가 개발에 필요한 자금을 찾을 수 없자 그는 사임하고 새 회사를 설립했다. 이 회사가 레이저 프로덕트Laser Products였고 훗날 슈어파이어 SureFire가 되었다.

따라서 우리는 미국의 초기 레이저 산업이 반항적 정신들에 의해 촉진되었음을 알 수 있다. 일부는 성공했지만 다수는 실패했다. 1980년대 후반 수많은 성공 이후 코히런트사는 경쟁자들에 의해 전방위 포위를 당하면서 거의 파산 상태에 이르렀다. 레이저 산업은 '창조적 파괴'의 극적 사례였다. 이 용어는 역설적이게도 원래 마르크스주의 경제 이론에서 비롯되었으나 오늘날에는 경제학자 조지프 슘페터Joseph Schumpeter와 더 자주 연관된다.

중앙집중화된 경제 때문에 소련은 미국에서 발생한 개인주의적이고 경쟁적이며 그래서 혼돈스런 방식의 레이저 회사들을 발전시킬 수 없었다. 하지만 소련에서도 이 분야에서 기업가 정신을 철저하게 발휘할 수 있는 개인들이 배출되었다. 발렌틴 가폰체프Valentin Gapontsev가 그러한 인물이었다. 그의 이야기는 실리콘 밸리 차고 스타트업 이야기와 놀라울 정도로 유사하다. 가폰체프는 소련의 물리학자이자 빛과 레이저 기술의 기초 물리학 분야 전문가였다. 그는 1950년대와 1960년대에 르보프 공대와 모스크바 물리기술연구소에서 대학원 과정을 마쳤다. 훗날 그가 말한 것처럼, "나는 경력 초기에 기업가가 되기를 원할 수도 있었지만, 당시 소련에서 그것은 불가능했다."21

소련이 붕괴해가던 1990년, 가폰체프는 모스크바 근교 프랴지노에 있는 라디오공학연구소Radio Engineering Institute에 있는 소규모 실험실 지하에서 개인 사업체를 설립했다. 서방인들에게 익숙한 법률적 틀에서 보면 가폰체프의 사업체 설립은 불법이었다. 사적 이익을 위해 국영 설비(정부 연구소)를 사용하고 있는 것이었기 때문이다. 그는 개인 소유 차고의 이점을 가진 것이 아니었다. 더 나아가서 당시 러시아 시장이 얼어붙었기 때문에 그의 일은 엄청나게 어려운 상황이었다. 가폰체프가 말했듯, "러시아에서는 어떠한 진정한 사업 기회도 없었고, 고도 기술은 관심 받지 못했으며, 그런 까닭에 시장은 서방에 있었다."

가폰체프는 첫 번째 계약을 대기업인 이탈리아 통신사 이탈텔Italtel과 체결했다. 그는 이를 위해 고출력 광섬유 레이저 증폭기를 개발했다. 이탈리아인들은 가폰체프의 제품에 열광했지만 러시아에 있는 소규모 공급자와 일하는 위험을 감수할 수 없다고 말하면서 가폰체프에게 생산지를 이탈리아로 이전할 것을 제안했다. 가폰체프는 이를 받아들였고 곧바로 이탈리아와 독일 양국에서 고출력 광섬유 레이저 및 증폭기를 위한 제조 시설을 설립했다.

2000년에 가폰체프는 5200만 달러의 수익을 내는 회사를 만들었다. 하지만 IPG라 불리는 이 회사는 당시 다른 통신 회사들이 직면한 일반적 위기를 겪고서 재조직할 수밖에 없게 되었다. 가폰체프는 매우 어려운 사업 환경 속에서 다시 한번 성공을 거뒀으나 "다수의 사업이 미국에 기반을 두고 있기 때문에 IPG가 그곳으로 이동해야만 한다"고 결정을 내렸다.

2006년에 매사추세츠주 옥스퍼드에 본사를 둔 가폰체프의 회사는 1억 4300만 달러 가치로 성장했다. 이 회사는 그해 상장되었다. 가폰체프는 "공개된 기업들이 누리는 재정적 투명성과 더 넓은 인지도를 고객들에게 제공하지 않으면 더 이상 우리의 시장 침투력을 확장하기 어려울 것"이라고 말하면서 그러한 움직임을 정당화했다. 약 100년 전 그의 동포인 이고르 시코르스키와 마찬가지로, 가폰체프도 자신의 아이디어가 자국에서 상업적 성공을 거둘 수 없다는 사실을 깨달았던 것이다.

10장

예외와 그것들이 증명한 것: 소프트웨어, 우주 기술, 원자력 기술

"그들은 우리를 철저히 패배시켰다. 그게 다다. 이것에 대해 다른 말을 할 여지가 없다."

― 미국 우주비행사이자 훗날 상원의원이 되는 존 글렌이 1961년 유리 가가린이 우주 궤도에서 귀환하는 데 성공한 후 한 말

러시아는 현대 하이테크 분야, 특히 소프트웨어, 우주, 원자력 발전 산업에서 일부 성공을 거두었다. 각 경우가 무엇을 보여주는지를 살펴보도록 하자.

소프트웨어

소프트웨어 산업은 인도와 같은 다른 일부 개발도상국들의 소프트웨어 산업에 비해 훨씬 작지만 최근 러시아가 분명한 성공을 거둔 분야이다. 러시아에서 세 가지 형태의 소프트웨어 산업이 성공했다. 하나는 역외 프로그래밍, 다음은 패키지 소프트웨어, 세 번째는 구글, 인텔, 삼성 같은 외국 회사에 속한 소프트웨어 R&D 센터이다. 또한 러시아는 구글과 유사한 서비스를 제공하는 성공적인 검색 엔진인 얀덱스Yandex를 가지고 있다(나는 러시아어 검색을 할 때 얀덱스를 종종 사용하는데, 고급 검색에서는 구글보다 덜 정교하기는 해도 만족할 만하다는 것을 알게 됐다). 러시아의 소프트웨어 수출 절반 이상은 역외 프로그래밍이다.[1]

러시아에서 가장 널리 알려진 소프트웨어 회사는 안티바이러스 소프트웨어 전문회사로서 주요 국제 저널로부터 높은 평가를 받은 카스페르스키랩Kaspersky Lab이다. 여기에다가 러시아에는 수백 개의 소규모 소프트웨어 회사가 있는데, 이중 상당수는 소수의 직원만 고용하고 있다.

소프트웨어의 발전은 러시아의 강점으로 작용하고 있다. 이것은 단독으로 작업하거나 두세 명씩 팀을 이루어 작업하는 일부 개인들의 지적 능력에 의존한다는 점에서 수학과 비슷한 면이 있다. 소프트웨어는 두뇌의 창조물이지 물질적 기술은 아니다. 소프트웨어를 발전시키는 것은 장치나 기계를 생산하는 모든 지원 요소를 필요로 하지 않는다. 러시아의 수학과 과학 분야 고등 교육은 아주 탁월하다. 주요 대학의 졸업생들은 자주 정부가 재정 지원을 하는 연구소나 대학으로 가고, 처음에는 직장의 컴퓨터를 이용하여 부업으로 소프트웨어를 개발한다.

성능 좋은 컴퓨터를 구입하는 데 드는 비용이 상대적으로 적기 때문에, 이들은 종종 집에서 작업하기도 한다. 만일 이렇게 해서 성공할 경우 그들은 다른 프로그래머 몇 명과 힘을 모아서 실질적 비즈니스를 시작한다. 이렇게 해서 스타트업이 탄생한다.

이러한 신생 산업fledging industry은 건물과 공장이 없기에 거의 눈에 띄지 않는다. 이러한 사업의 익명성 때문에 범죄자와 뇌물을 바라는 정부 감독관들로부터 상대적으로 보호가 되고, 범죄자나 정부에서는 사업이 훨씬 커지고 명확해진 다음에야 사업의 존재를 알게 된다. 이런 사업은 부패로 악명 높은 세무 당국의 감시도 얼마 동안 피할 수 있다. 카스페르스키랩처럼 소수의 경우에 회사가 당국과 범죄자의 눈에 띨 정도가 되면 사업은 충분히 성장하고 널리 분산되어서 쉽게 눈에 띄는 스타트업 도매 회사나 통상적 중소기업보다 스스로를 보호하기가 쉽다.

완전히 성숙한 소프트웨어 기업이 되고 나서도 이들은 주로 정규 직원보다는 개별 프로그래머와 계약을 통해 사업을 운영하며, 이런 식으로 소득세와 기타 수당 지급을 피한다. 소규모 소프트웨어 회사와 연계되어 일하는 많은 과학자와 기술자들은 직원이라기보다는 자문인 같은 역할을 하며 자신들의 서비스를 급여와 회계를 전산화하고 컴퓨터 바이러스로부터 보호하기를 원하는 개인 회사들에게 판매한다. 건물이나 점포 등 물리적 자산의 '보호'를 전문으로 하며, 보호 비용을 내지 않으면 자신들이 해당 자산을 훼손하겠다고 암시하는 식의 범죄적 요소들은, 이러한 가상 기업들에 대해서는 장악력을 갖기 어렵다. 도대체 어디에 물적 재산이 있는가? 심지어 더 규모가 큰 소프트웨어 기업들조차도, 일반적인 공장이나 소매업체처럼 부패에 노출될 수 있는 물리적 진입 지점이 그리 많지 않다. 이러한 소프트웨어 기업의 활동 대부분이 개인 아파트나 학술 연구실과 같은 분산된 공간에서 이루어지기 때문이다.

카스페르스키랩의 역사는 이러한 모델에 잘 들어맞는다. 현재 이 회사는 연 매출이 5억 달러가 넘는 큰 회사로 성장했다. 이 회사는 매출액 기준 세계 100대 소프트웨어 회사에 들어가는 유일한 러시아 회사이다. 이 회사의 공동 창업자이자 핵심 인물인 예브게니 카스페르스키Eugene Kaspersky는 어린 시절부터 수학에 강하게 이끌렸다. 1987년 그는 KGB와 소련 국방 기관이 공동으로 후원하는 조직인 암호, 통신, 컴퓨터과학연구소를 졸업했다. 졸업 후 그는 몇몇 우크라이나 회사에 러시아 회사를 위해 안티바이러스 소프트웨어를 개발하며 매달 100달러 정도를 벌었다. 그는 안티바이러스 소트프웨어 설계에 뛰어난 실력을 보인 3인 팀을 구성했다.

1994년 한 독일 대학이 그의 작업에 주목했고, 그의 도구상자toolkit를 아마도 세계에서 가장 뛰어난 안티바이러스 스캐너라고 불렀고, 카스페르스키와 그의 팀은 유럽과 미국 컴퓨터회사로부터 라이센스 신청을 받기 시작했다. 1997년 그는 부인인 나탈리아와 함께 카스페르스키랩을 공동 창업했다. 부인도 기술 교육을 받았고 직업 배경을 가지고 있었다. 이후 몇 년 동안 이 회사는 당국의 레이더에 잡히지 않고 일을 하다가 결국 주요한 회사로 부상했고 카스페르스키는 백만장자가 되었다. 이 시기에 그는 자신을 보호할 충분한 능력을 갖출 수 있었고, 이는 곧 필요해졌다.

카스페르스키랩은 모스크바에 사무실이 있기는 하지만, 여러 곳에 광범위하게 분산되어 있다. 이 회사 사업의 대부분은 러시아 밖 해외에서 진행된다. '연구와 분석팀'에 소속된 다수 팀원들은 러시아 밖 11개 국에서 일한다. 해당 국가들로는 독일, 영국, 프랑스, 스웨덴, 미국, 일본 등이 있다. 러시아 내에서도 카스페르스키사 직원들은 모스크바 외의 도시, 즉 상트페테르부르크나 노보시비르스크 등에 거주하고, 직원 중에는 지역 대학에서 고위 학위 과정을 이수하며 재직 중인 대학원생들도 있다.

결국 범죄 관련자들이 카스페르스키를 알아채고 그가 부자가 된 것을 알게 되면서 자신들의 몫을 챙기기로 했다. 그러나 이렇게 분산되어 운영되는 회사에 지렛대를 적용하는 것은 쉬운 일이 아니었다. 그래서 그들은 개인적으로 접근을 했다. 2011년 4월 29일 범죄자들은 카스페르스키의 아들(21세)인 이반을 납치했다. 당시 모스크바대 학생이던 이반은 일하러 가는 길에 납치당했다. 납치범은 업무 출장으로 런던에 가 있던 카스페르스키에게 전화를 걸어 아들의 무사 귀환을 바란다면 몸값 440만 달러를 보내라고 요구했다. 예브게니 카스페르스키는 즉시 모스크바로 돌아와 경찰과 함께 납치범들을 잡을 함정을 준비해놓고, 몸값을 지불하겠다고 약속했다. 경찰은 몸값을 회수해 가는 중간책을 포착하고 추적하여 주범 5명을 체포했다. 몸값은 지불하지 않았다. 이 사례는 모스크바에서 정의가 승리를 거둔 아주 드문 경우이다. 예브게니 카스페르스키가 이미 컴퓨터 보안 사업을 한 오랜 경험으로 범죄에 대해 어느 정도 알고 있었던 것이 사건 해결에 큰 도움이 되었음은 의심의 여지가 없다.

카스페르스키의 제품을 전 세계에서 구입할 수 있는 오늘날에도 이 회사는 러시아 내에서 잘 알려져 있지 않다. 나는 최근에 모스크바 볼로콜람스키가 1번지 10/11에 있는 이 회사를 직접 찾아갔다. 어디에도 이 회사의 존재를 알리는 '카스페르스키랩'이라는 간판은 보이지 않았다. 이 회사 본부가 속한 건물은 보안 구역에 자리하고 있었는데, 별다른 특징도 없고 간판도 없었으며 경비원이 지키고 있었다. 이 건물은 이 회사와 마찬가지의 익명성을 띤 다른 회사들도 입주한 비즈니스파크였다. 내가 카스페르스키랩에 가장 가까이 다가갈 수 있었던 곳은 이 비즈니스파크의 입구였다. 입구에서 나는 경비원에게, 내가 카스페르스키 리셉션 담당자에게 말을 걸어도 될지 물었다. 경비원은 "안 됩니다"라고 답하고는 "이 건물에 들어가려면 사전 허가를 받아야 합니다"라고 말했다. 나는 경비원 책상에 있는 작은 전화번호표를 보고 카스페르스키랩이 이 건물의 4개 층을 사용하고 있다는 것을 알았다. 오로지 그 전화번호표에만 내가 방문하려던 회사의 이름이 나타나 있었다.

우주

러시아가 소프트웨어 산업에서 거둔 성공은 포스트–소비에트 시기에 거둔 성취의 사례라서 특히 흥미롭고 관심을 끈다. 러시아 소프트웨어는 소련의 교육과 과학의 강점에 기초를 둔 것이 분명하지만, 그것의 실제 존재는 거의 전적으로 포스트–소비에트적 현상이다. 우주 기술과 원자력 발전처럼 오늘날 러시아가 하이테크 강점을 보이는 다른 분야는 상당 부분 이전 소련 시대 성취의 잔재이다. 러시아인들은 이 두 분야에서 소련의 선구자들을 넘어서는 새로운 업적을 그다지 많이 남기진 못했지만, 그럼에도 불구하고 이 분야는 진정한 강점을 몇 가지 갖고 있다.

소련은 단연 우주 개발의 선구자였다. 소련은 세계 최초의 인공위성을 발사했고, 처음으로 인간을 우주 궤도에 올렸다.[2] 소련의 로켓은 추진력과 신뢰성에 견고한 명성을 확립하고 있다(미국과 마찬가지로 소련도 여러 번 큰 실패를 겪었다). 나는 유리 가가린Yuri Gagarin이 처음 지구를 돈 1961년 4월 12일 모스크바에 학생으로 연수를 하고 있었고, 후에 그를 잠깐 만나기도 했다.[3] 가가린이 이룬 성취가 소련의 자신감의 정점을 찍었던 것을 기억한다. 소련의 과학과 기술은 세계 최고 수준으로 여겨졌다. 진심으로 감격한 축하 인파 수천 명이 거리를 메웠으며 나도 그중 한 명이었다. 러시아 기술의 '발작적fits and starts' 역사에서 이것은 의심의 여지 없이 가장 영광스러운 출발이었다.

미국은 우주왕복선 프로그램을 종료한 후 잠시 동안 국제우주정거장으로의 운송을 러시아에 의존했다. 이 목적으로 사용된 소유즈 로켓은 설계된 지 40년이 넘었지만, 역사상 이 부문에서 가장 자주 이용되고 가장 신뢰할 수 있는 로켓이었다. 이 로켓은 1,700번 이상 발사되었다.

소련 로켓의 강점을 보여주는 다른 사례는 소련 해체와 냉전 종식 후에도 미국 우주회사들이 소련 로켓을 사용했다는 사실에서 발견된다.[4] 1960년대와 1970년대 초 소련은 많은 수의 NK-33 로켓 엔진을 생산했지만, 이 가운데 다수의 엔진이 창고에서 녹슬었다. 1990년대 미국 로켓 엔진 개발사인 아에로제트Aerojet는 36기의 NK-33 로켓 엔진을 구입하여 상업용 위성 발사에 사용했다. 소련 시대 설계된 로켓 엔진은

아에로제트가 자체적으로 설계한 엔진보다 성능이 뛰어났다.

소련 로켓 엔진들의 우수성을 보면, 소련 정부가 가장 최우선 순위로 배정하고 엄청난 자원을 쏟아 넣은 기술 프로젝트의 경우 그 성과가 뚜렷하게 나타난다는 사실을 알 수 있다. 우주 기술과 핵무기는 재원과 뛰어난 인력 면에서 사실상 거의 무제한으로 자원을 지원받았다. 비용 효과 문제는 거의 제기되지 않았다.

다른 나라들과 마찬가지로 이제 러시아와 미국에서 그런 시대는 과거사가 되어가고 있다. 2011년 11월 러시아의 무인 화성 탐사 우주선은 지구 궤도를 빠져나가지 못했다.[5] 미국은 우주 프로그램의 각 부분을 민영화하여 예산을 절감하려고 노력하고 있다. 민간 회사들이 상업적으로 성공적인 저궤도 발사용 로켓을 개발하도록 독려하고 있다. 나사는 로켓플레인 키슬러, 스페이스엑스, 오비탈사이언시스사, 보잉 같은 회사와 함께 이 목표를 향해 가고 있다. 러시아가 이와 같은 길을 가지 않는다면 우주에서 초기의 우월성을 상실할 우려가 있다. 이러한 점에서 우리는 컴퓨터 초기 역사를 상기하게 된다. 컴퓨터가 주로 정부가 재정 지원하는 프로그램이었던 1940년대부터 1960년대 초까지 소련은 컴퓨터 개발 면에서 서방 국가들과 어깨를 나란히 하며 경쟁했다. 그러나 컴퓨터가 상업 제품이 되면서 시장 경쟁이 치열해지자 러시아는 뒤처지기 시작했다. 우주 탐사에서도 정부의 역할은 항상 있겠지만, 이 분야에서 일어나는 일부 혁신은 러시아가 아직까지 개발하지 못한 형태의 기업 분야에서 나올 가능성이 크다. 2012년 우주 기술의 가장 큰 상업 부문인 위성 통신과 텔레커뮤니케이션 분야(1,000조 이상)에서 러시아가 차지하는 지분은 1퍼센트 미만이었다.[6] 러시아가 자랑해온 우주 기술 분야에서도 이 책에서 자주 본 패턴이 나타나고 있다.

원자력

러시아는 원자력 기술에서 세계적으로 강력한 경쟁 국가다. 역사적으로 이 분야에서의 강점은 소련 핵무기 프로그램에서 나왔지만, 포스트-소비에트 시기에 러시아 정부는 지속적으로 원자력을 수출 경쟁력 있는 기술로 개발해가고 있다. 러시아 국영 원자력기구인 로스아톰 Rosatom은 합영 자회사인 아톰에네르고프롬Atomenergoprom을 설립했고, 아톰에네르고프롬은 원자력발전소 수출 방면에서 세계 최대 회사로 꼽힌다. 다양한 자회사를 보유한 이 회사는 우라늄 채굴과 핵연료 제조에서부터 원자로 설계와 생산, 원자력 발전소 판매까지 원자력 발전 산업의 모든 단계의 서비스를 제공한다. 뿐만 아니라 세계에서 가장 방대한 우라늄 농축 능력을 보유했으며, 우라늄 변환과 농축에서 중요한 서비스를 제공한다. 아톰에네르고프롬은 우라늄 농축 과정에서 유럽과 미국에서 자주 사용되는 가스 확산법 기술보다 비용이 적게 드는 방법인 가스 원심분리 기술gas centrifugal technology을 사용한다. 우라늄 농축에서 러시아는 서유럽의 원자로에 사용되는 연료의 3분의 1을 공급하고 있다.

이렇듯 러시아는 현재 원자력 발전 기술 세계 시장에서 실질적인 이점을 누리고 있다. 1986년 체르노빌 원전 사고에서 연유한 안전에 대한 우려 때문에 서방에서의 판매에 지속적인 난관을 겪고 있으며, 이로 인해 대부분 현지 정부의 지원이 강한 중국, 이란, 인도에 러시아의 원자력 발전소를 성공리에 짓고 있는 건 분명하다.

그러나 러시아의 원전 수출 미래는 불투명하다. 2011년 후쿠시마 원전 사고 이후 각국 정부는 원자력 발전 정책을 재고하고 있다. 독일은 점진적으로 원전을 없애기로 결정했다. 원자력 발전의 강력한 옹호자인 프랑스는 러시아의 농축 시설을 이용하고 있기는 하지만 대부분 자체 기술에 의존하고 있다. 후쿠시마 사고 이후 좀 더 안전한 원자력 발전 기술이 어느 때보다 강조되고 있고, 소형 원전 같은 완전히 다른 기술에 거는 기대도 높아지고 있다. 레이저 동위원소 분리laser isotope separation같이 핵연료를 생산하는 새로운 기술도 등장하고 있다. 러시아는 이 모든 새로운 발전을 따라가는 데 어려움을 겪겠지만, 여전히 인상적인 원자력 연구 및 개발의 강점을 누릴 것이다.

2

문제의 원인은 무엇인가?

러시아에서 인상적인 기술 발명이 이루어진 후에도 이를 진정한 혁신으로 발전시키고 지속하는 데 반복적으로 실패하는 패턴은 어떻게 설명할 수 있을까? 우리는 무기 산업에서 이러한 패턴을 보았다. 툴라는 17세기와 이후 19세기 초 세계에서 가장 인상적인 무기 생산 중심지 중 하나였다. 철도 부문에서 1847년 미국 기술자들은 상트페테르부르크의 알렉산드롭스키 철도 제작창이 자신들이 본 시설 중 가장 현대적이었다고 말했다. 전기 산업에서 1870년대 런던과 파리는 멋진 거리를 밝히는 '러시아 전등'에 눈이 부셨다. 항공 산업에서 1차 세계대전 전 러시아인들은 놀라운 여객기를 만들어냈다. 소련의 산업화 과정에서 세계에서 가장 큰 제철소와 수력발전소가 세워졌다. 생물학에서 러시아인들은 1920년대와 1930년대 진화 생물학의 '새로운 종합new synthesis'과 새로운 유전학의 선구자로서 러시아 밖에서 눈부신 기술적 발전을 촉발했다. 반도체 산업에서 러시아 기술자들은 일부 분야에서 거의 한 세대를 앞서나갈 수 있다고 예측했다. 컴퓨터 산업에서 러시아는 세계에서 가장 계산 속도가 빠른 전자 컴퓨터 초기 모델을 만들었다. 레이저 분야에서 러시아인들은 선구적 연구로 세계의 주목을 받았고 노벨상을 수상했다. 우주 연구 분야에서 러시아인들은 최초로 인공위성과 인간을 궤도에 쏘아 올렸다.

이 모든 경우에 초기의 희망은 달성되지 않았다. 그 대신에 우리는 초기의 탁월성을 유지하는 데 대실패라고 일컬을 만한 것을 목격했다. 오늘날 러시아는 세계 하이테크 시장에서 소극적 참여자에 불과하다. 또다시 러시아 지도자들은 표트르 대제 이후 전임자들이 선언한 것을 반복적으로 강제하고 있다. 즉, 러시아는 산업을 현대화해야 한다고 다

그치고 있다.

세계의 어느 나라에서도 러시아가 보여준 것과 같은 지적, 예술적 탁월성과 기술적 약점이라는 패턴을 찾아볼 수 없다. 이것은 설명을 필요로 하는, 세계적으로 중요한 현상이다. 이러한 패턴 탓에 러시아는 후진성에서 벗어나지 못했을 뿐만 아니라, 표트르 대제에서 스탈린, 푸틴에 이르는 전제 정부를 위한 변명만 이루어졌고 국가로서 러시아의 운명 역시 이 패턴으로 결정되었다. 그래서 기술을 지속적으로 발전시키지 못하는 러시아의 후진성은 기술 역사의 한 장으로 끝나지 않는다. 왜냐하면 이것은 러시아의 지도자들이 진정한 민주주의를 무시하고 정치적 강요에 의한 강제로 계획된 현대화를 다시 추진하는 중요한 이유이기 때문이다. 이렇게 하면 운명적인 패턴을 강화한다는 것을 러시아 지도자들은 인지하지 못하고 있다.

러시아는 기술이 도입되었다고 해서 자동적으로 확산되고 토착화되는 것이 아니라는 일반적 원칙의 생생한 사례이다. 기술을 유지하려면 사회에서 기술을 지원하고 고취해야 한다. 다시 말해 혁신이 자연스럽게 발전하는 사회가 필요한 것이다. 러시아는 오늘 이 시점까지 이러한 점에서 실패해왔고, 그 결과로 다시 한번 2010년대의 지도자인 메드베데프나 푸틴은 기술 현대화를 외치고 있는 것이다. 이는 전임자들 즉 고르바초프, 브레즈네프, 흐루쇼프, 스탈린, 레닌, 알렉산드르 2세, 예카테리나 대제, 표트르 대제가 설교한 것과 같은 메시지이다.

전 세계 기술사에서 러시아는 어느 위치에 자리하고 있을까? 기술 분야에서의 실패는 러시아에 국한된 현상은 분명 아니다. 기술 실패를 연구한 서방 자료가 다수 존재한다.[1] 이 자료의 상당수는 처음에는 대단하게 보였으나 결국 성공을 거두지 못한 악명 높은 기술 실패 사례들을 다루고 있다. 찰스 배비지Charles Babbage의 초기 컴퓨터(1847~1849), 소니의 베타맥스(1725), 폴라로이드의 폴라비전(1977), 애플의 뉴턴(1993), 세그웨이 PT(2001)가 여기에 해당한다. 역사에 관심이 많은 사람들은 레오나르드 다빈치의 '헬리콥터'와 '탱크'도 이 범주에 넣을 법하다. 브라질 사람들은 최초로 비행기를 만든 사람은 라이트 형제가 아니라 아우베르투 산투스–두몽Alberto Santos–Dumont(1900년대 초기)이라고 자주 주장한다. 이 모든 경우에 탁월한 발명이 상업적 성공으로 이어지지 않았다.

기술적 창의성 뒤에 실용적 실패가 따라오는 러시아의 패턴은 세계적 현상의 또 다른 예에 불과한가? 아니다. 지난 300년 간 기술을 유지하지 못한 반복적 실패로 러시아는 불행한 위상에 처하고 말았다. 다른 어떤 나라에서도 탁월함과 좌절을 반복하는 이토록 일관된 기록은 찾아볼 수 없다. 러시아의 경우는, "시대를 앞서갔다"든가 "너무 비싸다", "투자 지원이 없었다", "설계에 결함이 있다", "마케팅을 잘못했다"와 같이 특정 장치의 특성에 기반한 기술 실패에 대한 관습적 설명이 아닌, 기술 성공을 가로막는 좀 더 큰 사회적 장애물에 대해 설명해야 한다. 이러한 폭넓은 접근만이 그렇게 오랜 기간 지속된 실패를 포괄해서 설명할 수 있다.

이러한 패턴에 대한 설명은 몇 개의 큰 범주로 나누어서 할 수 있다. 태도, 정치, 사회, 경제, 법, 조직적 문제가 그것이다. 혁신을 촉진하는 적절하고도 효과적인 입법의 부재 같은 일부 설명은 너무 분명하고 설명하기가 쉽다. 반면에 태도의 문제 같은 것은 설명하기가 쉽지 않지만 그럼에도 아주 중요하다.

11장

태도의 문제

"우리는 과학자들을 인류의 선을 위해 일하지만 사심이 없는 사람으로 생각한다. 기업가는 다른 사람을 이용해 먹는 부르주아에 속한다."

– 2010년 과학과 기술에 대한 태도 조사에 응답한 어느 러시아 과학자

기술에서 러시아인들의 노력을 제한하는 요인 중 하나는 태도적인 것이다. 이것은 분석하기가 어렵고, 경제적 단위로 측정할 수 없으며, 심지어 추측에 근거한 것이지만, 그럼에도 모든 요인 중 가장 중요하다. 러시아인들은 오늘날까지 기술 혁신으로 돈을 버는 것이 명예롭고, 고상하고, 남들로부터 칭송받을 만한 일이라는 현대적 시각을 완전히 받아들이지 못하고 있다. 19세기와 소련 시대, 그리고 오늘날까지 러시아인들은 '비즈네스 biznes'(business의 러시아 차용어)를 존경받기 어려운 행동으

로 여겨왔다. 특히 지식인들은 상업을 자신들의 체면을 손상하는 영역으로 보았고, 여전히 그렇게 보고 있다. 포스트-소비에트 시기 중 최근에 성공한 사업가, 특히 올리가르히oligarch(국유산업 민영화 과정에서 형성된 신흥재벌 집단)와 부패의 연결 고리로 사업 경영에 대한 의구심은 더욱 공고해졌을 뿐이다.

많은 러시아인들은 그저 서구적, 자유주의적, 경쟁적, 시장 경쟁 체제를 원하지 않는다는 것을 우리는 인정해야 한다. 러시아인들은 자신들이 '높은 가치'를 추구하고 있다고 주장하며 자기 방식을 계속 고집해왔다. 러시아의 과학 분야 노벨상 수상자 중 유일하게 생존해 있는 물리학자 조레스 알표로프는 2011년 내게 직접 말하길, 자신은 소련의 붕괴를 "아주 큰 정치적, 도덕적, 그리고 무엇보다도 경제적 비극"이라고 생각한다고 했다. 그는 실리콘 밸리를 복제해보려는 러시아의 노력인 스콜코보재단에서 과학자문위원장을 맡고 있다. 러시아 정부 수장 블라디미르 푸틴도 이와 유사하게 소련의 종말은 "20세기의 가장 큰 지정학적 비극"이라고 말한 바 있다. 이와 같은 태도에 가로막혀 러시아가 오늘날의 지구적 하이테크 경제로 진입하지 못하는 것이다.

지난 50년간 나는 소련과 러시아를 100번 이상 방문했고, 러시아에 체류한 시간을 다 합치면 몇 년은 될 것이다. 그리고 나는 수천 명에 이르는 러시아 과학자, 기술자, 과학기술 전공 학생들을 공식 · 비공식적 여건에서 만나 얘기를 나누었다. 2005년부터 2013년 기간에만 나는 러시아 전역의 약 60개의 대학과 연구소를 방문했다. 서쪽으로는 권력 중심부인 상트페테르부르크와 모스크바로부터 우랄 산업 지역의 여러 도시, 톰스크, 노보시비르스크, 크라스노야르스크와 블라디보스토크 같은 시베리아 여러 곳을 찾아다녔다. 과거에 공학자였던 나는 공학자와 과학자들과 대화하기를 즐겼다. 내가 모스크바대학에서 수학했다는 사실도 이들과의 만남에 도움이 되었다. 나는 이 모든 여정에서, 내가 교수로 재직 중인 MIT에서 만난 지인들의 태도와, 러시아에서 만난 사람들의 태도를 진지하게 비교해보았다.

MIT에서 과학과 기술을 전공하는 학부생들에게 직업적 목표에 대해 물었을 때 나는 당연히 다양한 답을 들었지만, 가장 일반적인 대답은 다음과 같았다. "나는 스스로 하이테크 회사를 차려서 성공을 거두겠습니다. 제2의 빌 게이츠나 스티브 잡스가 되지 못한다면 나는 기존 미국 회사에 고가로 매각할 가치가 있는 회사를 만들 거고요. 그런 다음 새로운 스타트업을 위한 아이디어를 찾아 나설 겁니다."

나는 러시아 학생한테서는 이런 답을 들은 적이 없다는 사실을 분명히 밝힌다. 현재 러시아에서는 이 주제에 관한 이와 같은 태도를 바꾸기 위해 엄청난 노력을 들이고 있기는 하지만, 러시아 학생들은 그리고 현업에 있는 과학자와 공학자들은 그런 식으로 사고하지 않는다(이 주제에 대해서는 3부 「러시아는 오늘날 자신의 문제를 극복할 수 있는가?」에서 더 상세히 논의한다).

나는 내가 인용한 일화나 개인적 경험을 지지 또는 반박하는 객관적 정보를 더 많이 얻기를 항상 원해왔다. 그런 정보는 찾기 쉽지 않지만, 몇 가지 정보는 얻을 수 있다. 2010년 상트페테르부르크 유럽대학의 학자들이 러시아 과학자와 공학자들을 대상으로 자신이 하는 일에 대한 태도에 대해 조사를 실시하면서, 마그데부르크대학이 실시한 직업 조사에 대한 더 광범위한 사회조사 결과를 인용했다.[1] 과학자들과 진행한 심도 있는 인터뷰(앞의 연구에서는 수십 개에 불과했다)가 더 많았다면 좋았을 것이라는 생각이 들긴 하지만, 이 연구는 분명한 사고 틀을 보여준다.

한 응답자는 다음과 같이 말했다.

(러시아) 사람들의 의식 속에는 성공한 과학자-기업가 모델이 전혀 없다. 우리는 과학자를 인류의 이익을 위해 무엇이든 하는 무욕의 인물로 본다. 기업가는 다른 사람들을 이용해 먹는 부르주아 일원이다. [응답자는 2010년 41세였고, 따라서 그는 소련이 붕괴되었을 당시 21세였다.]

다른 응답자는 다음과 같이 말했다.

우리는 우리의 생산품을 상업화하지 못하는 것에 대해 얘기를 해야만 한다. 이것은 소련의 불행이 아니라, 일반적으로 러시아식 사고방식의 불행이다. … 애석하게도 오늘날까지 우리 사회는 과학적 아이디어의 상업화에 대해 썩 긍정적인 태도를 가지고 있지 못하다.

50개 이상의 국제 특허를 가지고 있는 러시아 과학자는 다음과 같이 말했다.

알다시피 내게는 상업적 기질이 없다. 나는 아이디어가 있고, 내 목표는 그것을 실현하는 것이다. 내가 그렇게 하는데 성공하고, 좋은 결과를 얻으면 나는 그것을 논문으로 발표하거나 특허를 신청할 수 있다. 그러면 나는 만족한다. 그 이상 나가는 것은 내 일이 아니다. 이것을 사업에 적용하려면 너무 많은 일을 해야 하는데, 나는 그런 데 흥미가 없다. 그래서 그 결과로 다른 나라의 많은 사람들이 우리가 한 일을 그냥 훔쳐간다. 내가 만들어낸 것 몇 가지를 지금 중국이나 이스라엘 회사들이 아무 거리낌 없이 사용하고 있다.

다른 젊은 과학자는 이렇게 말했다.

우리는 혁신 문화가 없다. 아무런 경험도, 전통도 없다. 여전히 우리 과학자들은 전적으로 소련식 태도를 고수하고 있다. 그들에게 비즈니스는 더러운 일이다. 우리의 과학 문화에는 기업가 정신이 사실상 전혀 자리 잡고 있지 않다.[2]

과학을 상업적 기술에 적용하는 것에 대한 러시아 과학자들의 부정적 태도를 어떻게 설명해야 할까? 이에 대한 답은 근대 이전 유럽 역사에 존재했던 퇴행적인 사고와 근대 러시아 역사의 특수성이 비정상적으로 결합한 것에서 찾을 수 있다. 러시아는 고대의 일반적 병폐와 현대의 러시아만의 병폐 모두로부터 고통을 받아왔다.

고대의 일반적 병폐는 유럽 역사에서 볼 수 있다. 근대 이전 유럽에서 '장사trade'로 돈을 버는 것은 종종 경멸을 받았다. 군주, 귀족, 교회 모두 상속된 권리에서 지위를 물려받았지, 지위를 성취하거나 재력으로 산 것이 아니었다. 군주정은 자신의 능력이나 성취를 통해서가 아닌 신성한 권리로 통치를 했다. 귀족들도 조상과 군주 혹은 국가의 방어자로서 종사하는 역할에 힘입어 특별한 지위를 누렸다. 교회는 영적 세계와 기존 도덕 질서에 대한 종교적 정당화를 담당했다. 서유럽에서는 17세기 말에 이 모든 것이 바뀌기 시작했다. 처음에는 네덜란드, 다음으로 영국, 그다음 북아메리카, 그리고는 서유럽 나머지 지역에 이런 변화가 일어났다.³ 새로운 사고가 자리를 잡은 것이다. 물건을 생산하고 분배하거나 서비스를 제공하는 데서 영민함을 발휘해 돈을 벌면, 고상하고, 존경받을 만하며, 심지어 찬양받을 만한 시민이 되는 것이 가능해졌다. 이러한 사고는 어느 정도는 프로테스탄티즘과 초기 자본주의(막스 베버의 논점)와 연관되었지만, 독자적인 지위를 지니고 있었으며, 일부 지역에서는 이러한 동반 요소들 없이도 발전했다.

러시아는 서유럽 대부분 지역보다 훨씬 늦게 이러한 사고의 영향을 받았다. 차르 제정 말기에 군주정, 귀족, 교회의 힘은 부상하는 부르주아의 힘보다 강했다. 위신은 권력과 연계되었고, 상인과 기업가는 높은 사회적 지위를 가지고 있지 못했다. 프로테스탄티즘은 거의 존재감이 없었고⁴, 자본주의가 19세기 말 러시아에 들어오기는 했지만 아직 불안전한 상태였으며, 낭만주의적 농민 사회에 여전히 애착을 느끼고, 서구에서 들어온 급진주의적인 마르크스주의 사상에 영향을 받은 많은 사회 비평가들의 관점에서 정당화되지 못했다.⁵ 성공적인 사업가나 금융업자들이 유대인인 경우, '비즈네스biznes'에 대한 적대감의 또 다른 원인은 반유대주의였다. 19세기 말 러시아는 많은 수는 아니었어도 뛰어난 과학자들이 활동했지만, 이들 대부분은 사고의 세계에 몰입해서 실제 활동과는 별로 연관이 없었다(저명한 화학자인 드미트리 멘델레예프Dmitry Mendeleev 같은 몇몇 예외는 있었다).⁶ 추상 수학(일례로 비유클리드 기하학)과 물리학 및 화학(그러나 이들에 기초한 산업은 제외)에서 러시아의 강점은 이미 확립된 상태였다.

차르 통치 말기까지 러시아를 지배한 이러한 근대 이전의 사고 구조에, 자본주의, 경쟁, 사적 노력에 대해 아주 비판적인 급진적 사고가 제정 말기 몇십 년과 소련 체제 70년 동안 추가되었다. 1917년 러시아의 권력을 장악한 마르크스주의 혁명가들은 현대화론자들이었지만, 이들은 개인적 기업가들이 아니라 국가, 특히 국가의 계획 기구를 현대성의 열쇠로 생각했다. 창의성으로 돈을 버는 혁신가라는 아이디어는 유럽의 나머지 대부분의 지역에 비해 차르 제정 하의 러시아에서 여전히 발전이 미흡했으며, 소련에서는 존경받지 못하고, 심지어 비도덕적인 것으로 폄하되었다. 주요 소련 백과사전은 '부르주아'를 "고용된 노동자들의 노동을 착취하는 자본주의 사회의 지배계급"으로 정의했다. 기업가는 노동자를 고용할 필요가 있다. 2006년 새 백과사전은 이러한 경멸적 문구를 없애고, '부르주아'를 단순히 "자본을 소유한 사회 계급"이라고 정의했지만, 과거의 개념적 정의가 여전히 널리 사용되고, 새로운 정의조차도 부르주아의 역할에 대해 긍정적이라고 보기 힘들다.[7]

학술원Academy of Sciences의 연구소와 같은 국가 연구 조직을 통해 정부 지원을 받는 러시아 과학자들에게 사적 기업가 활동을 비난하는 소련의 이념은 불쾌한 것이 아니었다. 이것은 과학자들에게 근대 이전 교회와 다르지 않은 지위를 부여했다. 그들은 아이디어의 세계에 살고, 교회와 대조적으로 뛰어난 머리에 대해 보상을 해주고, 교회에서와 마찬가지로 이 보상들은 유용성과 아무 관련도 없었다.

일부 과학자들은 소련 시대 자신들의 활동에 대한 당국의 정치적 통제에 대해 비판적이었지만, 연구 기관에서 최고 지위에 올라간 과학자들은 정부가 자신들에게 제공하는 특별하고도 부담을 지우지 않는 지위와 특별 상점, 병원, 요양소, 여행 및 다른 사람들은 누리지 못하는 혜택의 제공을 소중히 생각했다. 경제에 대한 실질적 도움과 관계없이 소련의 지도적 과학자들이 누린 놀라운 특권을 보면, 소련 체제가 붕괴

했을 때 과학 기관의 최고 책임자들이 구체제를 가장 열렬히 옹호한 집단에 들어간 이유를 이해할 수 있다.[8] 소련 학술원장은 다른 부분에서 지지가 부족해 구소련 체제가 붕괴할 때조차도 이 체제를 강력하게 옹호했다. 그리고 연로한 일부 과학자들은 오늘날까지도 소련 시대 자신들이 누렸던 지위를 향수 어린 시선으로 바라보고 있다. 이들은 경제의 경쟁 세계에 직면하는 것을 꺼린다.

최근 러시아에서는 기술의 상업화에서 일부 변화의 조짐이 나타나고 있다. 러시아 경영대학교business schools, 경영학부school of managements, 경제학과, 정부의 발표에서 '기술의 상업화'를 요구하는 많은 제안이 나오고 있다. 러시아 여러 지역에 스타트업, 비즈니스 인큐베이터, 사이언스파크, 기술 플랫폼, 혁신 클러스터들이 만들어지고 있다. 경영 전문가들에 비해 과학자들 사이에서 이러한 노력은 약한 편이다. 이러한 사람들은 러시아 학술원에서 드물게 찾아볼 수 있고, 대학의 과학 관련 학과에서도 큰 존재감이 없지만, 이제 나타나기 시작했다.

몇몇 미국 재단이 이러한 변화가 일어나도록 도움을 주고 있다. 버지니아주 앨링턴에 있는 미국 민간 연구개발재단US Civilian Research and Development Foundation(CRDF)은 오랫동안 많은 러시아 대학에 도움을 주어 설립한 기술 이전 사무실과 시장 진입 프로그램First Steps to Market Program을 통해 이러한 변화를 추진했다. 2011년 시작된 유레카Evrika 프로그램도 같은 목표를 위해 노력했고, 미국과 러시아 대학 사이의 협력관계를 구축했다(퍼듀대학, 메릴랜드대학, UCLA, 니즈니노브고로드국립대학, 상트페테르부르크 정보기술·기계·광학대학ITMO 등이 이 프로그램에 참여했다). 최근 ITMO를 방문했을 때 나는 모스크바 같은 러시아 대도시의 만성적인 교통 체증을 줄일 수 있는 전자장치를 만들어 스타트업을 만들려는 한 대학원생과 얘기를 나눈 적이 있다. 유레카 프로그램은 미국의 경제 발전과 법에 의한 통치를 위한 러시아재단USRF, 미국 국제교육재단, 신유라시아재단이 지원했다. 그리고 이러한 상업화 노력에서 또 다른 중요한 조직은 스콜코보재단이다.

이 모든 노력에서 하나의 큰 약점은 러시아인들은 기술 발전이 크게 이루어지는 데 필요한 핵심적인 사회 개혁에 선뜻 착수하려 하지 않는다는 것이다. 대런 애스모글루Daron Acemoglu와 제임스 A. 로빈슨James A. Robinson이 최근에 출간한 책 『국가는 왜 실패하는가Why Nations Fail』에서 주장한 바와 같이 포용적인 사회 및 정치 제도가 경제발전을 촉진하는 강력한 요인이다.9 러시아의 경우 한 정파가 통치를 독점하고, 독립적이고 비정부 기관들이 제약을 받고 있으며, 정치 평론가들이 자유롭게 비판하지 못하고, 대중매체가 통제된다. 이런 태도를 취하는 국가에서 제도 발전은 아주 어려운 과제다. 옐친 대통령 시기 총리를 맡았던 예고르 가이다르Yegor Gaidar는 최근에 "러시아 정치 엘리트는 군사, 생산기술을 차용해 오려고만 하고, 서유럽의 성취가 기반을 둔 유럽 제도는 도입하려고 하지 않는다"10라고 문제점을 지적했다.

태도 문제를 다룬 이 장을 마치면서 나는 이 책의 초안을 읽은 몇 사람이 "왜 당신은 '문화적cultural'이란 단어 대신에 '태도적attitudinal'이라는 단어를 쓰나요? 이것은 문화적 문제 아닌가요?"라고 물은 적이 있다. 나도 당연히 '문화적'이란 용어를 쓸 수 있었다. 하지만 '문화'라는 단어는 내가 러시아 과학자들과 계속 반복적으로 대화를 나누며 발견한 것, 다시 말해 그들이 자신들의 과업을 사업에 적용하는 데 대해 비판적 태도를 가지고 있다는 것을 전달하기에는 너무 거대하고 무정형의 것이라고 생각했다. 나는 '태도적'이란 단어를 써서 내가 관찰한 것의 초점을 날카롭게 만들고 싶었다. 왜냐하면 나의 주의를 끈 것은 러시아 문화 전체의 훨씬 넓은 특징보다는 이 과학자들의 태도였기 때문이다. 내가 강조하고 싶었던 것은 (기초화학이나 이론적 사고에 대비되는) 응용과학과 기술에 대한 의견의 문제였다. 그러나 나의 용어 사용이 제대로 이해된다면 '문화적'이란 표현도 수용한다.

12장

정치 질서

"국가의 이익에 반하게 행동하는 국제기구에 고용된 사람들 또한 반역자로 간주될 것이다."

— 러시아 정부 발행 신문인 〈로시스카야 가제타〉, 블라디미르 푸틴이 2012년 11월 19일 반역에 대한 새 법안에 서명한 것에 대한 논평

정치의 문제는 한마디로 표현하면 권위주의authoritarianism의 문제이다. 차르들, 공산당 지도자들, 현재는 포스트 소비에트 '주권 민주주의 sovereign democracy'(실제로는 전혀 민주주의가 아님)의 지도자들이 시장의 힘과 '최신의 실행best practices'을 무시하며 기술 발전을 관리하는 성책을 설성하고, 많은 경우의 모든 곳에서 기술 발전을 관리했다. 물론 러시아만 전 세계에서 유일하게 기술 발전에 대해 잘못된 정책을 취한 것은 아니

다. 러시아와 유사한 잘못된 정책은 독일, 미국, 일본을 비롯한 세계 모든 산업화된 국가에서 발견되지만, 러시아는 극단적인 성격과 잘못된 정책이 시행되는 빈도에서 단연 두드러진 국가이다.

'정치적 권위주의political authoritarianism'는 '국가 통제state control'와는 다르다. 중앙 정부는 기술 예측 면에서 좋은 기록을 가지고 있진 않지만, 민주적인 국가에서 중앙집중화된 정부는 기술을 증진하는 데 유용한 역할을 할 수 있다. 프랑스 정부는 고도로 중앙집중화되어 있으면서도 TGV(고속 열차)와 원자력 발전처럼 국가가 주도한 일부 거대 프로젝트에서는 성공을 거두었다. 반면에 리비에라 지역의 소피아 안티폴리스에 자체 실리콘밸리를 만드는 시도와 같은 다른 프로젝트에서는 덜 성공적이었다. 중국의 경우 실제로 기술은 민주적이고, 법이 지배하는 사회에서 가장 창의적이고 가장 성공적이라는 이 책의 중심 논제에 가장 큰 도전이다.[1] 많은 것이 미래에 달려 있지만, 중국은 현재까지는 자체적인 새로운 고급 기술을 만들어내는 것보다는 경제 성장을 이루는 데 훨씬 성공적이었다.

이 책의 서두에서 보았듯이 러시아의 지배자인 차르들은 러시아 경제를 개선하기보다는 군사력을 강화하거나 관찰자들에게 큰 인상을 남기는 기술에 훨씬 큰 관심을 기울였다. 이 패턴은 현재까지도 지속되고 있다. 군사화가 러시아의 기술 발전을 왜곡했다. 표트르 대제는 러시아의 현대화를 위해 엄청난 노력을 기울였지만, 그의 주된 동기는 러시아의 입지를 유럽의 군사 강국으로 만드는 것이었지, 국민들의 생활수준을 향상시키는 것은 아니었다. 표트르 대제는 서방에서 최신 기술을 수입해 와서 군수 공장을 현대화했고, 이러한 노력은 몇몇 전쟁에서 그에게 큰 도움을 주었다. 그의 통치 후 후계자들도 군수 산업을 계속 지원했지만, 크림 전쟁에서처럼 이전의 생산 체계의 쇠락으로 전쟁에서 패배하면 서방을 따라잡으려는 갑작스러운 노력을 기울이는 식으로 단지 간헐적으로만 그렇게 했다. 여기에다가 산업을 통제하는 차르들과 귀족들은 자신들의 개인적 사용을 위해 무기를 '꾸미거나' '과시하려는 presentation' 욕구를 가지고 있었다. 이들은 이런 인상적인 물품을 만들어 낼 수 있는 사람에게 보상했다. 그 결과 가장 재주가 뛰어난 총포제조공도 전쟁에서 승리할 수 있도록 해주는 치명적인 무기를 혁신하거나 대량 생산하는 데 노력을 쏟지 않고, 자신이 충성하는 황제나 귀족 상관을 위해 물결무늬와 값비싼 금속으로 장식한 멋지게 장식된 무기를 만들어내는 데 노력을 경주했다.

　최신 기술을 보여주기 위한 이러한 욕망은 정치적으로 정상회담이나 혁명 기념일 같은 중요한 날짜에 맞춰 소련 우주인들이 눈을 사로잡는 비행을 하게 만든 흐루쇼프와 브레즈네프의 요구에서도 볼 수 있다. 기술 과시를 위한 흐루쇼프의 이런 요구 중(제정 시대의 차르들과 마찬가지로)에 가장 극단적인 예는 1963년에 있었다. 그는 당시 미국이 한 캡슐에 두 명의 우주인을 태워서 발사하는 데 성공하기 전에 소련이 3명의 우주인을 한 우주선에 태워 이륙시키라고 요구했다. 그 명령을 수행하기 위해, 흐루쇼프의 유능한 설계자 세르게이 코롤레프Sergei Korolev는 작은 체격의 우주비행사를 선택해야 했고, 부피가 큰 우주복을 착용하는 예방책을 포기하도록 요청해야 했으며, 우주비행사들을 작은 구체에 꽉 채워 프레첼 모양처럼 서로를 배치해야만 했다. 그러나 그 노력은 성공을 거두었고, 제시간에 완수되었다.[2]

러시아 역사를 통해 정치적 요인은 혁신을 추구하는 공학자와 과학자들을 크게 방해했다. 파리 중심부 거리를 밝힌 선구적인 전기공학자인 파벨 야블로치코프는 파리에 거주한 러시아 정치 망명자들과 친구가 될 정도로 오래 파리에 살았다. 이 중에는 카를 마르크스의 『자본』을 러시아어로 번역한 사람도 있었다. 그러한 교우관계만으로도 차르의 경찰이 야블로치코프를 의심하고 그가 러시아로 돌아와 전기 회사를 설립하려고 했을 때 그를 집요하게 괴롭히는 구실이 되기에 충분했다.

정치가 혁신을 방해한 이러한 예는 소련 시대에는 훨씬 더 많이 찾을 수 있다. 항공공학자인 이고르 시코르스키는 이러한 압제 정치를 피해 미국으로 이민하여 회사 두 개를 성공적으로 설립했다. 텔레비전 발전의 새로운 길을 개척한 블라디미르 즈보리킨Vladimir Zworykin은 1919년 러시아 내전을 피해 미국으로 이주했고, 웨스팅하우스와 RCA를 위해 일했다. 올레그 로세프는 반도체와 2극진공관 개발의 위대한 개척자였지만, 의심스러운 배경(귀족 출신으로 1920년대 사적 경제활동을 함) 때문에 자신의 혁신적 성과를 경제에 도입하는 데 큰 제약을 받았다. 화학공학자 블라디미르 이파티예프Vladimir Ipatieff는 소련에서 쫓겨나 미국으로 도주했고, 미국에서 선 오일 컴퍼니Sun Oil Company를 위해 가솔린 정제 방법을 개발했다. 뛰어난 유전공학자인 테오도시우스 도브잔스키도 이와 유사한 경위로 해외 이주를 할 수밖에 없었고, 록펠러대학의 저명한 교수가 되었다. 이런 과학자의 명단은 끝없이 이어진다. 오늘날에도 과학자와 발명가들이 더 나은 환경을 찾아 해외로 나가면서 러시아는 두뇌 유출과 자본 유출로 난관에 처해 있다. 서유럽과 미국 대학의 교수 명단에서(특히 수학과와 물리학과에는) 정치적 이유로 조국을 떠난 소련 시민 출신의 교수들을 여럿 찾을 수 있다.

    소련은 괄목할 만한 산업화를 이루었지만, 이들의 노력은 정치에 의해 심하게 왜곡되었다. 일례로 스탈린은 항공공학을 강조했지만, 혁신이나 효과보다는 국제적 명성을 더 원했다. 1938년 스탈린은 자신이 '매들falcons'이라고 명명한 소련 조종사들이 이룬 62개의 세계 기록을 자랑할 수 있었다. 이 기록은 최장 거리, 최고 고도, 최고 속도 비행 등이었다. 스탈린의 조종사와 비행기 설계자들은 이 기록을 달성하기 위해 많은 노력을 기울여야 했으며, 종종 절차를 무시하면서, 경제적으로 비효율적인, 최고 기록은 달성했어도 세계 시장에서 경쟁할 수 없는 비행기를 만들어내야 했다. 그러나 소련은 고립된 나라인 데다 세계 무역의 주요 참여자가 아니었기 때문에 비행기들이 경제적 관점에서 다른 나라의 비행기들과 경쟁할 수 없는 것은 소련 경제가 보호되는 한 중요한 요인이 아니었다. 그러나 이 기간 중 소련 항공 산업의 일부가 된 설계 습관은 이후 이것이 세계 시장에 노출될 때마다 큰 약점으로 작용했다. 오늘날 러시아 항공 산업은 국제 시장에서 큰 어려움을 맞고 있다.

    소련의 산업화는 전반적으로 정치적 고려 때문에 심각하게 왜곡되었다. '자연을 정복한다'는 이념적 명령에 추동되어, 소련 산업 계획가들은 에너지와 운송의 관점에서 본질적으로 비효율적인 오지이자 추운 지역에 거대한 도시와 공장들을 건설했다. 그 결과 러시아는 비용 효율성cost efficiency이 결정적 역할을 하는 세계 시장에서 경쟁하기를 원한다면 산업 기간시설의 상당 부분을 다시 만들거나 이전해야 하는 엄청난 과제를 안고 있다.

    포스트-소비에트 시기에 러시아 정부는 좀 더 합리적인 방법으로 현대화를 달성하기 위해 노력해왔고, 스콜코보 혁신도시처럼 하이테크 프로젝트를 강조해왔다. 이 프로젝트에 많은 외국 회사들과 대학들, 특히 MIT가 큰 관심을 보였다. 그러나 정치적 문제는 여전했다. 일례로 2012년 11월 러시아 의회는 반역 혐의를 받을 수 있는 행위의 범위를 확대한 새로운 법안을 통과시켰고, 블라디미르 푸틴이 이에 서명했다. 이 법안에 따르면, 외국 기관에 "재정적, 물질적, **기술적**[필자의 강조], 자문 또는 기타 지원"을 제공하는 행위도 반역죄에 포함된다.[3] 이 법이 어떻게 해석될지, 또는 얼마나 선별적으로 적용될지는 아무도 모른다. 그럼에도 민간과 군사 부문 모두에 적용될 수 있는 연구를 외국 파트너와 공동으로 진행하는 러시아 과학자나 기술자는 우려할 이유가 충분하다. 이들의 우려와 불안은, 자유로운 연구 활동을, 나아가 궁극적으로 현대화를 가로막는다.

13장

사회적 장벽들

"현재 14세 이상인 러시아인은 90일 이상 체류할 의사를 가지고 러시아 내에서 다른 곳으로 이동하려고 할 때 연방 이민국에 본인이 직접 통보해야 한다."

― 러시아 국제 뉴스 에이전시 RIA Novosti, 2010년 11월 11일

혁신은 사회적, 지리적 이동성에 의해 증가되고, 원하는 곳에 살 수 있는 환경과 일정한 기술, 경제 활동에 대한 최적의 장소와 자원을 찾을 수 있는 능력에 의해 증대된다. 미국 캘리포니아의 실리콘밸리, 보스턴 인근의 루트 128번 하이테크 회랑, 그리고 이스라엘, 영국, 다른 민주 국가들에 자리한 이와 유사한 장소는, 정부가 그곳으로 가라고 지시해서 형성된 것이 아니다. 그곳이 자기가 하는 일에 최적의 장소라고 판단한 재능 있는 사람들의 결정에 의해 발전한 것이다. 물론, 민주 정

부는 특정 지역에서 혁신을 촉진하도록 도우며, 어떤 산업이 그 지역에 자리 잡을 경우 세금 감면 등의 혜택을 자주 제공한다. 여기에서 더 나아가, 산업체와 군사 시설은 종종 근무 의무의 일환으로 직원들을 다른 지역으로 이전시키기도 한다. 다른 많은 비교에서와 마찬가지로 권위주의적 사회와 민주 사회 사이의 차이는 정도의 차이인 경우가 많지만, 그럼에도 불구하고 이 차이는 매우 중요하다. 민주적 산업화 사회에서는 혁신의 최전선에 있는 사람들의 이동은 대부분 자발적으로 이루어졌다.

러시아 정부는 표트르 대제 시절부터 현재까지 이동을 통제하는 데 애써왔고, 그 결과 혁신은 제약을 받았다. 농노제는 툴라 지역 무기 산업 장인들의 자율성과 혁신가들의 독립적 기업 활동을 제한했다. 사업체에서 벗어나려고 시도할 경우 때로 심한 처벌을 받았으며, 툴라의 노동자 이반 실린의 사례처럼 일터를 이탈했다가 치명적인 매질을 당하는 일도 있었다. 영국의 조지 스티븐슨과 러시아의 미론 체레파노프의 차이는 엄청났다. 두 사람의 공통점은 보잘것없는 광부 가족 출신으로 기관차를 만들었다는 것이다. 그런데 스티븐슨은 개인 투자자를 끌어모을 수 있었고 노동자를 찾을 수 있는 장소로 이주하여 자신의 회사를 설립할 수 있었던 반면, 농노인 체레파노프는 이런 활동을 생각조차 할 수 없었다. 체레파노프는 귀족 주인이 자신의 혁신을 발전시키는 데 관심을 갖도록 만들 수 없었다.

러시아에서 농노제가 철폐된 이후에도 러시아 시민들은 산업화의 길을 걷는 서구 국가들에 비해 거주와 노동 지역에 훨씬 더 속박돼 있었다. 이러한 통제는 내부적이기도 하고 대외적이기도 했다. 정치적 반체제 인사, 유대인, 집시 같은 "탐탁잖은undesirable" 사람들의 이동을 제한한 것처럼 외국 유학은 철저하게 규제되었다. 이러한 통제의 적용은 시기에 따라 정도가 다양했다. 영리한 이들은 종종 뇌물과 기만으로 이러한 통제를 피할 수 있었지만, 그랬어도 규정은 늘 엄격히 적용되었다. 위대한 수학자인 소피아 코발렙스카야Sofia Kovalevskaia는 해외여행 허가를 받은 러시아 남자와 위장 결혼을 하는 술수를 써서 이러한 규정을 피해 스위스로 가 좋은 대학원 교육을 받았다(두 사람은 실제로 서로 좋아하게 되었다). 러시아 주민들은 거주지를 경찰에 등록해야 했기에, 소위 '의심스러운' 사람들은 추적당하기 십상이었고 자유에 제한을 받았다.

차르 정부는 '프로피스카propiska'라는 국내용 여권passport 제도를 만들어 주민들을 거주지에 묶어놓았다. 이 공식 주거지가 여권에 등록되어, 주민들은 여권을 항상 소지해야 했고 경찰은 언제든 여권을 검사할 수 있었다. 여행하고자 하는 러시아 주민들은 경찰에 먼저 신고해야 했다.

상트페테르부르크와 모스크바를 잇는 첫 간선 철로가 개설되었을 때, 정부로서는 이 새로운 이동 수단을 어떻게 다룰지가 심각한 과제였다. 정부의 지시에 따라, 이 철도가 놓인 초기에는 기차 이용객들이 출발 몇 시간 전에 기차역에 도착해 여행 사실을 경찰에 보고해야 했다. 후에 이러한 규정은 완화되었지만, 일정 기간 이상 거주지를 떠나고자 하는 사람은 경찰의 허가를 받아야만 했고 이 규정은 제정 말기까지 이어졌다. 정부는 이러한 통제를 완화하거나 변경할 시점을 결정할 수 있었다. 도시화를 관리하거나 시베리아 횡단철도 건설처럼 자신들이 원하는 현대화 촉진 시도를 할 때 이 점을 이용했다.

1917년 혁명이 일어나자 프로피스카 체제 또는 의무적인 거주 허가 제도는 철폐되었지만 1932년 재도입되었고, 이 제도의 잔재는 포스트-소비에트 시기인 오늘날까지 남아 있다. 소련 시기 모든 시민들은 거주지가 등록된 국내 여권을 소지해야 했다. 여러 종류의 프로피스카('항구적' '일시적' '취업용' 등)가 있었으나 이동은 통제되었다. 소련 주민은 아파트를 제공해주는 일정한 경제 단위(공장, 정부 부처)에서 근무하는 동안에만 자신이 원하는 장소(모스크바나 레닌그라드)의 거주 허가를 얻을 수 있었다. 다른 곳에서 좀 더 혁신적인 일을 하기 위해, 또는 다른 고용주 아래서 일하기 위해 근무지를 그만둔다고 마음먹기란 대개 불가능했다. 그런 사람은 자신의 아파트와 그 도시에 살 수 있는 권리 모두를 잃는 상황에 처했다.

외국인들은 엄격하게 통제되었다(나는 모스크바에서 공부할 때 거주지가 등록된 '비드 나 쥐첼스트보vid na zhitelstvo'라는 국내용 여권을 소지하고 있었고, 경찰 허가 없이 모스크바에서 45킬로미터 이상 떨어진 지역을 여행할 수 없었다). 반체제 인사는 다른 곳으로 이동하는 데 허가를 얻을 가능성이 거의 없었다. 일반 시민은 여권, 그리고 종종 '노동증work book'을 제시하지 않으면 일자리를 얻거나 결혼하거나 다른 곳으로 이사할 수 없었고, 건강 보험 혜택과 공공 교육을 받지도, 연금을 수령하지도 못했다. 때로 뇌물 등의 회피 행위(차르 시대와 마찬가지로 위장 결혼으로 원하는 곳으로 이주할 수 있었다)로 규정을 피해갈 수는 있었지만 규정은 계속 유지되었다.

이러한 종류의 제약들 속에서는 시장성 있는 새로운 제품으로 이어질 혁신적인 아이디어를 가진 재능 있는 기술자는 현재 고용주를 설득해 그 제품을 생산하게 하지 않는 한, 그 아이디어가 개발될 가능성이 없다는 것을 알았다. 러시아 밖의 사회에서는 성공적인 혁신이 어디에서 일어나는지를 생각해보면 이런 규정이 가져오는 해악은 명백하다. 서방의 경우 전자, 레이저, 소프트웨어, 컴퓨터 같은 분야의 가장 혁신적인 제품 중에는 창업하기 위해 대기업을 떠난 모험심 있는 피고용인들이 개발한 것들이 있다. 많은 사람이 실패했지만, 일부는 눈부신 성공을 거두어 산업 전체를 변모시켰다. 오늘날 거대 기업이 된 인텔과 애플 컴퓨터 모두 이런 방식으로 설립되었다(고든 무어는 페어차일드 반도체를 떠났고, 스티브 잡스는 아타리를 떠났다).

소련 정부는 선호하는 프로젝트를 키우기 위해 이러한 거주 등록 의무를 이용했다. 예를 들어, 정부는 1950년대 시베리아 먼 곳의 노보시비르스크에 새로운 '과학 도시'를 조성하려던 당시 뛰어난 과학자들을 모스크바나 레닌그라드 같은 특권 있는 도시를 떠나도록 설득하기가 쉽지 않다는 걸 알았다. 소련 정부는 거주 허가와 연관된 비정상적인 유인책을 제공했다. 노보시비르스크에 연구실험실을 설립하는 데 동의한 뛰어난 과학자들은 원 도시 거주 허가권도 계속 보유할 수 있었고, 덕분에 이들은 모스크와 노보시비르스크 모두에 아파트를 소유할 수 있었다(사실상 일부 과학자는 소련에서 아주 귀한 '별장cottage'을 노보시비르스크에서 소유했다). 거주와 출입이 엄격히 통제된 '폐쇄 과학 도시closed science cities'가 소련 곳곳에 조성되었고, 그중 일부가 아직도 남아 있다. 소련 시기 이 장소들은 물자 공급과 배분 체계상 특별 취급을 받아서 일반 시민에게는 제공되지 않는 특혜를 연구자들에게 제공했다. 이렇게 프로피스카 제도는 채찍이자 당근으로 사용되었다. 프로피스카라는 단어는 공시적으로 더 이상 사용되지 않지만, 현재 모스크바 인근에 조성 중인 새로운 혁신 도시 스콜코보에도 이와 유사한 특혜가 제공되고 있다.

포스트-소비에트 러시아에서도 프로피스카 제도는 완전히 사라지지 않았다. 공식적으로 이 제도는 철폐되었지만, 규모가 작아진 제도가 계속 유지되어왔다. 이제 공식 단어는 '레기스트라치야registratsiya, 등록'가 되었지만, 널리 사용되는 용어는 여전이 프로피스카다. 러시아 시민은 90일 이상 한 장소에 머무르려면 '등록되어야' 한다. 영구 거주지가 여전히 내부 여권에 기록되어 있고, 등록 없이 거주하는 것은 행정적 범죄 행위이다. 외국인들은 '이민 통제 카드'를 작성해야 하고, 호텔에 체크인한 직후 경찰에 등록해야 한다.

오늘날 거주 통제 제도는 소련이나 차르 시대만큼 제약적이지는 않지만, 지리적 이동은 서방의 산업화 국가에 비해 훨씬 적다. 지리적 이동에 대한 러시아 정부 관리들의 태도는 소련 관리들의 태도와 유사하다. 사람들은 거리를 걷다가도 경찰의 검문을 받고 여권과 거주 허가증을 제시하라는 요구를 받는다. 그래서 허가받지 않은 장소에 있는 것으로 밝혀지면 경찰은 그를 추방할 수 있다. 특히 집시나 코카서스 지역 출신의 이슬람교도의 이름과 비슷한 이름을 가진 사람들처럼 편견과 의심의 대상이 된 집단의 일원이면 더욱 그렇다.

게다가 많은 일반 러시아 시민이 전제로 삼고 있는 것은 태어난 지역에서 멀지 않은 곳에 머물러야 한다는 것이다. 예를 들어 고등 교육을 받은 톰스크 출생자는 캔사스, 리옹, 맨체스터에서 태어난 사람들에 비해 계속 출신지에 거주할 가능성이 더 크다. 또한 러시아에서는 회사를 창업하고 회사에 가장 좋은 시설과 인력을 갖출 수 있는 장소를 자유롭게 찾을 수 있다는 생각이 아직 제대로 자리 잡지 못했다. 러시아에서는 장소와 지위의 이동성이 여타 대다수 현대 사회의 경우에 비해 더 크게 제약받고 있다. 전망과 실행 면에서 이러한 제약은 혁신에 장애물로 작용하고 있다.

14장

법률 체계

"특허 제도는 천재의 불꽃에 보상이라는 기름을 부었다."

— 에이브러햄 링컨, 1859년 2월 11일

특허법이라고 불리는 발명에 대한 법체계는 상대적으로 역사가들과 사회적 분석의 관심을 끌지 못한 따분한 주제였다.[1] 그러나 법률적 기술 문제와 불분명한 정의는 현대 국가에서 가장 중요한 주제이다. 왜냐하면 이것으로 인해 다음과 같은 중요한 질문이 제기되기 때문이다. 사회는 시민들 사이의 혁신을 얼마나 잘 고무하고 보상하는가, 또한 사회가 발명가들을 얼마나 잘 보호하는가? 러시아는 역사를 통틀어서 혁신적인 시민을 제대로 보상하거나 보호한 적이 한 번도 없다.

차르 체제 러시아는 전제정이었다. 전제군주 samoderzhavets 인 차르는 권력을 직·간접적으로 휘두르는지를 떠나서 자신을 모든 권력의 근원으로 보았다. 그래서 사업이나 발명을 통해 수입을 얻도록 상인이나 발명가에게 하사된 특권은 권리로 간주되지 않았고, 분명히 소유권으로도 간주되지 않았으며, 마지못해 황제가 베푸는 시혜이자 자선적 행위였고, 언제든지 취소될 수 있었다. 기업가는 절대 안전할 수 없었다. 차르와 측근 가신들은 진정으로 성공한 기업가나 산업가가 계속 소유하게 될 독자적 권력을 두려워했다. 이러한 이유에서 차르 정부는 '특허 patents'를 인정하지 않았고, 단지 '발명 특권invention privileges'만을 인정했다. 러시아 정부는 국제 특허 조약에 가입한 적이 없었다.

차르 시대 러시아는 효과적인 서구식 특허 제도를 채택하지 않았지만, 점점 더 많은 허가를 발명가들에게 부여했다. 17세기와 18세기 경제에서 활동하기를 원하는 사람들에게 주어진 대부분의 허가는 상업인들에게 주어졌고, 이 중 일부는 특정 사업을 하고 특정 상품을 교역할 수 있는 배타적 권리를 부여받았다. 그러다가 19세기에는 사업에서 새로운 상품을 제안하는 사람들에게 허가가 부여되었다. 1812년[2], 1833년[3], 1870년[4], 1895년[5]에 걸쳐 발명 특권을 관장하는 규정에 대한 개정이 이루어졌다. 이것은 특정한 상품을 판매할 수 있는 권리가 개인이 소유한 재산권과 연관된 것이 아니라 정부가 부여하는 특혜이고, 정부의 목적에 봉사하는 것이라는 일반 원칙을 조금 손본 것이었다. 정부만이 계속 추진할 가치가 있는 발명이 어떤 것인지 결정했다. 물론 모든 정부가 혁신을 물러오는 특허 제도를 관장하지만, 차르 정부는 사업을 장려하기보다 사업을 통제하고 권위를 유지하는 것에 더 관심이 많았다.

이러한 특권을 획득하는 과정은 극도로 더디고 힘들었다. 러시아 특허(실제로는 "발명 특권")를 신청했던 미국 발명가는 몇 년 후 이에 대한 회신을 받고 놀랐다. 그는 러시아 당국의 '좋은 기억력'에 찬사를 보내고, 자신은 이미 오래전 모든 일을 잊었다고 말했다.[6] 차르 시대의 발명과 관련한 법제도 전문가인 어느 학자는 "발명가는 전적으로 관료주의 체제의 전횡 아래 놓여 있다"[7]라고 지적했다. 그래서 소수의 사람만이 발명 특권을 받거나 이를 신청했다. 1872년 러시아에서는 단 72건의 발명 특권이 부여되었는데, 같은 해 미국에서는 12,200건의 발명 특허가 부여되었다.[8] 이러한 발명 특권의 대부분, 거의 80퍼센트는 러시아에서 자신의 혁신 제품을 판매하려는 외국인에게 부여되었다. 외국 사업가들은 러시아에서 의심의 눈초리를 받았다. 발명 특권을 부여하는 몇몇 차르 정부 관리들은 이것을 부여받는 것이 어려운 것은 러시아에서 외국의 영향력을 제한하는 방법이라고 정당화하기도 했다.[9]

특허의 유효 기간도 다른 나라들에 비해 짧았고, 특허가 '작동하지' 않으면, 즉 제품이 실제로 생산되지 않으면 취소될 수 있었다.[10] 러시아에서 새로운 산업에 대한 발명가가 지원을 받는 것은 극도로 어려웠고, 많은 발명 특권이 실제 신제품이 나타나기 전에 소멸되었다. 그래서 이 책 앞부분에 나온 파벨 야블로치코프는 자신의 전구 발명 특권을 1878년에 획득했고 신형 갈바니 전지galvanic batteries에 대한 특권은 1879년에, 전류 조절 장치에 대한 특허는 1880년에 획득했다. 그러나 그는 러시아에서 재정 지원을 받을 수 없었고, 러시아에서는 야블로치코프의 뛰어난 발명 활동으로부터 아무 제품도 생산되지 않았다.

19세기 초 발명 특권을 개선하려는 시도가 러시아 경제에서 중요한 활동이었던 직물 산업, 특히 방적spinning과 직조weaving업에서 나왔다.

19세기 후반 러시아기술협회라는 새로운 조직이 서유럽 국가들이 제공하는 보호와 유사한 적절한 발명 보호를 위해 로비를 벌였다. 1866년 설립된 이 조직은 산업가와 기술자들이 주축을 이루었다. 그러나 차르 정부는 이러한 개혁 노력에 계속 저항했다. 그 결과 정부 관리들과 발명가들은 서로를 의심했다. 한 비평가는 "러시아 발명가는 거의 넘어설 수 없는 무지와 무관심의 벽에 직면했고, 이러한 상황은 재정적 어려움으로 더 악화되었다"[11]라고 평했다.

러시아 발명가들은 뛰어나고 독창적인 아이디어와 이론이 부족하지 않으나, 이러한 자산을 실제로 작동되는 발명으로 발전시키기 위해서는 종종 해외로 나가야 했다. 그러나 해외로 이주하고 러시아에서 발명 특권을 신청하면, 이들은 큰 차별에 직면했다. 특허에 대한 국제협약 회의가 1873년 빈, 1883년 파리에서 열렸다. 러시아 정부는 이 회의에 대표단을 파견하기는 했지만, 국외의 의무에 속박되고 싶지 않은 나머지 이 주제와 관련한 어떤 국제협약에도 가입하는 것을 거부했다.

러시아 재무성의 과학위원회 서기인 A. N. 구례프A. N. Gur'ev는 1880년대 최고의 서방 기술을 러시아 정부 보호 아래 불법적으로 복제하는 것을 옹호하기도 했다. 이것은 특허에 대한 국제협약 가입국들이 불법으로 규정한 정책이었다. 그럼에도 불구하고 외국인들이 러시아에서 발명 특권 신청을 주도했고, 외국 장비, 특히 독일제 장비와 외국 기술자들이 차르 정권 말기까지 러시아 산업에서 아주 큰 역할을 수행했다.

소련은 사적 소유에 반대했고, 그래서 개인에게 속하는 '지식재산권'이란 개념은 없었다. 새로 창설된 소련의 지도자인 V. I. 레닌은 서방의 특허 제도를 날카롭게 비판하며, 이 제도가 자본가들이 피고용인들을 착취하고 "방어적" 특허 사용을 통해 기술의 진보를 더디게 하고 있다고 비난했다(방어적 특허는 새로운 제품을 보호하기 위해서가 아니라 새로운 경쟁자의 생산을 막음으로써 기존 제품을 보호하는 특허이다).[12]

1919년 6월 30일, 신생 소비에트 정부는 발명에 대한 레닌의 포고령 Lenin's Decree on Invention이라고 불리는 조치를 발표하여 모든 혁신은 소비에트 국가의 재산이라고 선언했다. 몇 년 후 좀 더 허용 범위가 큰 일시적인 신경제경책New Economic Policy하에서 이 포고령은 좀 더 느슨한 포고령으로 보완되었지만, 이 법은 곧 소련 시민이 지식재산권을 소유하는 것을 금지한 다른 법으로 대체되었다. 외국인들에게는 일부 '특허' 권리가 주어졌다. 이후(1930, 1931, 1941, 1951, 1959, 1961, 1966, 1968, 1973년) 소련 발명 및 발견법이 수정되었지만, 다음의 기본 원칙은 그대로 보존되었다. 발명은 국가의 소유물이며, 소련 국민은 혁신이나 그것에 대한 면허를 판매할 권리를 가질 수 없었다.[13]

소련 정부는 자신들의 발명 제도가 실제로는 서방보다 더 공정하다고 주장했다. 왜냐하면 (회사가 아니라) 개인 혁신가에게 발명을 인정하고 그 발명이 국가 경제에 특별히 유용한 것으로 판단되는 경우 재정 보상까지 하면서 발명가의 영예를 인정하는 '저자 증명author's certificates'이 발행되었기 때문이다. 그러나 소련 발명가들에게는 독점적 사용 기간이 주어지지 않았고, 사업을 시작할 수 없었다. 여기에다가 무엇이 유용한지, 보상을 받을 가치가 있는지를 결정하는 것은 정부였다. 세계 모든 나라의 정부들은 이러한 일을 하는 데 형편없는 재판관임이 판명되었다.

소련의 발명 법률의 목표는 정부의 이익을 증진하는 것이기 때문에 법이 적용되는 범위가 서방 대부분 국가보다 넓었다. 저자 증명은 발명

자체에 부여될 뿐만 아니라 '기술적 개선' 및 '합리화'와 '과학적 발견'에도 부여되었다. 이렇게 발명에 대한 소련 법률은 대부분 다른 나라에서 '제안함suggestion box' 제도라고 불리는 것을 만들어냈다. 피고용인의 생산 개선이나 지식 진보에 관한 모든 아이디어가 인정 대상이 될 수 있었다. 물론 제안의 가치에 대한 결정을 내리는 것은 국가가 소유한 기업 지도부였고, 기존 방식을 뒤집는 파괴적인 제안은 보통 무시되었다. 그러나 가장 가치 있는 새 기술은 파괴적인 제안이었고, 서방에서는 이러한 아이디어가 대개 기존 회사에서 강한 지지를 받지 못해 회사 밖에 세워진 스타트업에서 추진되는 이유이다.

소련 제도의 가장 흥미로운 부분은 '과학적 발견'의 범위이다. 즉 적어도 초기에는 실용적 적용 가능성이 없어 보이는 지식에서의 기본적 진보도 포함했다. 소련 법률의 이런 특징을 연구한 서방 학자인 제임스 스완슨James Swanson은 이것을 "고도로 중앙집중화된 사회주의 경제라는 특이한 상황에서 이해가 가는 러시아의 고유 제도 중 하나"라고 불렀다. 그는 이것을 "과학에서 국가적 우선성을 확립하려는 초애국주의적 필요" 탓으로 돌렸다.[14]

소련의 발명 및 발견법의 독특한 특징 때문에 일부 서방 관찰자들은 이 법이 종종 직원보다는 기업을 우대하는 서방 법률보다 실제로 "더 공정할 수 있다"고 믿었다(우리는 이러한 회사 우선의 사례를 시어도어 메이먼과 레이저 발명 특허의 경우에서 보았다). 이런 관측가 중 한 사람이자 소련 혁신 법률을 공부한 학생인 만프레드 발츠Manfred Balz는 이 법이 "창의적인 개인을 다루는 데 … 덜 공정하지는 않다"라고 결론 내렸다. 그러나 발즈 자신은 "소련 체제의 경제적 효율성에 대해서는 신경을 쓰지 않는다"[15]라고 이어 말했다. 불행하게도 이것이 문제의 핵심이다. 70년간 지속되어 온 소련 발명 법률 제도는 이것이 경제적으로 효율적이지 못하다는 풍부한 사례를 보여준다. 경제학자인 조지프 벌리너가 관찰한 바와 같이 소련 경제 체제의 결정적 결함은 창의성과 혁신을 향상시키는 능력의 부재였다.[16]

자신이 생각한 혁신을 실행에 옮길 수 없었던 소련 기술자들의 좌절감은 1956년 발표된 블라디미르 두진체프Vladimir Dudintsev의 소설 『빵만으로 살 수 없다Not by Bread Alone』에 생생하게 묘사되었다. 이 소설에서 금속 파이프를 만드는 놀라운 방법을 개발한 기술자는 상관과 소련의 생산 방식을 개선하기를 원하는 소련 관리 중 관심 있는 사람의 주의를 끌기 위해 노력했다. 그는 소련 관리자들의 최우선 관심은 개선이 아니라 생산량이라는 것을 알아차렸다. 왜냐하면 관리자들은 총생산량 증가로 보상을 받기 때문이었다. 그들은 새로운 장비가 설치될 때까지 일시적으로 생산 라인을 멈추어야 하는 혁신을 반대했다. 두진체프의 이 소설은 소련 기술자들 사이에 형성된 이러한 공감대를 자극했고(이 시점에 소련에는 교육받은 거대 집단이 형성되었다), 이 소설은 베스트셀러에 올랐다가 소련 당국의 탄압을 받았다.

소련 붕괴 후 최근에야 러시아는 다른 산업국가와 유사한 특허 제도를 향해 움직이기 시작했다. 1992년 러시아는 특허법을 제정했고, 이후 몇 년간 지식재산권과 관련된 여러 개의 법안, 포고령, 조례를 발표했다.[17] 표트르 대제 때부터 현재까지 러시아 역사의 전 과정에서 사상 처음으로 러시아 시민들은 러시아에서 자신의 혁신에 대한 특허를 보유하는 것이 가능해졌다. 이것은 '저자 증명'이나 '발명 특권'이 아니라 '특허'였다. 그러나 투명성, 법률 간 상충, 특허 제도에 대한 전반적 무경험으로 인해 아직도 많은 문제가 남아 있다.

1992년 법은 산업의 사유화가 아직 시작되지 않았을 때 공표되었다. 그래서 이 법에 기초해서 지식재산권에 관한 권리를 인정받은, 연구소, 산업 기업, 혁신 기업의 수많은 발명이 이전과 마찬가지로 정부 소유로 남아 있었다. 이런 방식으로 인해 지식재산권이 기업이나 연구소로 이전되어도 정부는 이 소유권의 직·간접적인 소유자로 남았다. 이후 많은 산업의 사유화 과정이 진행되었을 때 이전에 만들어진 지식재산권의 진정한 소유자를 가리는 것은 아주 어려운 일이 되었다.

군사용 기술과 이중 사용 기술dual-use technology에 대한 정부의 입장은 훨씬 더 분명했다. 법안에 의하면 정부의 비용으로 획득된 이러한 종류의 지식재산권은 완전히 러시아연방 정부에 귀속되었다.[18] 그러나 1998년과 1999년 새로 제정된 법률은 무엇이 국방과 국가 안보에 해당하는가에 대한 정의를 문제적인 방식으로 확대하는 것처럼 보였다. 1999년 2월 공포된 특별 조례는 정부가 비용을 지불한 과학, 기술 활동의 결과에 대한 배타적 권리는 이전에 다른 곳에 부여되지 않은 한 러시아연방 정부에 귀속되는 것으로 규정했다. 지식재산권에 대한 1992~1993년 입법과 1998~1999년 입법 사이에는 중대한 차이가 있다. 앞의 입법에서는 기관이 지식재산권을 보유하고 정부의 권리는 규정되지 않았다. 1998~1999년 입법에서는 지식재산권에 대한 정부 권리의 주장이 이미 표준이 되었고, 여기에 대한 예외는 "이전에 다른 곳에 권리가 부여됨" 경우로 제한되었다. 이것이 실제로 무엇을 의미하는지는 아직도 불분명하다.

지식재산권 대상의 대부분은 계속 정부의 재정 지원을 받아 만들어지고 있으므로 대부분 연구 기관의 관리자들은 이에 대한 자신들의 권리에 대해 확신하지 못하는 상태이다. 이런 상황의 해결과 정상화는 2001년 말 시작되었다. 러시아연방 정부는 새로운 조례를 발하여, 지식재산권이 "국방, 정부의 국가 안보, 그리고 산업 적용이 정부에 의해 수행된 과제의 경우"(마지막 구절의 의미는 불분명하다) 정부의 비용으로 만들어진 지식재산권에 대한 권리를 보유하는 것으로 규정했다.[19] 다른 모든 경우 R&D에 대한 정부의 권리는 혁신을 개발한 조직이나 다른 경제 주체로 이관될 수 있다.

최근에 러시아 정부는 서방 특허 제도와 유사한 것을 러시아에 만들려고 계속 노력했고, 일부 진정한 진전도 이루어졌다. 2005년 말 정부 기금으로 만들어진 재산권에 대한 법적 규정을 현대화하는 중요한 조치가 취해졌다. 그해 11월 17일 러시아 정부는 "R&D 결과에 대한 권리 분배 관련" 조례를 발표했다. 이 조례는 정부 비용으로 수행된 R&D 결과에 대한 연구 기관의 권리를 강화했다.

2009년 8월 2일 더 중요한 조치가 취해졌다. 정부의 지원을 받는 교육, 연구 기관이 수행한 연구를 상업화하는 것을 허용한 '법률217'이 통과된 것이다. 이 법에 의하면 연구를 수행한 기관들이 지식재산권을 보유할 수 있게 되었다. 이것은 1980년 미국의 바이-돌 법안Bayh-Dole Act, 즉 특허, 상표 법안 개정안을 모방한 것이다. 이 법에 의해 미국 대학들은 자신들 연구를 제품화할 때 지식재산권을 보유할 수 있게 되었다. 비교적 새로운 입법에 호응하여 미국 대학들은 연구 결과의 실제적 적용과 상업화를 돕는 목적을 가진 기술 이전 사무소들을 만들었다.

최근 러시아인들도 바이-돌 법안과 기술 이전 사무소에 대한 큰 관심을 보였다. 실제로 몇몇 경우 이 아이디어에 대한 러시아의 관심은 이것을 가르쳐 준 미국의 열기를 뛰어넘었다. 미국에서는 대학의 교육적 기능이 상업화되는 것을 두려워한 사람들이 바이-돌 법안에 대해 비판했지만, 이러한 비판은 러시아에서는 거의 관심을 끌지 못했다.[20] 여기에다가 러시아에서는 미국과 같은 나라에서는 지식재산권 문제, 특히 디지털 테크놀로지는 아직 뜨거운 논쟁의 대상이라는 사실에 대한 적절한 이해가 없었다.[21] 러시아에는 다른 나라에서 '완료된 체계'를 모방하는 경향이 있다. 그러나 러시아는 외국의 체계는 아직 전혀 완성된 것이 아니며 치열한 논쟁 속에서 지속적으로 진화하고 있다는 사실을 이해하지 못한다. 다른 나라 관행이라고 생각한, 대학과 기타 연구 기관에서 나오는 과학적 연구를 상업적으로 적용, 발전시키려는 열의로 인해 러시아인들은 대부분 서방 대학에서 존재하는 이러한 특권의 남용에 대한 엄격한 규율을 놓쳤다. 그래서 이미 러시아의 심각한 문제인 부패 가능성이 더욱 커진다.

이러한 규칙이 존재하지 않는 것을 생생하게 보여주는 사례는 2010년 내가 러시아의 핵심 국립대학의 컴퓨터학과를 방문했을 때 일어났다. 그곳에서 나는 교수 중 한 사람이 소프트웨어 회사를 성공적으로 경영하고 있는 것을 발견했다. 그 회사가 어디에 위치하고 있는지를 묻자 그 교수는 "바로 여기, 대학 복도에 있습니다"라고 대답했다. 다른 말로 하면 이 교수는 이 국립대학의 시설, 지원, 학생들을, 이윤을 내는 자신의 회사를 위해 사용하고 있었다. 내가 그에게 대학의 전기, 사무실, 컴퓨터, 재능을 개인 회사 운영에 이용하는 것에 대해 대학에 빚진 느낌이 없느냐고 묻자, 그는 "나는 대학 신세를 지는 게 전혀 없다. 대학은 나를 보유한 것을 기쁘게 생각해야 한다"라고 답했다. 나와 동행한 미국 변호사는 아연실색하여 "기본적으로 아무 규칙도 없다"고 말했다. 내가 근무하는 대학 MIT는 연구 결과를 열성적으로 상업화하는 곳이지만 이러한 특권 남용은 절대 허용되지 않는다.

이렇게 러시아는 지난 20년간 특허, 지식재산권, 기술의 상업화와 관련한 법률을 개발하는 데 많은 진전을 이루었지만 법적 체계는 아직 부실하고, 제대로 이해되지 않고 있으며, 특허법은 아직 검증되지 않았고, 이 법률들과 나머지 법체계 사이에 해결되지 않은 모순이 있다. 이런 법률들이 무엇인지를 확실히 아는 사람은 아무도 없기 때문에 사업가, 대학 교수, 정부 관리 등 모든 사람이 이 규칙을 남용하기가 무척 쉽다. 기업가들은 자신들이 너무 많은 권력과 영향력을 얻으면 국가가 탄압할 수 있다고 생각하기 때문에 여전히 불안감을 느끼고 있다. 실제로 러시아 정부는 포스트-소비에트 러시아에서 가장 부유하고 능력 있는 사업가인 미하일 호도르콥스키Mikhail Khodorkovsky를 자의적으로 (한 번도 아니고 두 번이나) 수감했다. 러시아는 혁신과 사업을 보호할 적절한 법률체계를 갖추기 위해서는 아직도 갈 길이 멀다.

우리는 혁신에 대한 법체계의 영향력이 단순한 특허법보다 훨씬 크다는 것을 알고 있다. 사업가들은 단순히 혁신을 이용할 때뿐만 아니라 모든 사업 경영에서 법률에 의해 보호받고 있다고 느껴야 할 필요가 있다. 범죄 행위로 기소된 사람은 사면될 기회를 가지고 있다고 느낄 필요가 있다. 러시아의 법체계 전체가 정치적 영향력에 종속되어 있고, 판사들이 진정으로 독립되어 있지 못하다는 사실은 특허와 지식재산권에 대한 법률보다 훨씬 큰 의문들을 제기한다.

15장

경제적 요인

"OECD 경제는 점점 더 지식과 정보에 기반하고 있다. 지식은 생산성과 경제 성장의 추진체로 인정받고 있다."

- 「지식 기반 경제」, 경제협력개발기구 OECD Organization for Economic Co-operation and Development[1]

러시아 역사를 통틀어 적절한 특허 제도의 부재는 기술의 상업화에 명백한 장애물이었다. 어떤 사람들은 이것이 모든 문제들 중 가장 중요하다고 결론 내릴지도 모른다. 최근 주목받는 한 저자는 "천재의 불꽃에 보상이라는 기름을 붓는 것"이라고 특허를 설명한 에이브러햄 링컨의 말을 인용하며 특허 제도는 "세상에서 가장 강력한 아이디어"[2]라고 했다. 그러나 특허 제도를 혁신을 촉진하는 단 하나의 가장 중요한 지위로 승격하는 것은 과장이다. 발명의 법적 보호는 기술 진보를 위해 필요한 수많은 추동력 중 하나이다. 러시아에서는 태도적, 사회적, 경제적, 정치적 장애도 효과적인 특허 제도의 부재만큼 중요하다. 투자자를 찾을 수 없는 특허권자는 실패할 수밖에 없다. 특허권자 혼자서 할 수 있는 일은 없다. 최종적 분석에서 체레파노프, 야블로치코프, 시코르스키와 로세프가 러시아에서 성공할 수 없었던 이유는 특허 제도의 부재가 아니다. 그 이유는 투자자들의 관심과 지원의 부재였다. 이러한 재정 지원의 부재 뒤에는 태도적, 사회적, 정치적 요인 같은 다른 많은 요인들이 존재한다. 차르 시대 러시아는 투자자 계급이 없었고, 소비에트 러시아는 이러한 계급의 존재를 금했으며, 포스트-소비에트 러시아는 이 계급이 아주 약하다.

어떠한 경제 체제가 혁신을 촉진하는가? 지난 두 세대 동안 서방 경제 사상에서 '혁신 경제학'에 대한 새로운 강조가 전개되었다. 이것은 애덤 스미스의 고전경제학과 존 메이너드 케인스의 '혼합' 경제에 대비되는 새로운 사고 경향이다. 혁신 경제는 기술 변화와 그 결과로 이루어지는 생산성 향상을 경제 발전의 핵심으로 보고 있다. 과거에 성장의 열쇠로 자주 강조되었던 자본 축적은 혁신보다 덜 중요한 것으로 여겨진다. 우리는 이제 '지식 기반 경제'에 대해 이야기하고 있다.

오늘날 러시아에서는 하이테크 제품에 대한 투자에 대한 강력한 동인은 거의 없었다. 석유, 가스, 광물자원 같은 자원 채굴 산업에 투자하는 것이 훨씬 안전한 상황에서, 이것은 정부나 그런 일을 할 수 있는 소수의 개인 투자가에게 다 적용된다. 이러한 채굴 산업이 현대 러시아 경제의 진정한 힘이다(러시아는 현재 사우디아라비아만큼 원유를 생산하고, 일부 기간 동안에는 세계 최고 원유 생산국이었다). 그래서 채굴 산업에서의 강점은 가용 자본을 다 흡수하며 혁신적 산업의 입지를 약화시켰다. 일부 사람들은 이것을 "석유의 저주oil curse"라고 부른다. 이러한 장애를 극복하기 위해서는 경제 인센티브에 큰 변화가 필요하지만, 지금까지 러시아 정부는 이러한 변화를 실행하는 데 별 관심을 보이지 않았다.

산업화된 다른 국가들과 비교할 때, 러시아에서 사업(민간) 부문의 R&D 지분은 낮고, 정부의 R&D 지분은 높다. 여기에 최근 몇 년 동안 이 차이가 줄지 않고 심화되었다. 2005년 러시아 사업계의 R&D 총 지출은 22.4퍼센트였고, 이러한 R&D의 정부 지분은 60.1퍼센트였다. 5년 후인 2010년 사업 부문 지분은 18.3퍼센트, 정부 지분은 68.8퍼센트가 되었다[3](비교를 하자면 미국에서는 정부 지분이 27.1퍼센트, 사업 부문 지분이 67.3퍼센트였다). 이 통계에서 보듯 현재로서는 러시아가 사업 투자에 기반한 하이테크 국가가 될 것이라는 희망은 커지는 것이 아니라 줄어들고 있다.

러시아에서 벤처캐피털 투자의 또 다른 장애는 경험 많은 벤처캐피털 운영자의 부재이다. 또한 제대로 발전되지 못한 주식 시장, 존재하는 투자자들에게 허용된 짧은 시간short time horizon, 지식재산권 보호의 미비, 많은 혁신가들이 자신들의 혁신 독점 이익controlling interest을 포기하려 하지 않는 것, 관료주의, 정부 규정을 준수하는 데 따르는 법적 장애도 큰 장애물로 작용한다.

이 모든 장애의 결과로 러시아에서 활동하는 얼마 되지 않는 벤처캐피털 투자자들은 일정 시점에 존재하는 모든 가능성에 대한 분석적 접근을 통해서가 아니라 가족 관계나 우정에 기반해서 투자를 선택한다. 여기에다가 사용 가능한 통계 자료의 불확실성도 과거의 투자 이익을 결정하는 것을 어렵게 만들었다. 그래서 대규모 투자가 새로 생긴 회사가 아닌 기존 회사의 2라운드, 3라운드 투자로 향하는 것은 놀라운 일이 아니다.

그럼에도 불구하고 현재 러시아는 혁신에 대한 투자의 장애를 줄이고 제거하는 데 큰 노력을 기울이고 있으며 정부는 "지식 기반 경제" 조성을 돕는 것을 목표로 하는 새로운 기관과 에이전시를 몇 개 만들고 있다. 이러한 노력들은 이 책의 3부 「러시아는 오늘날 자신의 문제를 극복할 수 있는가?」에서 다시 논의될 것이다.

16장

부패와 범죄

"러시아인 대다수는 부패를 러시아 고유의 특별한 방식으로 보는 하나의 무법적 생활 방식에 적응해왔다."

— 미샤 프리드먼, 〈뉴욕타임스〉 2012년 8월 18일

러시아는 세계에서 가장 부패한 나라 중 하나이다. 국제투명성위원회Transparency International가 발표한 부패인식지수Corruption Perception Index에 따르면 2011년 러시아는 조사 대상 180개국 중 143위를 차지했다.[1] 관리들에게 뇌물을 주는 일은 새로운 일이 아니다. 차르 시대에 지방 관리들에게 주는 뇌물은 그들의 주요 수입원으로 여겨졌기 때문에 부패는 많은 경우 합법적이었다. 관료제를 유지하는 이러한 방식을 가리키는 단어까지 있었다. 그것은 '코르믈레니야kormleniia' 즉 '먹이 주기

feedings'이다. 표트르 대제나 예카테리나 대제 같은 지도자들은 이런 관행을 없애려 분투했지만, 러시아제국 말기까지 부패는 광범위하게 퍼진 현상이었다.

 소련 정부는 뇌물 수수를 중범죄로 다루어 부패를 척결하려고 노력했지만, 뇌물을 주고받는 관행은 여전히 일반적이었다. 포스트-소비에트 시기 부패는 광범위하게 퍼졌다. 일부 조사에 의하면 러시아 성인의 약 절반은 뇌물을 주었다고 인정했다. '보호금protection money'이 소련 붕괴 후 러시아 대도시와 소도시에 우후죽순 나타난 새로운 개인 사업가들에게 공통의 의무였다. 갱단과 어떤 경우는 경찰 스스로가 보호금을 내지 않는 경우, 상인들에게 경고를 하곤 했다. 상점 창문이 깨진다거나 물건이 도난당하는 등 예상치 못한 재앙이 상인들의 가게를 덮칠 것이라고 경고했다. 모든 사람들은 안전한 길을 택했다. 모스크바 래디슨 호텔의 미국인 관리자인 내 지인 폴 태텀은 보호금을 지불하는 것을 거절했는데, 호텔에서 한 블록 떨어진 거리에서 총에 맞아 숨졌다. 또 나는 모스크바에서 친구와 함께 차를 타고 가고 있었는데, 경찰이 알 수 없는 교통법규 위반 혐의로 우리 차를 세웠다. 내 친구는 운전면허증과 몇 장의 고액권을 앞 유리창에 올려놓아 경찰이 원하는 것을 가져가도록 했다. 서류를 확인하고 돈을 집어든 경찰은 우리를 가게 했다.

 부패는 러시아 경제를 고갈시킬 뿐만 아니라, 세계 경쟁에서 살아남는 데 필요한 탁월성을 둔화시켜서 하이테크 분야의 경쟁력에 직접 영향을 미친다. 벤처 사업을 새로 시작하려면 법률 기관의 허가를 받아야 하고 여기에 종종 뇌물이 요구된다. 통상 리베이트otkat를 건네지 않으면 계약이 성사되지 않는다. 대학에 입학하거나 학위를 받을 때도 자주 뇌물이 건네진다. 앞서 항공 분야에 관한 장에서 기술 자격증 수여와 관련된 극적인 부패의 사례를 살펴보았다. 2010년 러시아 신문들과 〈뉴욕타임스〉는 유명한 수호이 항공회사의 기술자 70명이 기술대학의 교육 당국자에게 뇌물을 건네고 가짜 기술 학위를 받은 것을 보도했다. 새로운 여객기를 가지고 국제 시장에 뛰어들려던 수호이의 명성은 큰 손상을 입었다.

조세 검사관과 규제 당국은 자신들이 받는 '보상'에 따라 행동을 바꾸면서 자의적으로 업무를 처리하기로 악명 높다. 이 모두는 최고의 사업과 기업가가 번창하는 대신에 종종 뇌물만 잘 지불할 수 있는 사람들이 번성하게 만드는 것을 의미한다. 때때로 이들이 범죄 행위에 직접 가담하기 때문이다.

현재 러시아에서는 1990년대 초처럼 범죄가 도처에서 만연하지는 않았지만, 여전히 광범위하게 퍼져 있다. 절도, 살인 같은 일반적 범죄는 러시아와 미국을 포함한 많은 나라의 문제다. 그러나 러시아에서는 범죄와 부패가 다른 어느 나라보다 이 책의 주제인 기업가 정신에 영향을 준다. 성공한 기업인은 모두 범죄 집단의 목표물이 될 수 있다. 우리는 앞서 10장에서 오늘날 러시아 최고의 소프트웨어 기업인인 유진 카스페르스키의 아들이 2010년 납치되었고, 납치범들은 몸값을 요구했지만 카스페르스키가 이들을 기지로 제압한 사실을 서술했다. 그러나 이렇게 범죄 집단의 표적에서 벗어나는 일은 드문 예이다.

부패에 대한 기소는 하이테크를 창조하려는 러시아이 가장 최근의 노력 중 하나로서 19장에 서술되는 스콜코보 프로젝트에도 적용되었다. 2013년 2월 스콜코보재단 재무 책임자인 키릴 로굽체프Kirill

Lugovtsev와 스콜코보재단의 세무 책임자인 블라디미르 호흘로프Vladimir Khokhlov가 횡령 혐의로 기소되었다.² 스콜코보재단의 러시아인 책임자인 올리가르히 빅토르 벡셀베르크Oligarch Victor Vekselberg는 스콜코보 자금을 자신의 은행에 예치해 이익을 얻은 혐의로 기소되었다.³

특별한 종류의 범죄와 부패가 러시아 정부 자체를 물들여서 러시아 시민들의 독립적인 활동을 저해하고 있다. 세무와 경제 범죄 관련 법률은 자의적이고 선택적으로 적용된다. 문제를 일으키는 사람과 비판자들을 압제하는 푸틴 정부가 즐겨 사용하는 전술은 미하일 호도르콥스키의 수감으로 극적으로 나타났지만, 다른 사례도 수없이 많다. 당국의 눈에 벗어나는 일이 얼마나 쉽게 일어날 수 있는지를 잘 아는 혁신적 아이디어를 가진 기술자나 과학자는 사업에 발을 들여놓기를 꺼릴 수 있다. 이렇게 하는 것은 새 기업가가 정부가 좋아하지 않는 일을 하는 경우 당국에게 선별적 기소를 할 수 있는 기회를 제공하는 것으로 보인다. 이런 분위기가 혁신에 미치는 악영향은 너무나 분명하다.

17장

교육과 연구 조직

"18세기가 학술원의 세기이고 19세기가 대학의 세기였다면, 20세기는 연구소의 세기가 되고 있다."
- 소련 학술원 사무총장 S. F. 올덴부르크가 1927년 소련 정부에 제출한 보고서에서[1]

산업적 혁신을 달성하기 위해 연구개발을 조직하는 최선의 방법은 무엇인가? 아무도 확신을 가지고 이 질문에 대답할 수는 없지만, 나는 러시아가 지식 확장과 이로 인한 기술 진보를 조직하는데 세계 추세와 발맞춰오지 않았고, 이로 인해 값비싼 대가를 치렀다고 주장하고 싶다. 20세기 초 일부 유럽의 발선에 의해 현혹되어, 러시아는 이론 과학을 증진시키는 데는 강하지만 이 지식을 산업 응용으로 전환시키는 데는 취약한 체제를 만들었다. 이러한 약점이 만들어진 조직적 원인은 러시아에서 아직 제대로 이해되고 있지 않으며, 러시아 밖에서도 제대로 평가되지 않고 있다. 이 원인들을 좀 더 완전히 이해하기 위해서는 기술 진보를 촉진시키는 세계적 경향을 잠시 살펴보아야 한다. 우리는 오늘날 러시아에 악영향을 주는 문제들 중 일부가 다른 나라에도 존재하고, 그래서 이 문제를 완화시키는 것이 일반적인 중요성을 가지고 있다는 것을 보게 될 것이다.[2]

18세기에 '학술원'들은 한 나라에서 주도적인 과학자들의 작업을 위한 최적의 장소로 여겨졌다. 19세기에는 독일을 시작으로, 뒤이어 다른 나라에서도 연구대학들이 점점 더 중요해졌고, 대부분의 나라에서 연구가 실제로 진행되는 장소로 학술원을 점차 밀어냈지만, 러시아는 이러한 발전에서 뒤처졌다. 20세기가 되자 산업화된 나라에서는 대학 강의가 재능 있는 과학자들에게 부담을 안겨주어 이들이 연구에 집중하는 것을 방해한다는 생각이 퍼졌고, 그래서 강의 부담이 없는 연구소가 주목을 받게 되었다. 프랑스에서 이러한 새로운 형태의 초기 조직 모델 중 하나로 '파스퇴르연구소'(1887)가 만들어졌다. 독일에서는 '코흐연구소'(1891)가 좋은 모델이었다. 미국에서는 새롭게 등장한 민간 재단과 부유한 개인들이 나서서, 선도 과학자들의 자유로운 연구를 위한 새로운 보호구역을 마련하자는 요청에 응답했다. 그러나 당시 주요 과학 행정가들은 과학자들에게 그들이 원하는 것을 제공하는 것이 국가 전체의 복지에 꼭 최선이 아닐 수도 있다는 점을 인식하지 못했다.

미국에서는 존 D. 록펠러가 1901년 '록펠러연구소' 설립을 도왔다. 그는 이곳에서 과학자들이 '완전한 자유 속에서' 일하기를 바란다고 말했다. 신경을 써야 할 학생도 없고, 강의 부담도 없으며, 회의도 거의 없고, 외부적 의무도 없었다. 미국에서는 뒤를 이어 몇 개의 연구소가 생겨났다. 워싱턴 D.C.에 '카네기연구소'(록펠러연구소보다 1년 뒤인 1902년 설립됨)가, 한참 후에는 프린스턴에 '고등연구소'가 설립되었다. 이 연구소들은 유럽의 새로운 연구소들, 특히 독일과 프랑스 연구소를 모델로 삼았다. 록펠러연구소의 경우, 코흐 및 파스퇴르연구소가 새로운 연구 기관을 설립할 때 초기 록펠러 이사들에 의해 구체적으로 언급되었다.[3] 독일에서는 1911년 현재 '막스-프랑크연구소Max-Planck Gesellschaft'의 전신인 '카이저-빌헬름연구소Kaiser-Wilhelm Gesellschaft'에 전체 연구소 네트워크가 만들어지면서 연구를 위한 모델로서 연구소가 중요한 추진력을 얻었다.[4]

1920년대 신생 소련에서는 정부가 수행하는 계획 연구라는 아이디어가 큰 주목을 받게 되었고, 새로운 강의 없는 연구소가 이것을 수행하는 가장 좋은 방법으로 여겨졌다. 1926년 독일, 프랑스, 영국의 과학 기관들을 시찰하고 돌아온 소련 학술원 사무총장 S. F. 올덴부르크S. F. Ol'denburg는 정부에 제출한 보고서에서 "18세기가 학술원의 세기이고, 19세기가 대학의 세기였다면, 20세기는 연구소의 세기가 되고 있다"[5]라고 썼다. 처음에는 수십 개의 연구소, 후에는 수백 개의 연구소를 거느린 소련학술원은 18세기의 지식 세계와는 다르게 계획되었고, 19세기의 대학과도 다르게 설계되었다. 이 조직은 과학자들이 강의 의무를 지지 않고 대신에 지식 발전에 헌신할 수 있는 연구소들을 기반으로 일종의 '과학부ministry of science'가 될 것이었다.

강의 부담이 없는 이러한 연구소들의 네트워크가 잠시 동안 세계적 추세가 되었다. 1936년 프랑스에서는 사회주의자와 공산주의자들이 주도하는 좌파 정부가 권력을 잡았다. 이 정부는 소련의 새로운 과학 조직에 큰 인상을 받아서 이것을 모델로 한 과학 기구를 만들었고, 이때 만들어진 국립과학연구센터CNRS, Centre National de la Recherche Scientifique는 오늘날에도 존재한다. 이 센터는 정부 지원을 받는 강의 없는 연구소들의 네트워크이다.[6]

그러나 시간이 지나면서 서방, 특히 미국에서 강의 없는 연구소의 매력은 줄어들기 시작했다. 강의는 연구에 장애가 되는 것이 아니라 실제로는 연구에 자극이 된다는 느낌이 과학 행정가들 사이에 퍼지게 되었다. 때때로 학생들이 제기하는 도전을 만날 필요가 없는 고위 연구자들은 그들 자신의 똑같은 아이디어를 끝없이 추구하는 지적 쳇바퀴에 빠져 안주하게 되었다. 뉴욕시의 록펠러연구소나 프린스턴의 고등연구소, 워싱턴 D.C.의 카네기연구소 같은 강의 없는 연구소들은 점점 더 일반 패턴의 예외가 되었다. 이 연구소들은 미국의 연구의 새 모델이 될 것이라는 창립자 일부의 거대한 꿈을 실현하지 못했다.

미국에서 연구대학들은 소련 계획가들이 예언한 대로 쇠퇴하지 않았고, 오히려 세계에서 가장 강력한 지식 엔진이 되었다. 2차 세계대전 기간과 종전 후 연방정부 지원금이 투입된 것이 여기서 엄청난 역할을 했다. 미국의 대학들과 연방정부는 과학을 증진하는 데 놀라울 만큼 성공적으로 상호 보완 역할을 수행했다.[7] 대학 연구자들에게 연방정부 지원금을 지급하는 데 요구된 경쟁적 동료 평가 과정은 수준 높은 연구 체제를 마련해주었다. 연구소 책임자의 경우 자신의 연구진 중 원로 회원이 이전과 달리 뛰어난 연구를 수행하지 못한다고 해서 그에 대한 정부 지원금을 삭감하기가 매우 어렵다. 그러나 국립과학재단은 동료 평가 패널이 비판적인 평가를 한 대학 연구자의 연구 제안을 거부하는 것이 어렵지 않다. 2차 세계대전 후 미국에서 형성된 연구 지원 체계는 국내외의 과거 체제보다 뛰어났다.

강의 없는 연구소와 연구대학의 상대적 장점에 대한 변화하는 태도의 상징적 조짐은 1953년 록펠러연구소 이사회가 뉴욕시에 소재한 록펠러연구소를 학생을 입학시키는 대학으로 전환하기로 결정한 데서 볼 수 있다.[8] 당시 이사회는 록펠러연구소의 성과에 대한 조사를 한 다음, 연구소가 잠재력을 완전히 발휘하지 못하고 있다는 결론을 내렸다. 당시 록펠러 이사회에 제출된 보고서에 기입된 일부 문장을 검토해보고, 이와 함께 주로 강의 없는 연구 기관이었고 현재도 그러한 러시아 학술원 연구소들(러시아학술원은 러시아의 가장 중요한 연구 기관으로 남아 있다)에 제기된 최근의 비판과 비교하는 것은 흥미롭다.[9]

"연구소 내의 연구 집단들은 세상으로부터 '격리'되었고 '고립'되었다."
"아이디어와 사람들 간의 끼리끼리가 너무 심하다."
"연구실 분위기에는 학생들의 젊은 열정이 가져오는 신선함이 없다."
"학생들은 기발한 아이디어를 가지고 있지만, 그런 아이디어 100개 중 한두 개만 근본적으로 중요한 것으로 드러난다."

이러한 재평가의 결과로 록펠러 이사회는 록펠러연구소를 학생들을 포함하는 록펠러대학으로 전환하기로 결정했다. 연구소 내의 많은 연구자들이 이 결정에 동의하지 않았고, 학생을 받는 것을 거부했지만, 5년도 되지 않아 연구실에 학생을 데리고 있는 교수 동료들과의 연구비 획득 경쟁에서 뒤처지고 있다는 사실이 분명해졌다. 강의를 하지 않는 고급 연구자들은 애초에 강의를 하는 동료들이 지적으로 덜 뛰어나다고 생각했던 만큼 이것은 의외의 결과였다. 그러나 이런 강의 교수들이 연구비 수주에 더 성공적이었고, 더 흥미가 넘치는 연구실을 만들었으며, 더 가치 있는 연구 결과를 발표했다. 양 기관 간의 차이가 분명해지자, 저항자들은 굴복했고 록펠러연구소를 록펠러대학으로 전환하는 작업은 완료되었다.[10]

미국에서 강의와 연구의 중심지로서 연구대학이 강의 없는 연구소보다 더 선호되는 것은 점점 더 분명해졌다. 세계적으로 유명한 물리학자인 리처드 파인만Richard Feynman은 프린스턴 고등연구소에서 강의 없는 자리를 제안받았을 때 이를 거절하면서 다음과 같이 말했다.

> 나는 고등연구소의 뛰어난 두뇌를 가진 사람들에게 무슨 일이 일어났는지를 알 수 있다. 이들은 뛰어난 두뇌 덕분에 그 자리에 선발되었고, 강의와 기타 어떤 의무도 없이 숲 옆에 있는 멋진 건물에 앉아 있을 수 있는 기회를 부여받았다. 이 불쌍한 인간들은 이제 앉아서 스스로 이렇게 생각할 것이다. OK? … 그리고 아무 일도 일어나지 않고, 아무 아이디어도 떠오르지 않는다.
>
> 아무런 실제 활동과 도전이 없기 때문에 아무 일도 일어나지 않는다. … 학생들은 종종 새로운 연구의 근원이 된다. … 강의와 학생은 나의 삶을 지속시키고, 나는 누군가가 내가 강의할 필요가 없는 행복한 상황을 발명한 자리를 결코 받아들이지 않을 것이다. 결코.[11]

강의 선호의 다른 예는 노벨상 수상자이자 코넬대학 화학과 교수인 로알드 호프만Roald Hoffmann의 경우에서 찾을 수 있다(그는 러시아학술원 외국인회원이기도 하다). 그는 1996년 강의와 연구 주제에 대해 다음과 같이 썼다.

강의와 연구는 서로 분리될 수 없고, 강의는 더 나은 연구를 만든다. … 나는 내가 학부생들을 가르치기 때문에 더 나은 연구자가 되고 더 나은 이론 화학자가 되었다고 확신한다.[12]

강의와 연구를 결합하는 장점에 대한 이러한 개인적이고 일화적인 지지는 2011년 권위 있는 과학 저널인 〈사이언스〉가 두 종류의 대학원생 집단을 비교한 논문을 발표하면서 확실한 인정을 받았다. 한 그룹은 강의와 연구 책임이 있는 대학원생이었고, 다른 그룹은 연구 책임만 있는 대학원생이었다. 논문 작성자들은 강의가 연구 기술의 향상에 크게 기여할 수 있다는 것을 발견했다. 강의와 연구 모두를 수행하는 대학원생들은 "검증할 수 있는 가설을 만들어내고, 이를 검증할 실험을 디자인하는 능력이 유의미하게 크게 향상되었다"[13]고 결론 내렸다.

연구 조직에서 이러한 국제적 발전의 완전한 중요성은 아직 러시아에 큰 영향을 미치지 않고 있다. 러시아에서는 강의 없는 학술원 연구소들이 전통적으로 강의하는 기관이었지 연구 기관은 아니었던 국립대학들보다 권위와 특권을 좀 더 누리고 있다. 러시아에는 이름 있는 '연구대학'이 없다. 러시아에서 일반적으로 최고의 대학으로 인정받는 모스크바대학과 상트페테르부르크대학도 국제적인 연구 생산성 순위에서 낮은 위치에 있다.[14] 따라서 러시아는 소련 시대부터 이어져 내려온 비효율적인 산업 체계로 인해 제약을 받고 있을 뿐만 아니라, 해외 최선의 관행에 발맞춰 가지 못하며, 투자 대비 성과가 충분치 않은 과학 연구 체계에 의해 다리가 묶인 상태다. 러시아학술원 소속 연구소들은 전형적으로 세계 과학 문헌에서 낮은 '영향 지수impact factor'를 보이는 대형 연구 기관들이다.

이 책에서 수행한 러시아 기술에 대한 분석은, 종종 러시아 기술과 비교되는 서방 기술의 특징 중 일부를 강조하는 기대 밖의 효과를 가져왔다. 러시아에서는 사회적 제약(태도적, 정치적, 사회적, 경제적, 법적, 조직적)이 종종 전도유망한 기술적 출발을 흔들리게 하고 더 발전하는 데 실패하게 만들었다. 서방에서는 다른 사회가 다른 효과를 가져왔지만, 모든 것이 긍정적인 것은 아니었다. 한편으로 경쟁, 특허, 기업가 정신, 경제적 성공에 대한 서방의 강조는 기술 발전을 가져왔다. 그러나 한편으로는 동일한 요인들이 우선순위, 특허를 둘러싼 장기간의 비용이 많이 드는 법적 분쟁, 연구자들 간의 감정 대립을 불러일으켰고, 그중 일부 경우에는 한때 가까웠던 친구들 사이에 일어났다.

미국에서 전기의 발전 과정에서 조지 웨스팅하우스와 토머스 에디슨은 "전류의 전쟁"이라고 불린 격렬한 갈등을 겪었다. 에디슨은 웨스팅하우스의 교류 체계에 대한 왜곡된 정보를 퍼뜨렸고, 감전을 "웨스팅하우스 되었다"[15]라고 묘사했다.

미국에서 트랜지스터를 발명하는 과정에서는 통상 세 사람이 성취를 이룬 것으로 평가받는다. 윌리엄 쇼클리William Shockley, 월터 하우저 브래튼Walter Houser Brattain, 존 바딘John Bardeen이 그 세 사람인데, 쇼클리가 명성의 대부분을 차지했기 때문에 세 사람은 서로 갈라졌다. 이들은 노벨상을 받기 위해 스톡홀름에서 만났을 때 오랜만에 서로 얘기를 나누었다.

레이저 개발 과정에서 중요한 성취를 이룬 것으로 평가받는 연구자들인 찰스 타운스Charles Townes, 아서 숄로Arthur Schawlow, 시어도어 메이먼Theodore Maiman, 고든 굴드Gordon Gould도 앞서와 유사한 분쟁에 휘말렸다. 타운스, 메이먼, 굴드는 각자 자신이 제일 먼저 발명한 것으로 내세웠고 다른 사람들의 성취는 깎아내렸다. 메이먼은 다음과 같이 썼다.

실제 세계 과학에서 인정, 공훈, 예산에 대한 치열한 경쟁의 사례는 넘쳐난다. 아마도 놀랍지 않게, 실패한 경쟁자들의 반응은 과학보다 정치적 '왜곡'에 가까운 모습으로 나타나며, 온갖 음해와 비방이 동반되기도 한다. 과학에서의 음모는 많은 사람들이 기대하는 바가 아닐 수 있지만, 이것이 현실이다.[16]

물론 러시아에도 음모는 존재했다. 그러나 러시아에서의 보상 체계는 극적으로 달랐기 때문에 음모는 다른 방식으로 진행되었다. 기술로부터 개인의 부를 이룰 수가 없었기 때문에 연구자들이 찾는 보상은 제도적 지위와 정치적 연줄이었다. 레이저 분야에서 두 명의 러시아인 노벨상 수상자인 알렉산드르 프로호로프Alexander Prokhorov와 니콜라이 바소프Nikolai Basov는 위대한 성취를 이룬 후에 원래 둘이서 같이 일하던 학술원 소속 연구소인 레베데프물리연구소에서 자신들의 자존심을 제대로 내세울 수 없다는 것을 발견했다. 그래서 두 사람은 각각 다른 연구소의 책임자가 되었다. 그곳에서 자신들이 찾던 제도적 권위를 온전히 누릴 수 있었다.

포스트-소비에트 시기 산업에서 핵심 인물들은 종종 정부에서도 중요한 직책을 차지했기에, 정치 권력과 경제 권력을 모두 거머쥘 수 있었다. 이들은 크렘린에 사무실을 가지고 있는 경우가 많았다. 자신이 원하는 정치적 자리를 유지하는 것이 모든 산업가들의 가장 중요한 목표였다. 이런 면에서 감옥에서 몇 년을 보내야 했던 러시아 최고의 부호인 미하일 호도르콥스키의 경우는 가장 애석한 사례였다. 다양한 사회는 다양한 보상 체계를 가지고 있고, 그 결과는 강점과 약점 모두를 보여준다.

ㅡ

3

러시아는 오늘날 자신의 문제를 극복할 수 있는가?
러시아의 특별한 기회

러시아는 오늘날 여러 세기 동안 지속된 패턴, 즉 기술적 탁월함 이후 상업적 실패가 뒤따르는 패턴을 끊어버릴 역사상 가장 중요한 기회를 맞았다. 기술적 혁신을 갈구하는 러시아 연구자들과 서방 회사들 간의 연계가 점점 확대되면서 과학자와 기술자들의 아이디어는 '덜 고독하게less lonely' 되었다. 그러나 이런 새로운 연결의 가장 큰 혜택을 받게 될 이는 누구인가? 러시아인가, 서방 회사와 발명가들인가? 세계화된 세계에서 '국가' 회사라는 개념은 과거보다 훨씬 더 약해졌지만, 러시아는 세계를 주름잡는 거대한 국제적 회사들 사이에 자리를 차지하거나 흥미로운 스타트업의 탄생지가 되려면 아직 갈 길이 멀다.

그러나 러시아 정부는 거의 불가능한 목표를 설정해놓았다. 그것은 짧은 시간 안에 러시아를 경제 번영을 위해 주로 자원에 의존하는 국가에서 지식 경제에 의존한 국가로 바꾸겠다는 목표이다.[1] 이러한 전환은 극도로 어려운 일이다. 러시아가 이 목표를 향해 취한 몇 가지 조치를 살펴보도록 하자.

18장

새로운 재단과 연구대학 창설

"재단의 가장 중요한 활동은 러시아의 선도적 국립대학의 재능 있는 학생들과 장래가 촉망되는 교수들에게 장기적 장학금과 연구 자금을 제공하는 것이다."

— 러시아 포타닌재단 웹사이트(http://www.fondpotanin.ru)

새로운 재단

미국에서 국립과학재단 National Science Foundation 같은 조직에 의해 연구가 성공적으로 진행되었다고 판단한 러시아 정부는 상부로부터 과학 기관에 자금을 제공하던 러시아의 독자적 전통과 결별하고, 연구비 grant 제도를 사용하는 새로운 과학-기술 재단들을 설립했다. 이 신생 재단들은 특정한 문제에 대한 연구를 수행하려는 과학자 개인이나 집단으로부터 연구 지원 신청을 받았다. 이것은 중앙 정부가 연구를 지도하던 과거 소련의 전통을 포기한 것이었다. 동료들의 평가에 의한 연구비 제공 제도에 오랫동안 익숙해 있던 서방 과학자들은 이러한 변화가, 최소한 원칙적으로 무엇을 의미하는지를 이해하는 데 어려움을 겪었다. 갑자기 개별 연구자나 연구팀이 독립적으로 연구 프로젝트를 제출하고 지역 과학자들이 만든 연구 프로젝트에 대해 정부 재정 지원을 요청할 수 있게 되었다. 그러나 문제는 이런 방식으로 과학자와 기술자들에게 제공될 수 있는 자금이 제한적이라는 것이었다. 러시아 연구의 많은 부분은 여전히 중앙 정부가 자금을 지원하고 감독했다.

새로 설립된 재단으로는 '러시아기초연구재단', '러시아인문재단', '러시아기술발전기금재단', '중소혁신기업지원기금재단', '벤처혁신기금재단' 등이 있었다. 이들 신생 러시아 재단과 같이 일한 많은 서방 회사들은 상호 협력이 매우 유익한 곳에서 틈새시장들을 발견했다. 러시아 벤처 펀드인 맥스웰 바이오테크Maxwll Biotech는 미국 바이오테크 회사들이 암, 간 질환, 간염 치료를 위해 만든 신약을 러시아에서 임상 실험하는 것을 도와주었다. 임상 실험의 대가로 장차 미국 회사와 러시아 회사 사이에 호의적인 특허가 제공될 수 있었다. 맥스웰 바이오테크의 러시아 현지 책임자는 2012년 3월 13일 미국 청중에게 "임상 실험은 미국의 규제 환경으로 인해 미국보다 러시아에서 좀 더 신속하고 효과적으로 진행될 수 있다"[1]라고 말했다.

러시아 동료와 나는 이러한 새로운 러시아 투자 조직들에 대해 다른 곳에서 좀 더 상세한 서술을 했고, 이 주제에 대한 풍부한 자료가 있다.[2] 느슨한 규율에 대한 우려에도 불구하고, 이러한 재정 지원 기관들은 옳은 방향으로 발걸음을 내디딘 것이 분명했다. 그러나 이 기관들은 여러 문제에 직면했는데, 특히 적은 지원 자금과 연구 자금 수혜자를 선택하는 데 편파성favoritism이 많이 작용했다. 동료 평가 제도가 러시아에 도입되었지만, 아직 제대로 작동하고 있지 않다. 일례로 지원자가 스스로 추천서를 써서 객관적 심사를 해야 하는 심사자들에게 제출하는 것이 일반적 관행이다.

러시아에는 '다이너스티재단', '포타닌재단' 같은 비정부 재단들도 설립되었다. 개인적 자선기부는 러시아에서 새로운 현상이지만, 서서히 나타나고 있는 중이다. 그러나 개인 자선기부는 과학과 기술에 아주 제한적인 영향력만 미치고 있다. 외국 재단들도 러시아에서 활동하면서 과학 연구에 일부 지원을 하고 있다.

결론적으로 말해서, 재단들은 개인 연구자들이 새로운 기술로 이어지는 유망한 연구를 시작하도록 자극하는 데 일정 정도 역할을 하고 있지만 아직 그 효과는 부족하다.

연구대학

러시아에는 진정한 의미의 연구대학이 아직 없다. 최고의 연구자들은 대학이 아닌 학술원에 있고, 학술원은 대학보다 더 권위가 있다. 학술원 '성회원akademik'이 되는 것은 전통적 지식인이 누릴 수 있는 최고의 영예로 여겨져왔다. 학술원이 특히 권위주의, 보수주의 그리고 기술을 효과적으로 상업화하는 일에 무능력한 것 때문에 비판을 받고 있지만, 학술원은 권위를 지키기 위해 열심히 투쟁해왔고, 대체로 성공했다.

최근에 러시아 과학계에서 가장 흥미로운 개혁 시도 중 하나는 러시아 대학들의 연구 능력, 특히 학술원과 비교해서 이것을 강화하려는 시도였다. 나는 이러한 노력에 밀접하게 관여했고, 존D.&캐서린T.맥아더재단, 민간연구개발재단, 뉴욕의 카네기재단, 러시아교육과학부로부터 수백만 달러를 지원받은 프로그램에서 같이 일한 경험이 있다.[3] 이 과정에서 나는 러시아 전역의 많은 대학에서 시간을 보냈다. 이 프로그램은 초기에는 러시아와 미국이 함께 재정 지원을 했다. 15년 전 미국인들이 이 프로그램을 처음 제안했을 때 우리는 러시아 동료로부터 '연구대학'이라는 명칭을 쓰지 말아야 한다는 말을 들었고, 우리는 크게 당황했다. 왜냐하면 이러한 대학들을 만드는 것이 이 프로그램의 목적이었기 때문이었다. 러시아 동료들은 우리에게 이러한 용어는 논란의 여지가 많아 보일 수 있고, 러시아에서는 위협적으로까지 들릴 수 있다고 말해주었다. 그 이유는 러시아 학술원이 양질의 연구를 독점하고 있고, 대학은 기본적으로 교육기관이어야 하며, 대학의 가장 뛰어난 졸업생들은 학술원으로 와야 한다고 생각하고 있기 때문이었다. 이 프로그램이 진전을 이뤘다는 신호 중 하나는 현재는 러시아 당국이 이러한 입장을 버리고 스스로 연구대학을 만들려는 프로그램을 시작했다는 것이다.

우리가 이 프로그램을 시작했을 때[4], 첫 과제는 각 지역의 학술원 연구소들(이런 연구소가 수백 개 있다)과 성공적으로 경쟁할 수 있는 연구소들을 어떻게 대학 내에 만드는가였다. 우리는 러시아 주요 대학 수십 곳에 이런 연구소를 만들 수 있는 예산이 없었다. 그래서 좀 더 선택적인 길을 택했다. 여러 대학들을 살펴본 다음에 각 대학 내에서 탁월하고 전도유망한 우수한 교수진을 보유한 학과를 하나씩 택했다.

그렇게 선택된 첫 대학은 뛰어난 물리학과를 보유한 '니즈니노브고로드국립대학'이었다. 우리는 (기초연구고등교육BRHE 프로그램이라고 알려진) 물리학과에 지역 학술원 연구소가 보유하지 못한 비싼 장비 하나를 제공했다. 이것은 나노테크놀로지 연구를 수행하는 데 필요한 최신 탐침형 원자 현미경이었다. 그러자 대학과 지역 학술원의 주도적 역할이 바뀌었다. 이제 학술원의 연구자들은 이 장비를 가지고 연구하는 시간을 "잠시 가질 수 있는지" 물으며 대학의 문을 두드리고 있다. 그런 다음 우리는 지역 학술원 연구소도 같이 참여하되 대학이 주도적 역할을 하는 연구 프로그램을 시작했다.5 그리고 우리는 이 대학들에 기술 이전 사무실을 만들었는데, 러시아에서 새로운 시도인 이 사무실은 연구 결과를 상업화하는 방법을 찾는 과제를 맡았다.

이러한 패턴은 러시아의 다른 대학에서도 반복되었다. 이 프로그램은 매우 성공적이어서 결국 러시아교육과학부가 이 프로젝트 전체를 맡았고, 기금 제공자인 미국인들은 점차 뒤로 물러났다. 오늘날 이 프로그램은 거의 전적으로 러시아인들이 자금을 제공하고 있다. 그런데 프로그램 자체가 성공적이기는 해도, 이것만으로 러시아에서 연구대학 제도를 만드는 거대한 과업을 완수할 수는 없었다. 결국 이 프로그램은 일부 학과에만 영향을 미쳤고, 러시아의 권위주의적인 연구 전통과 영향력 있는 개인 연구자들, 특히 학술원 내의 연구자들에게 대항하는 시노에 그쳤다. 이 프로그램이 어떠한 작용을 하게 될지 이야기하기에는 너무 이르다. 만일 러시아가 재능 있는 인재들이 처음 발견되는 대학들에 활력을 불어넣으면, 러시아는 기업가적 기술 능력을 크게 향상시킬 수 있을 것이다. 나는 2011년 12월 상트페테르부르크 공과대학을 방문했을 때, 기업가가 되겠다는 희망을 피력한 학부생 몇 명을 만났다.

19장

루스나노와 스콜코보

"러시아인들은 새로운 것을 발명해서 돈을 번다는 생각을 하지 못하고 있다. 스콜코보의 임무는 사람들에게 자신들의 사업을 시작하는 것을 두려워하지 않아야 한다는 점을 보여주는 것이다. 리스크가 위험과 혼동되어서는 안 된다. 리스크는 항상 있지만 위험은 아주 빈번하게 그저 인식될 뿐이다."

— 페카 빌랴카이넨, 새로운 기술 도시 '스콜코보' 책임자
빅토르 벡셀베르크의 자문이 2012년 행한 연설에서[1]

최근 몇 년 사이 러시아 정부는 첨단 기술을 목표로 한 여러 프로그램을 시작했다. 그중 가장 규모가 크고 잘 알려진 프로그램은 루스나노 RUSNANO와 스콜코보 Skolkovo이다. 루스나노는 나노 기술의 가능성을 포착하려는 시도이며, 스콜코보는 새롭게 건설된 기술 도시에서 러시아판 실리콘 밸리를 창조하려는 노력이다.

루스나노: 나노 기술

전 세계적으로 기술에서 중요한 변화는 분자 규모에서 물질을 조정하는 새로운 능력, 즉 나노 기술에서 비롯했다. 이것이 가능하도록 하는 기구들로는 빠르게 발전하는 여타 방법들과 함께 주사형 터널 현미경scanning tunneling microscopes과 원자간력 현미경atomic force microscope이 있다. 최근 나노 기술에 많은 관심이 쏟아졌다.[2] 기존 제품들을 향상시키고 완전히 새로운 제품을 만들어내는 나노 기술이 또 하나의 산업혁명을 가져올 거라고 말하는 사람들도 있다. 진실이 무엇이든, 지식이 풍부한 대다수 비평가들은 나노 기술이 모든 산업화 국가에서 엄청나게 중요한 발전이라는 데 의견을 같이한다. 미국에서는 2001년 연방 차원의 나노 기술 연구와 개발을 총괄하기 위해 국립나노기술이니셔티브NNI, National Nanotechnology Initiative가 만들어졌다. 2003년부터 2010년 사이 NNI는 나노 기술 프로젝트에 120억 달러라는 엄청난 자금을 투자했다. NNI는 "1960년대 우주 개발 프로그램 이래 단일 프로젝트로는 가장 큰 연방 예산 지원 다부처 과학 연구 이니셔티브"라는 평가를 받았다.[3]

나노 기술을 향한 관심이 최고조에 달했던 당시 러시아 대통령 드미트리 메드베데프Dmitry Medvedev는 러시아가 나노 기술을 이용하여 러시아의 경제를 현대화하고 석유 의존도를 줄일 수 있으리라는 큰 기대감을 표명했다. 2009년 모스크바에서 열린 이 주제 관련 회의에서, 38개국에서 온 참가자 11,000명을 앞에 두고 드미트리 대통령은 다음과 같이 말했다.

나노 기술은 세계적 주요 산업에서 석유에 필적할 것입니다. 그래서 러시아는 지금 이것을 포용해야 합니다. … 세계 나노 기술 시장 규모는 약 2,500억 달러에 이르고, 2015년 2조 달러에 달해서 천연 자원 시장에 버금갈 것입니다. … 그래서 우리 러시아는 세계를 바꿀 나노 기술 공정에서 선도자가 될 지식, 재정 자원, 행정 능력을 보유하고 있습니다.[4]

러시아에서 나노 기술을 발전시키기 위해 러시아 정부는 2007년[5] 루스나노라고 불리는 특별 기구를 설립했다. 루스나노의 목표는 2001년 미국에서 설립된 NNI의 목표와 유사하다. 이 두 기구는 자국을 나노 기술의 선도자가 되게 만들겠다는 목표를 가지고 있지만, 목표를 추구하는 양국의 방법은 다소간 다르다. 루스나노에 대해 간략히 설명해보겠다.

루스나노에서 특기할 것은 이 기구에 엄청난 자금이 지원되었다는 사실이다. 이 점은 러시아 정부가 이 프로젝트를 얼마나 중요시하는지를 보여준다. 2012년 루스나노에 투자한 금액은 180억 달러에 이르러서, 거대한 나노 기술 프로그램을 진행하는 일본이나 중국보다 더 많은 정부 자금이 지원되었고, 이 금액은 미국과 유럽의 지원 금액에 근접한다. 오늘날 러시아에서 가장 중요한 정치 지도자인 블라디미르 푸틴은 "나노 기술은 정부가 돈을 아끼지 않을 활동이다"[6]라고 말한 바 있다. 물론 민간 투자도 매우 중요하기 때문에 정부 투자가 모든 것은 아니다. 민간 투자에서 러시아는 다른 나라에 뒤쳐져 있는 것은 분명하다.

루스나노를 이끌 인물로 낙점된 사람은 아나톨리 추바이스Anatoly Chubais이다. 그는 아주 유명하면서도 논란이 많은 인물이다. 추바이스는 옐친 행정부에서 산업 사유화를 책임졌고, 러시아의 올리가르히를 만드는 결과를 가져온 바우처 사유화 계획을 만들었다. 이로 인해 소수의 올리가르히가 러시아 경제의 대부분을 소유하게 되었다. 추바이스는 사유화 계획에서 행한 역할 때문에 많은 러시아 사람들로부터 미움을 받고 있고, 실제로 2005년 암살 시도에서 살아남았다. 추바이스라는 이름을 둘러싼 논란에도 불구하고, 그는 재능 있는 관리자로 존경을 받았으며 2008년 9월 이후 JP 모건-체이스 자문단의 일원이 되었다. 이 시기 이전에는 러시아국영전력회사 회장을 맡은 바 있다.

추바이스는 나노 기술을 폭넓게 도입하여 러시아 기술을 현대화하기 위해 루스나노를 기획한 사람이다. 미국의 관리 방법을 배우기 위해 그는 루스나노의 최고 관리자들과 함께 MIT의 슬론 경영대학에서 잠시 수학하기도 했다(MIT 교수인 나는 이들에게 강의를 하고 함께 대화를 나누었다).

루스나노 프로그램은 다음 방식으로 진행된다. 루스나노는 자칭 '회사corporation'다. 그러나 실제 사업을 운영하는 회사는 아니고 나노 기술 벤처 회사들을 재정 지원하는 재단처럼 활동한다. 루스나노는 스타트업 자본에 50퍼센트에서 한 주 적은 금액까지 투자할 수 있다. 루스나노의 목표는 이윤을 극대화하는 것이 아니라 다른 회사들을 설립하는 것으로, 이 회사들이 독자적 운영이 가능해지면 바로 빠져나온다. 루스나노는 러시아 국민과 기관뿐 아니라 미국을 포함한 다른 나라 국민과 기관에도 자금을 제공한다(일례로 루스나노는 알코아 및 다우케미컬과 협약을 맺었다). 처음에 루스나노에서 자금을 지원받고 싶어 하는 사람에게는 두 가지 요구 사항이 따랐다. 첫째, 해당 프로젝트가 나노 기술과 관련이 있어야 하고, 둘째, 그 프로젝트는 러시아에 생산 시설을 갖추어야 한다. 두 번째 요구사항이 핵심으로, 루스나노의 핵심 목표를 잘 보여준다. 즉 연구에 투자하는 것이 아니라(물론 그렇게 할 수도 있지만), 주로 러시아의 나노 기술 산업을 조성하는 것이 핵심 목표이다.

최근에 루스나노는 이러한 요구 조건을 완화했다. 루스나노의 재정 지원을 원하는 사람들은 생산 시설이나 R&D 시설을 러시아에 설립해야 한다. 2010년 다시 요건이 완화되어 이사회는 세계 시장 발전을 위해 루스나노가 해외에 투자하는 것을 허용했다. 루스나노는 12개의 해외 투자에 총 27억 달러를 투자했다. 루스나노는 미국 내 5개의 벤처 사업에 18억 달러를 투자했다. 이러한 해외 활동에도 불구하고, 루스나노의 핵심 강조점은 러시아에 하이테크 생산 시설을 갖추는 데 있다.

루스나노는 2012년 3월까지 총 2,000개의 지원서를 받았다. 이 가운데 372개는 37개국에서 접수되었으며, 135개는 미국에서 접수되었다. 최종적으로 140개의 프로젝트가 승인받았는데, 대부분 러시아에서 제출된 프로젝트였고, 총 투자 금액은 180억 달러에 달했다.[7]

루스나노 과학–기술위원회라고 불리는 프로젝트 선정위원회의 구성은 당연히 중요하다. 이 위원회를 구성하는 19명의 위원은 러시아에서 가장 저명한 연구 행정가들이다. 이중 절반은 러시아학술원 정회원과 부회원이고, 나머지는 대학과 산업, 국방 연구 기관에서 모집하였다.

루스나노가 활동한 초기에 많은 프로젝트가 승인되었고, 그중 대표적인 것은 다음과 같다.

- (나노 복합재를 이용한) 유연한 폴리머 포장
- 나노–잉크 생산

- 입방형 질화 붕소 나노파우더를 사용한 절삭 공구
- 태양광 배터리
- 나노 백신
- 갈륨–비소 기판
- 초대형 집적VLSI 회로
- 나노구조 세라믹을 사용하는 내마모성 부품
- 무선 주파수 식별RFID 태그
- 양면 단결정 태양광 모듈
- 항암제
- 바이오매스를 사용하지 않고 이산화탄소로부터 촉매 연료 생산
- 에너지 효율적인 고전압 복합 전력선
- 90나노미터 마이크로칩
- 식품 보존용 필름 포장
- 초강력 스프링
- 고속 광섬유 생산용 수직 레이저

나는 러시아의 나노 기술을 위한 노력에 대해 일반적 결론을 내릴 것이지만, 그전에 러시아에 하이테크로 활력을 주려는 두 번째 주요 시도인 스콜코보 프로젝트를 설명하고자 한다.

스콜코보: 새로운 기술 도시

스콜코보는 종종 "러시아판 실리콘 밸리"로 불린다. 스콜코보는 최근까지 농경지였던 모스크바 인근에 수천 에이커의 넓은 지역을 차지하고 있다. 러시아 정부는 스콜코보의 중심에 새 대학을 포함한 '혁신 도시innograd'를 건설하기 위해 수십 억 달러를 투자했다. 이 프로젝트 전체를 만들고 관장하는 스콜코보재단은 의장이 두 사람인데 한 사람은 러시아인, 다른 한 사람은 미국인이다. 러시아인 의장은 올리가르히 중 한 사람으로 석유와 알루미늄 사업에서 큰돈을 번 부동산개발회사인 레노바 그룹Renova Group 소유주 빅토르 벡셀베르크Victor Vekselberg다. 미국인 의장은 전 인텔 이사회 의장이고, 그 전에 인텔의 네 번째 회장을 맡았던 크레이그 배럿Craig Barrett이다. 스콜코보는 과학자문위원회를 두고 있는데, 이 위원회도 러시아인과 미국인이 공동 위원장을 맡고 있고, 두 사람 모두 노벨상 수상자이다. 러시아인 위원장은 2000년 물리학 분야 노벨 수상자인 조레스 알표로프Zhores I. Alferov(공동 수상자로 허버트 크뢰머Herbert Kroemer, 잭 킬비Jack S. Kilby가 있음)로, 그는 이종트랜지스터heterotransistor를 발명한 공을 인정받았다(알표로프의 퇴행적 정치관에 대해서는 6장 트랜지스터에 대한 내용을 볼 것). 미국인 위원장은 진핵생물 전사eukaryotic transcription로 2006년 화학 분야에서 노벨상을 받은 스탠퍼드대학 교수 로저 D. 콘버그Roger D. Kornberg이다.

스콜코보재단과 사문위원회 모두 러시아와 미국인이 공동 책임자를 맡고 있다는 사실에서 스콜코보 프로젝트를 국제화하려는 러시아인들의 비상한 노력을 볼 수 있다. 스콜코보 프로젝트의 핵심 지지자인, 드미트리 메드베데프 총리의 수석 보좌관 뱌체슬라브 수르코프Vyacheslav Surkov는 말하길, 새로운 혁신 도시가 "전 세계에서 가장 뛰어난 두뇌를 수입"하도록 고안되었으며 사람들을 오고 싶도록 만드는 화려한 숙박 시설과 문화 명소를 제공할 것이라고 말했다. 러시아 신문들은 수십 편의 기사에서 스콜코보를 묘사하기를, 현대적 건물과 뛰어난 교통 시설, 실험실, 대학, 하이테크 회사들이 들어서는 미래적 도시라고 했다.

스콜코보의 목표는 선도적 연구센터이면서 동시에 과학적 발전이 빠르게 상업화되고 시장으로 도입되도록 하는 장소가 되는 것이었다. 이러한 목표를 실현하기 위해 러시아 정부는 외국 회사들이 스콜코보에 지사를 설치하는 경우 면세 혜택과 다양한 인센티브를 제공했다. 이러한 초대에 응해 보잉, 인텔, 지멘스, 노키아, 삼성, 시스코를 비롯한 많은 외국 회사가 스콜코보에 지사를 설치했다. 시스코는 스콜코보 시설에 10억 달러를 투자하겠다고 약속했다. 지금 많은 국가들이 스콜코보에서 협력 프로그램을 진행하고 있다. 2012년 6월 중국을 국빈 방문한 블라디미르 푸틴은 베이징에 있는 Z-park와 이러한 협약을 체결했다.[8]

스콜코보의 중심에는 실리콘 밸리의 스탠퍼드대학이나 보스톤 지역의 MIT와 같은 역할을 수행할 것으로 기대되는 새로운 대학이 설립되었다. 스탠퍼드대학과 MIT를 방문한 후 스콜코보 행정가들은 MIT를 파트너로 택했다. 그들은 특히 매년 20~30개 꼴로 스타트업 회사를 배출하는 MIT의 능력에 강한 인상을 받았다. 2010년과 2011년 6월 MIT와 스콜코보재단은 상호 협력을 위한 '예비 협약'을 체결했고, 명확하고 법적 구속력이 있는 협정을 체결하기 위해 노력하고 있다. 2011년 MIT 총장 수전 호크필드Susan Hockfield는 모스크바에서 스콜코보와 3년 협력

협정을 체결했다.

MIT가 스콜코보재단과 운영에 협력하고 있는 스콜코보과학기술대학SkolTech: Skolkovo Institute of Science and Technology, 이하 스콜테크은 교육, 고등 연구, 기업가 정신 함양을 결합한 대학원 수준의 대학이다. 이 대학은 모스크바 인근의 스콜코보에 위치하고 있기는 하지만, 러시아 안팎의 여러 대학과 협업을 한다. 교육 프로그램은 전통적인 학술 영역보다는 다섯 개의 넓은 주제를 중심으로 짜여 있다. (1) 에너지 과학 기술 (2) 생의학 과학 기술 (3) 정보 과학 기술 (4) 우주 과학 기술 (5) 핵 과학 기술이 그 다섯 분야이다. 이 다섯 프로그램 내에서 15개의 학제간 연구소가 조직될 예정이고, 각 연구소는 최소한 러시아 대학 하나, 비非러시아 대학 하나 이상에서 연구자를 모집해야 한다. 모든 연구소의 연구 대부분은 연구자의 원 대학이나 연구소의 참여하에 연구를 수행하지만, 스콜테크는 공동 작업과 협력 활동이 집합하는 장소가 될 것이다. MIT는 스콜테크가 기업가 정신과 혁신 센터를 설립하는 것을 도와주었다. 스콜테크 설립의 핵심 목표는 러시아가 기술 상업화 및 기업가적 혁신 측면에서 더 나은 국가가 되게 만드는 것이다. 2012년 6월 14개 대학 출신의 뛰어난 대학원생 21명이 스콜테크의 석사과정에 입학했다. 이 학생들은 2012년 8월 MIT에서 4주간 진행된 혁신 워크숍에 참석했다.[9]

2012년 초 스콜코보와 관련 일을 하는 일군의 러시아 과학자들과 기술자들이 미국을 방문하여 미국 벤처 투자가과 엔젤 투자가들 앞에서 자신들의 발명을 설명하도록 초청받았다. 나는 MIT 옆에 있는 케임브리지혁신센터에서 진행된 이 설명회에 참석했다. 이 설명회에서 러시아 과학자들과 기술자들은 국가 전력망의 효율성을 높이고, 하수 시스템에서 발생하는 폐기물의 양을 줄이며, 시추 작업에서 귀중한 천연가스 손실을 감소시키고, 자기열 효과 장치를 이용해 냉각을 구현하는 프로젝트에 대해 발표했다. 프로젝트 설명 후 러시아 참가자들은 '벤처 카페'에서 미국 기업가들 및 벤처 투자가들 수십 명과 자유롭게 어울려 대화를 나누었다. 이러한 노력은 러시아인들이 자신들의 혁신에 대한 재정 지원을 찾는 데 도움을 받는 동시에, 자신들의 사고방식을 바꾸고 기업가처럼 생각하고 행동하기 위해서 고안되었다. 이런 노력은 자선사업이 아니었다. 모두가 돈을 버는 새로운 방법을 찾고 있었다.

일부 진전은 있었지만, 이날 청중으로 참석한 회의적인 서방 벤처 투자가들 다수의 의견으로는 러시아인들의 발표에는 이전과 마찬가지의 결점이 있었다. 그것은 경제적 계산을 적절하게 고려하지 않은 것(많은 좋은 아이디어는 경제 면에서 실패작이었다), 그리고 자신들의 아이디어를 같은 문제를 다루는 다른 곳의 아이디어와 비교할 줄을 모른다는 것, 또한 혁신이 어떻게 시장에 도입되는지에 대한 이해가 거의 없다는 점 등이었다. 러시아 프로젝트에서 과학의 질은 종종 아주 높지만, 이것이 작동하는 사회적이고 경제적인 맥락은 제대로 이해되지 못했다. 러시아의 '고독한 아이디어'의 문제는 다소 줄어든 듯했지만, 여전히 존재했다.

루스나노와 스콜코보는 해결책인가, 아니면 최신의 발작spasm인가

많은 나라에서 하이테크 프로그램과 센터를 만들어서 기업가적 기술을 활성화하려고 시도했지만 대부분 실패했다. 이러한 노력을 분석한 자료가 많이 있다. 최근에 이 주제에 관한 책을 쓴 하버드 경영대학 교수 조시 러너Josh Lerner는 이것을 "깨진 꿈의 거리"라고 부르면서, 말레이시아, 프랑스, 두바이, 노르웨이 같은 나라들이 캘리포니아의 실리콘 밸리나 보스턴의 128번 국도 하이테크 회랑을 복제하려는 성공적이지 못한 노력에 어떻게 수억 달러의 돈을 낭비했는지를 서술했다.[10] 그러나 싱가포르, 이스라엘, 인도, 중국은 어느 정도 성공을 거둔 것으로 보인다. 그러면 러시아의 노력은 이 스펙트럼에서 어디로 귀결될 것인가?

러시아의 노력은 몇 가지 이유로 전망이 좋아 보이지 않는다. 루스나노와 스콜코보 모두 하향식의 정부 주도 노력인 데 반해, 실리콘 밸리나 128번 국도 회랑은 상향식으로 발전했다(물론 많은 정부 지원, 특히 군사 계약이 큰 작용을 했다). 루스나노의 과학기술위원회와 스콜코보의 과학자문위원회 모두 원로 과학자들과 행정가들로 구성되어 있다. 이러한 사람들은 기술의 미래 노선을 예언하는 능력이 그리 뛰어나지 않다. 작은 역사 하나가 이것을 설명하는 데 도움을 줄 것이다. 자전거 제작공인 오빌과 윌버 라이트Orville and Wilbur Wright가 첫 비행기를 날리기 불과 8년 전, 영국 왕립학회 회장인 켈빈 경Lord Kelvin은 "공기보다 무거운 나는 도구는 불가능하다"라고 말했다. IBM 회장인 토머스 왓슨Thomas Watson은 1943년 "아마도 세상에는 컴퓨터 5대 정도의 시장이 있다"라고 말했다. 그리고 마이크로소프트의 빌 게이츠는 1981년 "아무도 개인용 컴퓨터에 637kb 이상의 메모리를 필요로 하지 않을 것이다. 640k면 누구에게나 충분할 것이다"라고 말했다. 러시아 정부의 하이테크 프로젝트는 원로 인사들에 지나치게 의존하고 있고, 기술 혁신을 책임지는 젊은 반란자들을 위한 공간이 많지 않다.

    MIT는 처음 스콜코보재단과 대학 설립 문제를 협력하는 것을 고려할 당시, MIT의 기본 구조를 모방할 것을 제안했다. 즉 학부생, 대학원생, 박사후 연구원, 교수 들이 연구와 교육을 결합하는 체제를 제안했다. 그러나 러시아는 이 제안을 거절하고 새 대학 즉 스콜코보과학기술대학은 대학원 수준의 기관이 되어야 한다고 주장했다. 그러나 학부생들이 가장 기업가 정신이 강한 사람들이다. 충격적인 사실은 미국에서 가장 규모가 큰 하이테크 회사들은 아이디어를 추진하고 최종적으로 상업화하기 위해 학부를 중퇴한 사람들이 설립했다는 점이다. 그 대표적 인물로는 빌 게이츠(마이크로소프트), 래리 엘리슨(오라클), 마이크 델(델), 스티브 잡스(애플), 마크 저커버그(페이스북), 조 에드 카림(유튜브) 등이 있으며, 폴 앨런(마이크로소프트), 세르게이 브린과 래리 페이지(구글)도 중퇴생이었지만 학부가 아니라 대학원 중퇴생이었다. 이러한 상관관계는 우연이라고 하기에는 너무 분명하다. 학생들은 대학원 고학년 과정에 다다를 시기가 되면 이전에 자신들을 추동했던 완전히 새로운 것을 시도할 열의를 상실한다. 박사 과정 학생들은 교육 시스템에 매달려야 하며, 선배들이 세워놓은 장애물을 뛰어넘으며 고급 학위를 취득해야 하고, 지도 교수들이 추천한 연구 노선을 따라야만 한다. 학부 수준의 젊은 학생들이 때로는 훨씬 더 창의적이다.

    스콜코보에 대해 조심스러운 태도를 취하는 또 다른 이유는 다양한 파트너들, 특히 외국 파트너들의 동기이다. 왜 인텔, 시스코, 지멘스 같은 회사들이 스콜코보에 큰돈을 투자하는가? 그들의 이해관계는 당연하면서도 적절하게도 자기 회사를 증진시키는 데 있으며, 그렇게 하기 위해 그들은 전 세계의 인재와 아이디어에 접근하기를 원하는 것이다 (이 회사들은 유사한 계약을 다른 많은 나라들과도 맺었다). 그들은 러시아가 하이테크 강국이 되는 것을 돕는 것보다는 아마도 자신들의 이익을 더 잘 충족시키는 데 성공할 것이다. 스콜코보가 일부 혁신적 아이디어를 만들어낼 것은 분명하다. 그런데 이 아이디어가 어디에서 산업적 응용 가능성을 찾겠는가? 약한 투자 환경과 법적, 정치적 어려움이 있는 러시아에서겠는가, 아니면 이 국제적 회사들의 근거지에서겠는가? 영국 정치학자 대니얼 트라이스먼은 최근에 러시아의 혁신 노력에 대해 다음과 같이 언급했다.

성장을 위해 가장 중요한 것은 어디에서 아이디어가 제일 먼저 나오는가가 아니라 어디에서 발전되는가이다. 그리고 이는 과학자의 두뇌 능력이나 국가 연구 자금의 규모보다는 비즈니스 환경의 질에 더 많이 좌우된다.[11]

2012년 세계은행은 '사업하기 좋은 환경 지표Ease of Doing Business Index'에서 러시아를 조사 대상 183개국 중 120위에 올려놓았다(러시아는 '건축 허가 처리' 항목과 '전기 수급' 항목에서 각각 183위를 차지했다).[12]

러시아의 비즈니스 환경이 극적으로 좋아지지 않는 한 스콜코보 같은 노력은 러시아보다는 외국 파트너들에게 더 도움을 주게 될 것이다. 최근에 한 저명한 러시아 경제학자는 러시아가 "하이테크 제품의 혜택

3부 | 211

을 볼 최종 소비자를 결여하고 있다"라고 말했다. 그는 국가가 "비즈니스 친화적인 정책을 시행해야 한다"고 요구했다.[13]

이와 유사한 경향이 스콜코보와 MIT와 다른 서방 기관 사이의 협력에도 확대될 수 있다. 서방의 선도적 연구대학의 교수들은 언제나 새로운 인재, 자기 대학의 연구팀에 합류시킬 인재를 찾는다. MIT 교수가 스콜코보 협력 프로젝트를 통해 발견한 젊은 러시아 연구자에게 MIT의 박사후 장학금이나 MIT 연구팀의 자리를 제안한다면 어떻게 될까? 두뇌 유출과 이에 대한 러시아 측의 불만 제기 가능성은 항상 존재한다.

루스나노와 스콜코보는 시장 조건을 판단하는 것보다 뛰어난 기술 인재를 찾는 데 더 적합하다. 새로운 기술을 시장에 적응시키는 것이 상업적 기술에서 기술적 발명성보다 더 중요한 성공의 열쇠가 된다. 스콜코보에서 외국 회사들과 대학생들은 러시아인들에게 경영과 시장 분석에 대해 가르친다고 약속했지만, 성공 가능성이 큰 혁신이 나타나면 러시아인과 외국인 중 누가 이를 위한 최적의 시장을 찾을 가능성이 크겠는가? 그리고 누가 가장 큰 이익을 얻겠는가?

2012년 6월 개최된 상트페테르부르크 경제포럼에서 루스나노 수장인 아나톨리 추바이스는 놀라울 정도로 솔직하게 루스나노가 엄청난 재원을 손실하고 있고, 나노 기술을 지원하는 데 나쁜 선택을 하고 있다고 인정했다.[14] 그는 이러한 실패의 원인으로 네 가지를 지목했다. (1) 루스나노의 경영자들은 나노 기술의 발전과정을 따라가지 못하고 있다. (2) 비즈니스 모델이 '잘못되었다'. (3) 시장은 기대와 일치하지 않는다. (4) 과학 기술 발전과 관련된 리스크가 부적절하게 평가되었다. 루스나노에 대한 비판가들은 추바이스의 고백을 바로 물고 늘어졌고, 루스나노는 목표 실현에 실패했음에도 불구하고 최고 경영자들은 부를 축적했다고 비난했다. 2011년 루스나노의 최고위 관리자 7명이 모두 합쳐 4억 9,200만 루블(약 1,600만 달러)의 수입을 얻었다고 지적되었다.[15]

스콜코보를 실패로 이끌 우려가 있는 가장 중요한 세 가지 문제는 상업적 힘, 지식재산권, 두뇌 유출이다.

러시아 정부가 스콜코보에 그렇게 많은 자금을 투자하면서 내세운 목표는 하이테크를 이용하여 러시아 경제를 주로 추출 산업에 의존하는 경제에서 지식 기반 경제로 끌어올린다는 것이었다. 이 책이 보여준 것과 같이 상업적 기술 성공의 너무 많은 부분은 실험실 밖의 요인들(정치, 사회적 장벽, 투자 환경, 부패 등등)에 달려 있기 때문에 스콜코보 같은 미시적 기술센터는 연구자들과 학생들이 아무리 뛰어나더라도 러시아 사회 전체에서 제한된 상업적 성공을 이룰 가능성이 많다.

지식재산권에 대한 논쟁이 스콜코보 입주 기업들에게 지장을 줄 것이다. 논의를 위해 MIT와 러시아 연구자들의 공동 연구팀이 진정한 상업적 잠재력을 가진 아이디어를 만들어냈다고 가정해보자. 그런 경우 지식재산권은 러시아 측에 속할 것인가 아니면 미국 연구자와 러시아 연구자가 공유할 것인가? MIT와 스콜코보 간의 협약은 이 문제에 대해 꽤 많은 페이지를 할애하고 있지만, 그 조항들 중 어느 것도 아직 실질적으로 검증되지 않았다. 스콜테크의 부총장인 알렉세이 시트니코프 Aleksei Sitnikov는 원래 협약 협상 과정에서 러시아 측은 '모든 권리'를 원했지만, MIT 측이 지식재산권 소유 문제가 어디에서 연구가 수행되었고, 누가 주요 기여자인지에 의해 결정되기를 원했다고 말했다.[16] 만일 재정적 이익이 큰 경우 이러한 애매한 합의는 변호사들 간의 전투장을 마련할 것이다. 오해와 불만이 일어날 가능성이 크다.

마지막으로 두뇌 유출 문제가 이 프로젝트를 계속 괴롭힐 것이다. 스콜테크의 러시아 학생들은 미국 MIT에서 오랜 기간을 보내도록 계획이 잡혀 있다. 스콜코보의 모든 과목은 영어로 강의한다. 이러한 이중 언어 사용 러시아 학생들이 뛰어난 연구자로 성장하면 이 중에서 최고의 학생들은 서방, MIT나 다른 곳에서 일자리 제안을 받을 가능성이 아주 크다.

스콜코보와 루스나노 프로젝트의 가장 큰 문제점은 두 조직 모두 기술이 발전해야 할 사회를 기본적으로 바꾸지 않고 기술을 향상시키려는 시도라는 점이다. 이것은 지난 300년 간 러시아의 현대화 노력을 방해한 것과 같은 문제점이다. 러시아의 지도자들은 선진 기술이 스스로 발전하고, 스스로 지탱되도록 하는 방법으로 사회를 개혁하는데 집중하지 않고 새로운 기술 개발에만 집중했다. 아직 우리가 알고 있지 못했다면, 러시아 역사에서 우리가 배운 것은 성공적인 기술 현대화는 개별 기술보다 훨씬 많은 것이 시도되는 사회의 특성에 달려 있다는 점이다. 러시아를 좀 더 개방되고, 수용적이며, 자유롭고 자극을 주는 사회로 만드는 철저한 사회 개혁 없이는 개별 기술은 단지 부분적인 현대화 효과만 가져올 것이다. 이것들은 잠시 동안은 작동하겠지만, 곧 쓸모없게 될 것이다. 현재 상태의 러시아 사회는 이러한 기술들을 스스로 소생시킬 가능성이 별로 없다. 다시 한번 러시아 정부는 위로부터의 직접적 행동으로 문제를 해결해야만 할 것이다. 러시아는 여전히 간헐적 발전이라는 오랫동안 이어져온 올가미에서 벗어나지 못했다.

20장

러시아는 어떻게 3세기 동안 지속 되어온 함정에서 벗어날 수 있는가?

"당신들은 암소 없이 우유를 얻으려고 하고 있소!"

— 2010년, 사회 개혁 없이 하이테크놀로지를 얻으려고 하는
러시아의 욕망에 반대하며 MIT 주요 인사가 한 말

러시아는 몇 세기에 걸쳐 지속적으로 국가를 현대화하려고 노력한 끝에 결국 자신들의 문제를 해결할 수 있겠는가? 원칙적으로 말하면 그렇게 할 수 있다. 다른 나라들도 그렇게 했다. 일본은 한 세기도 안 되는 기간 동안 전통적 사회를 변모시켰다. 그보다 최근에 한국은 40년의 기간 동안 그 마술을 완수했다. 일본과 한국 모두 국제 하이테크놀로지 분야에서 러시아가 달성하지 못한 상태의 주요 행위자들이다.

소련은 기업가적 자본주의를 금지했고 대안적인 경제와 정치 체제

에 매진했다. 소련 정권의 종언은 러시아에게 창의적인 과학자들과 기술자들로부터 이익을 얻을 수 있는 역사상 가장 큰 기회를 제공했다. 그러나 러시아는 그렇게 할 것인가? 이 목표를 향한 첫걸음은 문제의 규모를 파악하는 것이다.

문제는 과학이나 기술의 문제가 아니라 사회적 문제이다. 내가 소개하는 작은 일화를 통해 이것을 가장 잘 설명할 수 있을 것 같다. 2010년 내가 MIT 행정가들과 공학자들과 함께 러시아를 방문했을 때, 우리 미국인 그룹은 러시아 행정가, 과학자들과 러시아의 후진성 문제에 대해 토론했다. 고위급 MIT 인사가 MIT의 '기업가 정신' 즉, 학부생들조차도 성공적 혁신에 전념하는 것, 스타트업 회사들을 자극하고 보호하는 경제적, 법적 연계망, 반대되는 의견도 허용하는 정치 질서 등에 대해 설명했다. 그러나 러시아인들은 계속해서 기술 자체로 이야기를 돌렸다. 어떻게 자신들이 하이테크놀로지에서 "이 다음 최고의 것"을 만들 수 있는가? 결국 MIT 인사는 더 이상 참지 못하고 이렇게 말했다. "당신들은 암소 없이 우유를 얻으려고 하고 있소!"

이 발언은 러시아가 당면한 거대한 문제를 지적하고 있다. 세계 하이테크의 주도적 참가자가 되기 위해서는 사회 전체를 개혁해야 한다. 하이테크에서 뛰어난 기술을 보유하는 문제는 원칙적으로 해결될 수 있지만, 실제로 해결책을 찾는 일은 엄청나게 어렵다.

'비즈니스'에 대한 러시아인들의 사고방식을 어떻게 바꿀 것인가? 사업가에 대한 인식을 바꾸어야 한다. 사업가는 혁신으로 돈을 버는 사람이자 존경할 만한 사람이며, 국가의 번영에 크게 기여하는 사람이라는 생각으로 바뀌어야 한다. 어떻게 성공적인 기업가가 정부 지도자들로부터 권력과 영향력의 경쟁자라는 경계를 받지 않고 장려될 수 있을 것인가? 표현의 자유, 지리적 이동과 경제적 독립이 높이 평가받고 보호되는 사회를 어떻게 만들 수 있을 것인가? 판사들이 정치적 권위로부터 독립되고, 지식재산권이 보호되며, 범죄를 저지른 사람도 사면을 받을 기회를 갖는 법적 체계를 어떻게 만들 것인가? 투자자들이 많을 뿐만 아니라, 새로운 아이디어를 발전시키는 위험 부담을 감수하는 경제 및 정치 질서를 어떻게 만들 것인가? 착취자들이 수익이 많이 나는 것으로 보이는 사업에 즉각 주의를 집중하는 만성적인 부패를 어떻게 극복할 수 있을 것인가? 어떻게 하면 하나의 개혁으로 교육과 연구를 하나의 통합된 작업으로 결합하고, 상아탑에 갇힌 것에 자부심을 느끼는 대신 응용과 경제 발전에 신경을 쓰는, 뛰어난 과학자들이 최고 수준의 성취를 이루어낼 수 있는 연구와 교육 체계를 만들 수 있을까?

앞에서 본 바와 같이 러시아가 당면한 문제는 진정 거대하다. 그러나 상황을 개선하는 것은 가능할 뿐만 아니라 현재 진행되고 있다. 특허법과 지식재산권법이 채택되었고, 실제 현장에서 시험되고 있다. "메네지멘트menedzhment"라는 말이 거의 유행이 될 정도로 경영대학들이 러시아 곳곳에 세워지고 있다. 러시아 정부는 기술 혁신의 필요성을 설파하고, 기술 파크와 기술 스타트업 재단에 큰 자금을 제공하고 있다. 러시아 비즈니스 관련 출판물들은 "현대화" 필요성을 계속 강조하고, "따라잡기 현대화" "자유주의적 현대화" "강제적 현대화" 같은 다양한 접근법을 반복해서 말하고 있다.[1] 이뿐만 아니라 러시아에는 수십만 명의 "기업가들"이 도매, 소상공업, 은행, 무역회사에서 합법적, 불법적으로 일하고 있다. 지금까지 이들 중 일부만이 자신들의 관심을 상업화된 하이테크로 돌렸지만, 이러한 전환 잠재력은 항시 존재한다. 지난 몇 년간 나는 상트페테르부르크와 톰스크의 몇몇 기술대학에서 기술 기업가가 되기를 원한다고 말하는 학부생들을 만났다(흥미롭게도 이들의 달라진 태도는 모스크바 밖의 기술 중심지에서 가장 분명했다).

그렇다면 러시아는 오랜 기간 지속된 함정에서 벗어나 현재 존재하는 지적, 예술적 성취를 상업적으로 성공하는 새로운 기술 혁신과 결합하는 나라가 될 수 있을 것인가?

이 질문에 대한 답으로는 쉬운 답이 있고, 더 어려우면서도 좀 더 실현 가능한 답이 있다. 쉬운 답은 다음과 같다.

러시아는 하이테크 강대국이 되기를 원한다. 그렇다면 러시아가 해야 할 일은 다음과 같다. 러시아는 정상적인 서구 국가가 되어야 한다. 진정한 민주주의를 확립하여 인권을 보호하고, 지식재산권과 기업가 모두를 보호하는 법률 제도를 만들고, 고등교육제도를 개선하여 연구와 강의를 결합하고, 비정부 기술연구센터를 허용하고, 부패를 척결하고, 최종적으로 새로운 기술을 증진하여 성실한 생활을 영위하는 비즈니스맨들을 존경하고 예우해야 한다.

현재로서는 이러한 처방의 완전한 성취는 상상하기 어렵다. 이것은 러시아의 전통에 모순되고, 오늘날 러시아에서 권력을 누리고 있는 힘센 사람들의 이익에 반한다.

오늘날 러시아의 하이테크에서 가장 유망한 발전은 정부의 현대화 프로젝트인 스콜코보나 루스나노가 아니다. 두 새로운 시도는 그 자체만으로는 오랫동안 러시아 정부가 간헐적으로 후원했다가 이를 방해하는 러시아의 사회, 정치, 경제 환경으로 인해 유야무야 사라진 현대화의 발작spasm을 닮았다. 오늘날 러시아 기술의 가장 강력한 자극은, 우리의 직관과 다르게 모스크바와 다른 도시들에서 최근에 나타난 사람들이다. 이 사람들은 러시아 역사에서 완전히 새로운 무언가를 대표하는 전문 직업인이자 부상하는 중산층이다.[2] 이 새로운 중산층만이 러시아를 신민의 국가에서 시민의 국가로 변형시킬 힘을 가지고 있다. 이 계층만이 창의성과 탁월성이 부패와 압제에 의해 파묻히지 않는 나라를 만들 수 있다. 만일 푸틴이 러시아가 현대화되는 것을 진지하게 원한다면, 그는 이 진정한 새 러시아인들이 러시아를 전통적인 지속 불가능한 '명령에 의한 혁신' 경제에서 지속 가능한 지식 경제 사회로 이끌도록 허용해야만 한다.

러시아 정치에서 이러한 기본적인 변화가 없는 상태에서는 다른 노선, 즉 '점진적인 개선'이라는 것이 가능하다. 이것은 앞서 언급된 각각의 개별적 요소를 개혁하여 러시아가 기술 혁신을 좀 더 수용하도록 만드는 것이다. 지식 재산권의 보호는 향상될 수 있고, 교육 개혁도 진행될 수 있으며, 중앙 정부의 지배력도 약화될 수 있고, 비즈니스맨에 대한 태도 변화도 시작될 수 있다. 이동에 대한 제약도 계속 줄어들 수 있고, 서방 회사, 대학과 러시아 회사, 대학 간의 연계도 강화될 수 있다.

이러한 단편적인 개혁은 러시아가 오늘날 기술 강국 수준으로 단번에 올라가기를 바라는 사람들에게는 분명히 실망을 안겨줄 테지만, 오랜 기간 반복된 패턴은 약해질 수 있다. 이 책에서 설명한 것과 같이, 러시아가 스스로를 깨우고 죄고 수준의 기술을 개발했다가 후진과 망각의 시기로 이어진, 여러 번 반복해서 일어난 주기인 '간헐적 발전'의 관행은 바뀔 수 있다. 러시아가 모든 분야에서 국제적인 하이테크 선도자가 아니라도 이러한 운명적 패턴은 덜 나타날 수 있다. 러시아가 해야 할 일은 계속 따라가는 것이며, 이 작은 발걸음이 세계 나머지 부분에서 일어나는 것과 발맞추는 데 엄청난 도움을 줄 수 있다. 이러한 점진주의적 시나리오에서 러시아는 하이테크 분야에서 세계 선도 국가가 아니라 그것에 분투하는 참가자가 될 수 있다. 이 과정에서 일부 분야에서는 선도적 자리를 차지하고, 다른 분야에서는 추적자가 될 것이다. 가까운 장래 동안 러시아는 정상적 민주 국가가 되는 것을 거부했기 때문에 과거의 함정에 머물 가능성이 크지만, 러시아의 고립은 줄어들고 간헐적 발전 과정은 덜 급작스럽게 될 것이다.

감사의 말

이 책을 쓰는 데 도움을 준 모든 사람들에게 감사의 인사를 전하려면, 대학원 시절부터 모스크바대학교에서의 학업, 그리고 수많은 러시아 여행까지, 성인 시절 전체를 되돌아봐야 할 것이다. 그 작업은 불가능하지만, 몇몇 사람들과 기관은 특별히 기억에 떠오른다. 가장 먼저 나의 아내 퍼트리샤 알비에르 그레이엄Patrica Albjerg Graham에게 감사한다. 아내는 나와 함께 여러 차례 러시아를 여행했고, 러시아어도 구사하며, 교육·연구 기금 분야의 전문가이다. 그녀는 나의 개인적, 직업적 영감의 원천이며, 나를 도와주면서도 때로는 나를 놀리기도 하는 두 가지 매우 중요한 역할을 해왔다. 나의 딸 메그Meg도 같은 재능을 가지고 있으며, 이들 두 모녀와 함께하는 것은 늘 큰 기쁨이었다. 이 책을 그들에게 바친다.

내가 러시아 연구를 시작하고 수년 동안 교수로 머물렀던 컬럼비아대학에 있던 내 교수님들 중 두 분이 나의 러시아 과학기술 탐구를 지원하는 데 남다르셨다. 헨리 로버츠Henry L. Roberts와 알렉산더 달린Alexander Dallin이 바로 그분들이다. 모스크바대학에서 나의 후속 연구는 대학간여행보조금위원회Inter-University Committee on Travel Grants의 지원으로 이뤄졌다. 이 위원회는 오늘날 국제연구교환이사회International

감사의 말 ǀ 221

Research and Exchanges Board로 존속하며 나에게 여러 번 지원을 해준 기관이다. 구겐하임재단Guggenheim Foundation, 우드로윌슨재단Woodrow Wilson Foundation, 슬론재단Sloan Foundation, 포드재단Ford Foundation, 맥아더재단John D. and Catherine T. MacArthur Foundation, 뉴욕의 카네기재단Carnegie Corporation of New York, 국립과학재단National Science Foundation, 민간연구개발재단Civilian Research and Development Foundation, 고등연구소Institute for Advanced Study, 미국철학회American Philosophical Society와 국립인문학기금 National Endowment for the Humanities 모두 내게 한 번 혹은 그 이상의 지원을 해주었다. 나는 민간 및 정부 기금들이 학자들을 지원하는 데 후한 나라에서 사는 큰 행운을 누렸다. 민간연구개발재단은 맥아더재단의 지원으로 나를 수십 차례 러시아 보내 많은 러시아 대학들과 연구 기관들을 방문할 수 있었다. 민간 연구개발재단의 매릴린 파이퍼Marilyn Pifer는 러시아와 미국 과학계의 교류와 공동 연구를 위한 꾸준한 지원 면에서 특별히 공로를 인정받아야 한다. 이 연구에서 특히 소중한 동료들로는 빅터 라비노비치Victor Rabinowitch, 마저리 세네샬Marjorie Senechal, 거슨 셔Gerson Sher 그리고 할리 배저Harley Balzer가 있다. 프랑스인 동료인 장—미셸 칸토르Jean-Michel Kantor는 러시아의 위대한 수학적 전통을 탐구하는 데 엄청난 도움을 주었다(Loren Graham and Jean-Michel Kantor, *Naming Infinity: A True Story of Religious Mysticism and Mathematical Creativity*, Harvard University Press, 2009 참조).

내가 가르쳤던 인디애나대학, 컬럼비아대학, MIT 그리고 하버드대학은 미국이 지식을 창조하고 적용하는 데 엄청난 도움을 주고 러시아를 포함한 많은 나라들에게 현재 모델이 된 교육과 연구를 결합하는 대학 형태의 전형이다. MIT에서 나에게 큰 도움을 준 사람들로는 월터 로젠블리스Walter Rosenblith, 도널드 블랙머Donald Blackmer, 메릿 로 스미스 Merritt Roe Smith, 로잘린드 윌리엄스Rosalind Williams, 데이비드 카이저David Kaiser, 라파엘 레이프Rafael Reif 그리고 그레고리 모건R. Gregory Morgan이 있다. 하버드대학의 에브렛 멘델슨Everett Medelsohn은 제도적으로나 개인적으로 모두 내게 큰 도움을 주었다. 에브렛과 그의 아내 메리 앤더슨Mary Anderson은 우리 부부의 가장 친한 친구들 중 하나이다. 피터 벅Peter Buck은 MIT와 하버드 모두에서 중요한 대화 상대였다. 하버드대학에서 나는 과학사학과와 데이비스 러시아-유라시아연구소Davis Center for Russian and Eurasian Studies의 많은 지원을 받았다. 데이비스 러시아-유라시아연구소의 팀 콜튼Tim Colton, 테리 마틴Terry Martin, 리스 탈로Lis Tarlow 그리고 알렉산드라 바크로Alexandra Vacroux는 학문이 꽃필 수 있는 분위기를 만들었다. 데이비스 러시아-유라시아연구소의 나의 연구실 동료였던 톰 사이먼스Tom Simons는 러시아와 여러 지역들에서 자신이 겪은 폭넓은 경험을 통해 내게 도움을 주었다.

    러시아에서도 많은 사람들이 나를 도와주었다. 도와준 사서, 문서 보관 담당자 및 동료들의 목록은 끝이 없으며 50년이 넘는 세월에 걸쳐 있다. 내가 여러 차례 소련을 방문하고 머무르는 동안, 그곳에서 과학 기술에 대해 너무 깊게 파고드는 바람에 몇 년 동안 소련 정부에 의해 기피 인물이 되기도 했지만, 나는 소련이나 러시아에서 개인적 적대감을 마주한 적은 없었다. 반대로 우정이 넘쳤고 학문이 꽃을 피웠다. 특별한 러시아 친구들로는 비발리 스타르제보이Vitalii Starchevoi, 세르게이 카피차Sergei Kapitsa, 안톤 스트루츠코프Anton Struchkov, 니콜라이 보론초프Nikolai Vorontsov와 그의 가족 전체, 미하일 스트리하노프Mikhail

Strikhanov, 다니엘 알렉산드로프Daniel Alexandrov, 발레리아 이바니우시나 Valeria Ivaniushina, 드미트리 바유크Dmitrii Bayuk, 라리사 베로제로바Larisa Belozerova, 올레그 하르호르딘Oleg Kharkhordin 그리고 이리나 데지나Irina Dezhina가 있다. 이들 중 일부는 나의 반半 회고록인 『Moscow Stories』에서 다뤄졌다. 이리나 데지나와 나는 『Science in the New Russia』라는 책을 공동으로 집필했고 수많은 논문도 같이 썼다. 그녀는 내 개인적인 친구이자 러시아 과학기술 정책 전문가이다.

내 인생의 기쁨 중 하나는 미국철학회이다. 이 학회는 프랑스 계몽주의의 놀라운 유산으로서 모든 교육받은 사람이 모든 지식 분야의 중요한 발전에 대해 어느 정도는 알고 있어야만 한다는 가정을 가지고 있다. 그곳에서 메리 패터슨 맥퍼슨Mary Patterson McPherson, 알렉산더 비언 Alexander Bearn, 하워드 가드너Howard Gardner, 사라 로런스-라이트풋Sara Lawrence-Lightfoot, 메리와 리처드 던 Mary and Richard Dunn 부부, 퍼넬 쇼핀 Purnell Choppin 그리고 한나 홀본 그레이Hanna Holborn Gray와 같은 사람들과의 대화는 내가 훨씬 더 교양 있는 사람이 되도록 도와주었다.

크네림, 윌리엄스 & 블룸의 아이크 윌리엄스Ike Williams of Kneerim, Williams & Bloom는 이 책 출간을 위한 나의 대리인으로서 능숙하게 역할을 수행했으며 그의 동료들인 캐트린 보몬트Kathryn Beaumont, 캐서린 플린 Katherine Flynn과 호프 데네캄프Hope Denekamp는 저자들이 최선을 다할 수 있도록 헌신한 인물들이다. MIT 출판사의 존 코벨John Covell은 이 책 출간을 지원하는 데 매우 크고 중요한 역할을 했다. 전문적인 교정 작업을 해준 마저리 패넬Marjorie Pannell에게 감사드리며, 출판 과정을 훌륭하게 마무리해준 데버라 칸터-애덤스Deborah Cantor-Adams에게도 깊은 감사를 표한다.

 이 책에 실린 사진들은 아바미디어Abamedia의 J. 미첼 존슨J. Mitchell Johnson이 제공했으며, 그의 러시아 문서보관소 기록사인 빅토르 벨랴코프Victor Belyakov가 훌륭하게 도와주었다.

메사추세츠주 케임브리지에서
로런 그레이엄

옮긴이 후기

옮긴이 중 한 명인 허승철은 하버드대학교 러시아연구소^현 Davis Center for Russian and Eurasian Studies에서 연구 활동을 하던 시절에 이 책의 저자인 그레이엄 교수를 2년간 가까이서 뵙고 여러 번 대화를 나누었다. 당시 MIT와 하버드대학 교수를 겸하고 있던 그레이엄 교수는 러시아연구소에서 매일 아침 10시부터 시작되는 차담회에 자주 참석했다. 당시 연구소 소장이었던 애덤 울람 교수가 주관하는 이 대화 시간에는 매일 10~20여 명의 교수, 연구원이 자유롭게 참여했고, 이 시간은 하버드 캠퍼스에서 유명해서 각 대학의 러시아 전문가와 보스턴 지역의 러시아 전공 교수들이 자주 방문했다. 이러한 인연으로 그레이엄 교수의 『Lonely Ideas』에 바로 관심을 갖게 되었고, 책을 번역하기로 마음먹게 되었다.

소련 과학사의 최고 권위자인 그레이엄 교수가 언론에 널리 알려진 것은 2018년 예카테린부르크 '혁신 포럼'에서 러시아 과학과 산업의 문제의 핵심을 발명Invention과 혁신Innovation의 차이로 설명한 짧은 강의 때문이다. 사회를 맡은 게르만 그레프 스베르방크 회장이 "러시아는 경쟁할 수 있는가?"라는 질문을 던지자 그레이엄 교수는 "당신들은 암소 없이 우유를 얻으려고 한다"라고 답한 다음, 러시아는 발명에는 강하지만 이것을 산업계 전반의 혁신으로 발전시키지 못한 것을 경쟁력 있는 상품을 만들어내지 못하는 원인으로 지적했다. 이 책의 내용도 결국은 이 두 단어로 요약해 설명할 수 있다. 옮긴이는 러시아 지역학 강의에서 이 개념을 러시아의 사회 발전에도 적용해 설명하곤 했다. 러시아에서 체제를 완전히 뒤엎는 혁명과 전환은 일어나지만, 사회를 점진적으로 개혁해나가는 데 실패한 것도 사회과학적 발명과 혁신의 문제로 설명할 수 있다. 러시아 역사는 외양적으로는 급격한 변화를 겪는 것 같아 보여도 사회의 혁신이 따르지 않기 때문에 사회가 정체된 느낌을 받게 된다. 그레이엄 교수는 이 책의 결론 부분에서 러시아의 문제는 과학과 기술의 문제가 아니라 사회적 문제라고 지적했다. 소련 붕괴 후 시장경제 체제는 채택했지만, 거버넌스에서 거의 혁신을 보여주지 못하는 러시아의 과학 기술과 산업의 앞날은 그리 밝아 보이지 않는다. 저자가 지적한 대로 권위주의 정치 체제를 유지하면서도 놀라운 기술 발전을 이루고 서방 국가를 위협하는 생산력을 갖추게 된 중국의 사례 연구로 이 책의 내용을 보완한다면, 혁신을 조장하는 국가와 사회의 역할에 대한 이해를 더욱 깊이 할 수 있을 것이다.

연보

● **1479년경**
모스크바 대포 공장이 설립되었으며, 이는 대포와 교회 종을 만드는 가장 기술적으로 발전된 주조소 중 하나가 되었다.

● **1632년**
툴라 조병창이 설립되었으며, 현재까지 지속된 역사를 가지고 있다. 때로는 번영했지만, 때로는 뒤처지기도 했다. 많은 서양 장인들(예: 안드레이 비니우스, 존 존스)이 툴라에서 일했다.

● **17세기 후반**
독일인 마을(네메츠카야 슬로보다)이 설립되어 서양 기술이 러시아에 도입되었다. 오늘날 러시아의 주요 공학 학교 중 하나인 바우만공과대학이 이 지역에 위치해 있다.

● **1697~1698년**
표트르 대제가 서유럽을 여행하며 조선 및 기타 기술을 연구했다. 그는 또한 서양 장인들을 러시아로 데려왔으며, 러시아인들을 서유럽으로 보내 기술을 배우게 했다.

● **1834년**
미론 체레파노프가 영국에서 수입되지 않은 유럽 대륙 최초의 증기기관차를 제작했다.

● **1835~1837년**
러시아 최초의 철도가 상트페테르부르크와 차르스코예 셀로 사이에 건설되었다.

● **1872년**
알렉산드르 로디긴은 토머스 에디슨이 전기 백열등에 대한 연구를 시작하기 몇 년 전에 전기 백열등에 대한 "발명 특권"을 신청했다.

● **1877~1878년**
파벨 야블로치코프가 전기 아크 램프로 파리와 런던의 거리를 처음으로 밝혔다.

● **1888년**
미하일 돌리보–도브로볼스키가 삼상 발전기와 삼상 전기 모터를 개발했다.

● **1894년**
알렉산드르 포포프가 자신의 첫 라디오를 만들었다. 1895년에는 600야드(약 549미터), 1897년에는 6마일(약 9.6킬로미터), 1898년에는 30마일(약 48킬로미터)의 송수신 거리를 달성했다.

● **1904년**
알렉세이 크릴로프가 미분 방정식 해법 기계를 제작했다.

● **1913년**
이고르 시코르스키가 세계 최초의 4발 엔진 항공기를 제작하고 비행했다.

● **1916년**
미하일 본치–브루예비치가 두 개의 음극선관을 사용한 전자 회로를 기반으로 플립플롭 릴레이를 개발했다.

● **1922년**
올레그 로세프가 작동하는 반도체 라디오 수신기와 송신기를 개발했다.

● **1923년**
올레그 로세프가 발광 다이오드를 제작했다.

● **1924~1925년**
유리 V. 로모노소프가 세계 최초로 가동하는 간선 디젤 기관차를 개발했다.

● **1927년**
게오르기 카르페첸코가 이종교배 과정에서 다배수성 종분화를 통해 새로운 종을 처음으로 생성했다.

● **1920년대**
러시아 생물학자들이 "진화적 종합"을 창안하는 데 도움을 주었으며, 유전자 풀의 개념을 처음으로 개발했다.

● **1935년**
블라디미르 셰스타코프가 부울 대수를 기반으로 한 전기 스위치 이론을 제안했으며, 이는 클로드 섀넌의 유명한 MIT 석사 논문보다 2년 앞선 것이다.

● **1938년**
소련 항공기 설계자들이 가장 긴 비행, 가장 높은 비행, 가장 빠른 비행을 포함하여 62개의 세계 기록을 세웠다.

● **1940년**
러시아 물리학자 발렌틴 파브리칸트가 레이저를 제안했으며, 1951년에 이에 대한 "저작 증명"을 신청했다.

● **1947년**
미하일 칼라시니코프가 역사상 가장 대중적인 소형 무기인 AK-47을 설계했다.

● **1948~51년**
세르게이 레베데프와 동료들이 유럽 대륙에서 첫 전자 컴퓨터를 제작했다.

● **1957년**

소련이 세계 최초의 인공위성을 발사했다.

● **1961년**

소련이 세계 최초로 인간을 우주로 보냈다.

● **1964년**

소련 물리학자 알렉산드르 프로호로프와 니콜라이 바소프가 레이저 개발로 노벨 물리학상을 수상했으며, 미국 물리학자 찰스 타운스도 함께 수상했다.

● **2000년**

조레스 I. 알표로프가 이종 트랜지스터 발명으로 노벨 물리학상을 공동 수상했다.

● **2007년**

나노 기술을 개발하기 위해 러시아나노기술공사(RUSNANO)가 설립되었다.

● **2010년**

러시아판 실리콘 밸리 창설을 위해 스콜코보재단이 설립되었다.

인명집

● 올레그 안토노프(1906~1984)
소련 항공기 설계자이자 안토노프 ASTC 항공사 창립자. 그는 농업 및 상업적 용도로 국내에서 사용된 여러 항공기를 설계했으며, 대형 항공기 An-124와 An-225도 포함된다.

● 조레스 I. 알표로프(1930~)
러시아 물리학자, 이종 트랜지스터 발명자이자 2000년 노벨 물리학상 공동 수상자. 현재 스콜코보 과학자문위원회의 공동 회장으로 활동 중.

● 니콜라이 바소프(1922~2001)
러시아 물리학자, 1964년 메이저 및 레이저 개발로 노벨 물리학상을 수상.

● 미하일 본치-브루예비치(1888~1940)
러시아 엔지니어. 1916년에 전자 플립플롭 릴레이를 개발했으며 라디오 및 진공관에 관한 많은 연구를 수행했다.

● 미론 체레파노프(1803~1849)
아버지 에핌 체레파노프와 함께 많은 증기기관을 제작한 러시아 발명가로, 1834년에 유럽 대륙에서 처음으로 영국이 아닌 곳에서 증기기관차를 제작했다.

● 세르게이 체트베리코프(1880~1959)
다윈 진화론과 멘델 유전학을 결합한 "현대 진화적 종합" 개발의 선구자. 1929년에 체포되었으며, 1948년에 그의 직책에서 쫓겨났다.

● 아나톨리 추바이스(1955~)
정치인 및 사업가로, 보리스 옐친하에서 민영화를 옹호했으며, 현재 러시아나노기술공사(RUSNANO)의 수장.

● 테오도시우스 도브잔스키(1900~1975)
저명한 유전학자이자 현대 진화적 종합 개발의 선구자. 1927년 러시아에서의 정치적 어려움으로 미국으로 이주했으며, 뉴욕 시의 록펠러연구소(후에 록펠러대학교)에서 오랜 경력을 쌓았다.

● 미하일 돌리보 도브로볼스키(1862~1919)
엔지니어이자 발명가로, 1888년에 삼상 발전기와 모터를 개발했으며, 1891년에 최초의 삼상 수력 발전소를 설계했다.

● 안드레이 에르쇼프(1931~1988)
소련의 컴퓨터 과학자이자 프로그래밍의 선구자. 노보시비르스크컴퓨터센터 설립에 기여했다.

● 발렌틴 파브리칸트(1907~1991)
1939년 박사 학위 논문에서 레이저 개념을 처음으로 제안했으며, 1951년에 "저자 증명"을 신청했다.

● 유리 가가린(1934~1968)
소련 우주비행사로, 우주로 나간 최초의 인간(1957년). 가가린은 비행기 추락 사고로 사망하기 전 국제적으로 유명 인사가 되었다.

● 발렌틴 가폰체프(1939~)
러시아 엔지니어이자 전자기기 기업가. 1995년에 러시아를 떠나 미국으로 이주하였으며, 이후 IPG포토닉스사의 대표가 되었다.

● 표트르 골트야코프(1791~?)
러시아의 무기 장인으로, 그의 아들 이반과 함께 19세기 툴라 조병창에서 왕실과 저명한 인사들을 위한 아름다운 무기를 제작했다.

● 아브람 이오페(1880~1960)
저명한 소련 과학자이자 소련 물리학의 요람이라 불리는 상트페테르부르크 물리기술연구소의 장. 반도체에 대한 많은 연구를 수행했다.

● 존 존스(?~?)
1817년 툴라로 간 영국의 총기 제작 장인이자, 이전의 단조 기술 대신 금형을 사용하여 무기고의 기술을 현대화했다.

● 미하일 칼라시니코프(1919~)
AK-47 돌격 소총, 20세기와 21세기에서 가장 유명한 소형 무기를 설계한 러시아의 무기 설계자.

● 게오르기 카르페첸코(1899~1941)
생물학자로, 교배를 통해 폴리플로이드 종 분화를 통해 새로운 종을 창조했다. 소련 비밀 경찰에 의해 처형되었다.

● 유진 카스퍼스키(1965~)
소프트웨어 디자이너이자 안티바이러스 소프트웨어 분야의 선도 기업인 카스퍼스키 연구소 창립자.

● 미하일 호도르콥스키(1963~)
전 러시아 사업가로, 한때 러시아에서 가장 부유한 사람이자 대형 석유 회사 유코스의 전 회장. 2003년에 체포되어 오랫동안 투옥되었다.

● 니콜라이 콜초프(1872~1940)
현대 유전학의 창시자. 1920년에 체포되었으나 그 후 석방되었다. 1940년 12월 2일 사망했으며, 공식적으로는 뇌졸중으로 사망한 것으로 되어 있으나 독살 가능성도 있다. 그의 아내는 같은 날 자살했다.

● **세르게이 코롤레프(1907~1966)**
소련 로켓 공학의 선두주자(익명의 "수석 설계자")이자 1950년대와 1960년대에 소련 우주선 개발자. 그는 1938년부터 1944년까지 투옥되었으며, "샤라시카"라는 특별 감옥에서 우주 연구를 계속했다.

● **이고르 쿠르차토프(1903~1960)**
핵물리학자이자 소련 원자폭탄 프로젝트의 책임자. 1954년 오브닌스크 원자력 발전소 건설에서 중요한 역할을 했으며, 이는 세계 최초로 전력망을 위한 전력을 생산한 원자력 발전소이다.

● **알렉세이 크릴로프(1863~1945)**
러시아 해군 공학자로, 1904년에 미분 방정식을 통합하는 기계를 제작했다.

● **세르게이 레베데프(1902~1974)**
전자공학자이자 컴퓨터 과학자로, 1948~1951년 동안 유럽 대륙에서 최초의 전자 컴퓨터를 제작했다.

● **알렉산드르 로디긴(1847~1923)**
러시아 전기 공학자이자 발명가로, 백열전구의 초기 개발자 중 한 명이다. 그는 1872년에 백열전구에 대한 "발명 특권"을 신청했으며, 이는 에디슨이 전구 연구를 시작하기 몇 년 전의 일이다.

● **유리 로모노소프(1876~1952)**
철도 공학자로, 1924년에 세계 최초로 작동에 성공한 간선 디젤 기관차를 제작했다.

● **미하일 로모노소프(1711~1765)**
러시아 최초의 중요한 과학자. 벤자민 프랭클린의 전기 실험을 반복했으며, 모자이크 제작, 세라믹, 화학, 물리학 등 실용적인 예술에 관심이 많았다.

● 올레그 로세프(1903~1942)
과학자이자 발명가로, 세계 최초로 실용적인 반도체 라디오를 제작했으며, 트랜지스터와 다이오드 개발을 예상했다.

● 트로핌 리센코(1898~1976)
사기성 생물학자로, 공산당의 지원을 받아 유망한 소련 유전학자들의 한 세대를 억압했다.

● 파벨 멜니코프(1804~1880)
재능 있는 철도 엔지니어로, 종종 성공적이지는 않으나 러시아에서 철도의 초기 개발을 끊임없이 추진했다.

● 드미트리 멘델레예프(1834~1907)
화학 원소의 초기 주기율표 개발자로 유명한 인물이며, 기술 산업의 촉진자로서 특히 농업, 치즈 생산, 석유 산업에서 기여했다.

● 안드레이 나르토프(1683~1756)
러시아 발명가이자 장인으로, 많은 선반과 기계 장비를 제작했다.

● 피터 팔친스키(1875~1929)
소련의 산업화를 돕기 위해 노력한 재능 있는 엔지니어로, 지나친 상명하달 식 계획과 이념적 왜곡을 비판했다가 체포되어 처형되었다.

● 표트르 대제(1672~1725)
1682년부터 사망할 때까지 러시아의 통치자. 강압적인 개혁가로, 많은 서양 기술을 러시아에 도입했다.

● 알렉산드르 포포프(1859~1906)
라디오 실용적 사용을 처음으로 시연한 러시아 물리학자. 그러나 상업적으로 라디오를 개발하는 데는 실패했다.

● 알렉산드르 프로호로프(1916~2002)
1964년에 제자인 니콜라이 바소프 및 미국 물리학자 찰스 타운스와 함께 메이저 및 레이저 개발로 노벨 물리학상을 수상한 러시아 물리학자. 타운스와 달리, 그는 이들의 상업적 발전을 촉진하기 위해 아무런 활동을 하지 않았다.

● 바실르 라메예프(1918~1994)
독립적인 구조를 가진 소련 컴퓨터의 창립자.

● 알렉산드르 세레브롭스키(1892~1948)
소련 유전학 발전의 선구자.

● 빅터 셰스타코프(1907~1987)
러시아 수학자, 논리학자, 전기 공학 이론가로, 부울 대수를 기반으로 한 전기 스위치 이론을 제안했으며, 이는 미국의 유명한 클로드 섀넌의 연구보다 2년 앞섰다.

● 이고르 시코르스키(1889~1972)
러시아-미국 항공기의 선구자로, 세계 최초의 4발 엔진 여객기를 러시아에서 제작했다. 정치적 이유로 미국으로 이주한 후 헬리콥터로 가장 유명해졌다.

● 니콜라이 티모페예프-레솝스키(1900~1981)
유명한 소련 생물학자로, 1930년대에 소련에서 리센코주의를 피해 독일로 이주했다. 제2차 세계대전이 끝날 무렵 소련에 의해 투옥되었으며, 오랫동안 감옥에서 연구를 계속했다가 나중에 석방되었다.

● 안드레이 투폴레프(1888~1972)
항공기 설계의 선구자. 1937년에 체포되었으나 특별 감옥("샤라시카")에서 항공기 설계를 계속했다. 그의 가장 잘 알려진 비행기 중 하나인 TU-104(1955년)는 초기 여객 제트기 중 하나였다.

● **니콜라이 바빌로프(1887~1943)**
저명한 생물학자로, 재배 식물의 기원 연구로 유명하다. 리센코에 반대하다가 1940년 체포되어 1943년에 감옥에서 사망했다.

● **빅토르 벡셀베르크(1956~)**
러시아 과두 정치인으로, 석유 및 알루미늄 산업을 장악했다. 현재 스콜코보 혁신 프로젝트의 리더로 활동 중이다.

● **안드레이 비니우스(?~?)**
툴라 근처, 모스크바 남쪽에 17세기 무기고를 설립한 네덜란드인. 이 무기고는 오늘날까지도 지속되고 있다.

● **조지 워싱턴 휘슬러(1800~1849)**
미국의 저명한 철도 엔지니어로, 1842년에 파벨 멜니코프에 의해 상트페테르부르크–모스크바 철도 건설 자문으로 고용되었다. 1849년에 상트페테르부르크에서 콜레라로 사망했다.

● **파벨 야블로치코프(1847~1894)**
러시아 전기 엔지니어로, 전기 아크 램프를 사용해 파리와 런던의 거리를 최초로 밝힌 인물.

● **블라디미르 즈보리킨(1888~1982)**
텔레비전 기술의 선구자.

미주

서론

1 Walter Isaacson, *Steven Jobs* (New York: Simon & Schuster, 2011), 321.

2 예를 들면 다음을 참조할 것. T. Ravichandran, "Redefining Organizational Innovation: Towards Theoretical Advancements," *Journal of High Technology Management Research* 10, no. 2 (2000): 243–274; V. A. Thompson, "Bureaucracy and Innovation," *Administrative Science Quarterly* 5 (1965): 1–20; M. H. Meyer and F. G. Crane, *Entrepreneurship: An Innovator's Guide to Startups and Corporate Ventures* (Los Angeles: Sage, 2011), xvii; H. Carpenter, "Definition of Innovation," CloudAve, June 29, 2010.

1부

1장

1 "Zapiski Grafa M. D. Buturlina," *Russkii Arkhiv* 36 (1898), pt. II, 418.

2 Iosif Khristianovich Gamel, *Description of the Tula Weapon Factory in Regard to Historical and Technical Aspects*, edited by Edwin A. Battison (New Delhi: Amerind Publishing, 1988), 1.

3 Edward V. Williams, *The Bells of Russia: History and Technology* (Princeton, NJ: Princeton University Press, 1985), esp. 52.

4 F. N. Zagorskii, *Andrei Konstantinovich Nartov, 1693–1756* (Leningrad: Nauka, 1969); M. E. Gize, Nartov v Peterburge (Leningrad: Lenizdat, 1988).

5 Istoriia Tul'skogo oruzheinogo zavoda, 1712–1972 (Moscow: Mysl', 1973).

6   Gamel, Description of the Tula Weapon Factory, 6-8.

7   Merritt Roe Smith, Harpers Ferry Armory and the New Technology: The Challenge of Change (Ithaca, NY: Cornell University Press), 325-326과 여러 곳. 나는 나에게 유익한 대화를 나눠주고 자신의 미발표 원고인 "The Military Roots of Mass Production, 1815-1913"를 보여준 스미스에게 감사의 인사를 전하고 싶다.

8   Edwin A. Battison, "Introduction to the English Edition," in *Gamel, Description of the Tula Weapon Factory*, xxiv.

9   Ibid., xxii.

10 Merritt Roe Smith, "Eli Whitney and the American System of Manufacturing," in *Technology in America: A History of Individuals and Ideas*, ed. Carroll Pursell, Jr. (Cambridge, MA: MIT Press, 1982), 45-61.

11 Ibid., 47.

12 Ibid., 48.

13 Battison, "Introduction," xii, and James Carrington et al., "Examination of Hall's Machinery," manuscript, January 6, 1827, in *A Collection of Annual Reports, Chief of Ordnance*, vol. 1 (1812-44) (Washington, DC, 1878) 참조.

14 Battison, "Introduction," xii.

15 Nathan Rosenberg, ed., *The American System of Manufactures* (Edinburgh: Edinburgh University Press, 1969); Charles H. Fitch, "Report on the Manufactures of Interchangeable Mechanism," in *Tenth Census of the U.S.: Manufactures II* (Washington, DC: U.S. Census Bureau, 1883), 611-645.

16 John Sheldon Curtiss, *The Russian Army under Nicholas I, 1825–1855* (Durham, NC: Duke University Press, 1965), 127.

17 Battison, "Introduction," xxv.

18 Smith, *Harpers Ferry Armory*.

19 Ibid., 323.

20 Ibid., 330.

21 *Gamel, Description of the Tula Weapon Factory; Istoriia Tul'skogo oruzheinogo zavoda, 1712–1972*; V. N. Ashurkov, *Gorod masterov* (Tul'skoe knizhnoe izdatel'stvo, 1958); M. I. Rostovtsev, *Tula* (Tula: Tul'skoe knizhnoe izdatel'stvo, 1958); V. Mel'shiian, *Tula: Ekonomiko-geograficheskii ocherk* (Tula: Prioskoe knizhnoe izdatel'stvo, 1968); V. Berman, ed., *Masterpieces of Tula Gun-Makers* (Moscow: Planeta, 1981).

22 Steven L. Hoch, *Serfdom and Social Control in Russia: Petrovskoe, a Village in Tambov* (Chicago: University of Chicago Press, 1986), 30 및 여러 곳 참조.

23 Ibid., 189.

24 Berman, *Masterpieces of Tula Gun-Makers*, 11.

25 Gamel, *Istoriia Tul'skogo oruzheinogo zavoda, 1712–1972*, 32–35.

26 Ibid., 52.

27 Rosenberg, *American System of Manufactures*, 7.

28 Ibid., 16.

29 Jake Rudnitsky and Stephen Bierman, "Exxon Fracking Siberia to Help Putin Maintain Oil Clout," *Bloomberg Businessweek*, June 14, 2012. 1950년대와 1960년대 소련의 수압파쇄법 연구에 대한 참고문헌들은 Thane Gustafson, *Wheel of Fortune: The Battle for Oil and Power in Russia* (Cambridge: Harvard University Press, 2012), 545, note 21 참조.

30 C. J. Chivers, *The Gun* (New York: Simon & Schuster, 2010).

31 *Rossiiskaia gazeta*, February 28, 2012, 3.

32 *Moscow Times*, November 30, 2012, 5.

33 M. T. Kalashnikov, *Ia s Vami shel odnoi dorogoi* [Memoirs] (Moscow: Dom "Vsia Rossiia," 1999).

2장

1 J. N. Westwood, *A History of Russian Railways* (London: George Allen & Unwin, 1964), 38.

2 Richard M. Haywood, *The Beginning of Railway Development in Russia and*

the Reign of Nicholas I, 1835–1842 (Durham, NC: Duke University Press, 1969), 242.

3   Merritt Roe Smith, "Becoming Engineers," manuscript, August 31, 1987, 32에서 인용.

4   V. S. Virginskii, *Cherepanovy* (Sverdlovsk: Sredne-Ural'skoe izdatel'stvo, 1987); Virginskii, *Efim Alekseevich Cherepanov, 1774–1842, Miron Efimovich Cherepanov, 1803–1849* (Moscow: Nauka, 1986); Virginskii, *Zhizn' i deiatel'nost' russkikh mekhanikov Cherepanovykh* (Moscow: Izdatel'stvo Akademii Nauk SSSR), 1966.

5   L. T. C. Roit, *George and Robert Stephenson: The Railway Revolution* (New York: Penguin, 1984); Hunter Davies, *A Biographical Study of the Father of the Railways, George Stephenson* (London: Quartet Books, 1977); Michael Robbins, *George and Robert Stephenson* (London: Oxford University Press, 1966).

6   M. I. Voronin, *P. P. Mel'nikov: Inzhener, uchenyi, gosudarstvennyi deiatel'* (St. Petersburg: Gumanistika, 2003), 195–222.

7   Ibid. 195–222.

8   Theodore H. Von Laue, *Sergei Witte and the Industrialization of Russia* (New York: Columbia University Press, 1963).

9   로모노소프에 대한 훌륭한 평전 Anthony Heywood, *Engineer of Revolutionary Russia: Iuri V. Lomonosov (1876–1952) and the Railways* (Farnham, Surrey; Burlington, VT: Ashgate, 2011) 참조.

10 Ibid.

11 Ibid., 208.

12 Ellen Barry, "Between Putin and Merkel, There's a Chill in the Air," *New York Times*, November 17, 2012, A6.

3장

1   George Westinghouse, "Opasnosti elektricheskogo osveshcheniia," *Elektrichestvo* 4 (1890): 68.

2   19세기 후반 러시아 과학계의 분위기와 정신에 대해서는 *Alexander Vucinich, Science in Russian Culture*, vol. 2 (Stanford, CA: Stanford University Press, 1963)와 Elizabeth Hachten, "In Service to Science and Society: Scientists and the Public in Late-Nineteenth-Century Russia," Osiris, 2nd ser., 17 (2002): 171-209를 참조.

3   L. D. Bel'kind, *Pavel Nikolaevich Iablochkov, 1847-1894* (Moscow: Izdatel' stvo Akademii Nauk SSSR, 1962), 190.

4   Robert Field and Paul Israel, *Edison's Electric Light: The Art of Invention* (Baltimore, MD: Johns Hopkins University Press, 2010), 91.

5   Liudmila Zhukova, *Lodygin* (Moscow: Molodaia gvardiia, 1989), 156.

6   L. D. Bel'kind, *Pavel Nikolaevich Iablochkov, 1847-1894* (Moscow: Izdatel' stvo Akademii Nauk SSSR, 1962).

7   *La lumière électrique*, no. 6 (1882): 378-379.

8   로파틴의 혁명적인 활동들에 대한 묘사는 Woodford McClellan, *Revolutionary Exiles: The Russians in the First International and the Paris Commune* (London: Frank Cass, 1979), esp. 118-124에서 찾을 수 있다. 또한 L. V. Davidov, *German Lopatin: Ego druz'ia i vragi* (Moscow: Sovetskaia Rossiia, 1984) 참조.

9   Moisei Radovskii, *Aleksandr Popov* (Moscow: Molodaia gvardiia, 2009).

10 Ibid., 9.

11 Gavin Weightman, *Signor Marconi's Magic Box: The Most Remarkable Invention of the 19th Century & the Amateur Inventor Whose Genius Sparked a Revolution* (Cambridge, MA: Da Capo Press / Perseus Books, 2003).

4장

1   Igor Sikorsky, *The Story of the Winged S* (New York: Dodd, Mead & Co., 1941); K. N. Finne, *Igor Sikorsky, The Russian Years* (Washington, DC: Smithsonian Institution Press, 1987); Dorothy Cochrane, Von Hardesty, and Russell Lee, *The Aviation Careers of Igor Sikorsky* (Washington, DC: National Air and Space Museum / University of Washington Press, 1989).

2   Scott W. Palmer, *Dictatorship of the Air: Aviation Culture and the Fate of Modern Russia* (Cambridge: Cambridge University Press, 2006), 15, citing GARF f.102 DPOO 1909, d. 310, l. 19.

3   Sergey Sikorsky (Igor Sikorsky's son), in conversation with Loren Graham, Russian Research Center, Harvard University, April 1, 1987.

4   "Sovetskaia poliarnaia aviatsiia pokoril Ameriku," *Nezavisimaia gazeta*, March 25, 2005.

5   Kendall Bailes, *Technology and Society under Lenin and Stalin: Origins of the Soviet Technical Intelligentsia, 1917–1941* (Princeton, NJ: Princeton University Press, 1978), 386.

6   L. L. Kerber, *Stalin's Aviation Gulag: A Memoir of Andrei Tupolev and the Purge Era*, edited by Von Hardesty (Washington, DC: Smithsonian Institution Press, 1996).

7   Andrew E. Kramer, "At 35,000 Feet, a Russian Image Problem," *New York Times*, August 30, 2011, B6.

5장

1   Clifford G. Gaddy, *The Price of the Past: Russia's Struggle with the Legacy of a Militarized Economy* (Washington, DC: Brookings Institution Press, 1996); Fiona Hill and Clifford Gaddy, *The Siberian Curse: How Communist Planners Left Russia Out in the Cold* (Washington, DC: Brookings Institution Press, 2003).

2   Kendall Bailes, *Technology and Society under Lenin and Stalin: Origins of the Soviet Technical Intelligentsia, 1917–1941* (Princeton, NJ: Princeton University Press, 1978).

3   Loren R. Graham, *The Ghost of the Executed Engineer: Technology and the Fall of the Soviet Union* (Cambridge, MA: Harvard University Press, 1993). 아랫부분의 자료는 이 책에서 가져왔다. Material in the following section is taken from this book. See also I. A. Garaevskaia, *Petr Pal'chinskii: biografiia inzhenera na fone voin i revoliutsii* (Moscow: Rossiia molodaia, 1996) 참조.

4   그의 "Rol' i zadachi inzhenerov v ekonomicheskom stroitel'stve Rossii," GARF (State Archive of the Russian Federation), f. 3348, op. 1, ed. khr 695 참조.

5   Pal'chinskii, "Zamechaniia po povodu prichin maloi podgotovlennosti k samostoiatel'noi rabote, davaemoi spetsial'nymi vysshimi shkolami molodym inzheneram, i o sposobakh izmeneniia takogo polozheniia," GARF, f. 3348, op. 1, ed. khr. 1, l. 40ff.

6   GARF, f. 3348, op. 1, ed. khr. 751, l. 2.

7   Anne D. Rassweiler, *The Generation of Power: The History of Dneprostroi* (New York: Oxford University Press, 1988).

8   Ibid., 45–47.

9   Stephen Kotkin, *Magnetic Mountain: Stalinism as a Civilization* (Berkeley: University of California Press, 1995); John Scott, *Behind the Urals: An American Worker in Russia's City of Steel* (Bloomington: Indiana University Press, 1989).

10 Palchinsky, "Gornaia ekonomika," *Poverkhnost' i nedra* 1, no. 29 (1927): 9.

11 Cynthia Ann Ruder, *Making History for Stalin: The Story of the Belomor Canal* (Gainesville: University Press of Florida, 1998). 스탈린주의적 정당화에 대해서는 M. Gor'kii, L. Averbakh, and S. Finn, eds., *Belomorsko-Baltiiskii kanal imeni Stalina: istoriia stroitel'stva 1931–1934 gg.* (Moscow: OGIZ, 1934)를 참조.

12 GARF, f. 3348, op. 1, ed. khr. 717.

13 Bailes, *Technology and Society under Lenin and Stalin* 참조.

14 Komarov, *The Destruction of Nature*, 57.

15 Paul R. Josephson, *Industrialized Nature: Brutal Force Technology and the Transformation of the Natural World* (Washington, DC: Island Press/Shearwater Books, 2002).

16 Hill and Gaddy, *The Siberian Curse*.

17 Ibid., 56.

18 Christopher J. Ward, *Brezhnev's Folly: The Building of BAM and Late Soviet*

Socialism (Pittsburg, PA: University of Pittsburgh Press, 2009).

19 *The Great Baikal-Amur Railway* (Moscow: Progress Publishers, 1977), 8.

20 V. Perevedentsev, "Where Does the Road Lead?" *Current Digest of the Soviet Press 40, no. 46 (1988), from Sovetskaia kul'tura*, October 11, 1988, 3.

21 *The Great Baikal-Amur Railway*, 1.

22 *Current Digest of the Soviet Press* 39, no. 23 (1987) from *Pravda*, June 11, 1987.

23 *Current Digest of the Soviet Press* 41, no. 17 (1989), from *Pravda*, April 26, 1989, 3.

24 Ibid.

25 Ibid.

26 *Current Digest of the Soviet Press* 39, no. 10 (1987), from *Sotsialisticheskaia industriia*, February 11, 1987, 2.

27 V. Khatuntsev, "Why the Young Main Line Is Not Operating at Full Capacity," *Pravda*, June 11, 1987; *Current Digest of the Soviet Press* 39, no. 23 (1987), 21.

28 Boris Komarov, *The Destruction of Nature in the Soviet Union* (White Plains, NY: M. E. Sharpe, 1980), 116–127와 Ward, *Brezhnev's Folly*, 12–41 참조. 또한 Douglas R. Weiner, *Models of Nature: Ecology, Conservation, and Cultural Revolution in Soviet Russia* (Pittsburgh, PA: University of Pittsburgh Press, 2000)와 그의 *A Little Corner of Freedom: Russian Nature Protection from Stalin to Gorbachev* (Berkeley: University of California Press, 1999) 및 Paul R. Josephson, *Resources under Regimes: Technology, Environment, and the State* (Cambridge, MA: Harvard University Press, 2004) 참조.

29 북부 사람들의 대표 블라디미르 상기와의 대화, 모스크바, 1990년 12월과 1991년 10월.

30 Perevedentsev, "Where Does the Road Lead?," 3.

31 Tat'iana Gurova and Aleksandr Ivanter, "My nichego ne proizvodim," *Ekspert*, November 26–December 2, 2012, 19–26.

6장

1 A. G. Ostroumov and A. A. Rogachev, "O. V. Losev—pioner poluprovodnikovoi elektroniki," in *Fizika: problemy, istoriia, liudi*, ed. V. M. Tuchkevich (Leningrad: Nauka, 1986), 183.

2 Ibid., 183-217.

3 M. A. Novikov, "Oleg Vladimirovich Losev—pioner poluprovodnikovoi elektroniki (K stoletiiu so dnia rozhdeniia)," *Fizika tverdogo tela* 46, no. 1 (2004): 5-9 (영어 번역본은 *Physics of the Solid State 46*, no. 1 (2004): 1-4 를 보라. 또한 "O. V. Losev—izobretatel' kristadina i svetodioda," http://led22.ru/ledstat/losev/losev.htm (accessed January 19, 2011) 참조.

4 "The Crystodyne Principle," Radio News, September 1924, 294-295.

5 O. V. Losev, "Deistvie kontaktnykh detektorov: Vliianie temperatury na generiruiushchii kontakt," *Telegrafiia i telefoniia bez provodov*, March 1923, 45-62.

6 Iu. R. Nosov, "Svet iz karbida kremniia," *Khimiia i zhizn'* 2 (2004): 42-46. 또한 Nikolay Zheludev, "The Life and Times of the LED: A 100 year history," *Nature Photonics* 1, no. 4 (2007): 189-192 참조.

7 O. V. Lossev, "Luminous carborundum detector and detection effect and oscillations with crystals," *Philosophical Magazine* 5 (November 1928): 1024-1044; Losev, "Über die Anwendung der Quantentheorie zur Leuchtenerscheinungen am Karborundumdetektor," *Physikalische Zeitschrift* 30 (1929): 920-923; Losev, "Leuchten II des Karborundumdetektors, elektrische Leitfähigkeit der Krystalldetektoren," *Physikalische Zeitschrift* 32 (1931): 692-695; Losev, "Über den lichtelektrischen Effekt in besonderer aktiven Schicht der Karborundumkrystalle," *Physikalische Zeitschrift* 34 (1933): 397-403; Losev, *Telegrafiia i telefoniia bez provodov* 44 (1927): 485-494.

8 Zheludev, "The Life and Times of the LED," 191.

9 Egon E. Loebner, "Subhistories of the light-emitting diode," *IEEE Transactions on Electron Devices* 23 (1976): 675-699.

10 Novikov, "Oleg Vladimirovich Losev," 5.

11 *Telegrafiia i telefoniia bez provodov* 25 (July 1924): 342–343; *"Crystadyne" Homemade radio receiver using a crystal detector* (in English), circular no. 120 (Moscow: Bureau of Standards, 1925).

12 Loebner, "Subhistories of the light-emitting diode," 128.

13 Ibid., 685.

14 O. V. Losev, "Svechenie II: Elektroprovodnost' karborunda i unipoliarnaia provodimost' detektorov," *Vestnik elektrotekhniki* 8 (1931): 247–255.

15 Ostroumov and Rogachev, "O. V. Losev," 212.

16 켄달 베일스는 이 시기 소련 공학자들에 대한 연구에서 같은 이유에서 "생산으로부터의 탈출"에 대해 이야기했다. 그의 논문 "The Politics of Technology: Stalin and Technocratic Thinking among Soviet Engineers," *American Historical Review* 79, no. 2 (1974): 445–469 참조.

17 이오페 연구소에 대해서는 Paul R. Josephson, *Physics and Politics in Revolutionary Russia* (Berkeley: University of California Press, 1991), *Lenin's Laureate: Zhores Alferov's Life in Communist Science* (Cambridge, MA: MIT Press, 2010) 및 *Totalitarian Science and Technology* (Amherst, NY: Humanity / Prometheus Books, 2005) 참조.

18 Lillian Hoddeson and Vicki Daitch, *True Genius: The Life and Science of John Bardeen* (Washington, DC: Joseph Henry Press, 2002), 276.

19 다음 웹사이트 http://www.tvr.by/eng/president.asp?id=69216 (accessed June 10, 2012) 참조. 라이스 인용문은 Condoleezza Rice, "Russia's Future Linked to Democracy," CNN, April 20, 2005.

7장

1 H. J. Muller to O. Mohr, November 19, 1933, Lilly Library, Indiana University, Bloomington, quoted by Elof Carlson, *Genes, Radiation and Society: The Life and Work of H. J. Muller* (Ithaca, NY: Cornell University Press, 1981), 194.

2 Mark Adams, "The Founding of Population Genetics: Contributions of

the Chetverikov School, 1924-1934," *Journal of the History of Biology* 1, no. 1 (1968): 23-39; Adams, "Towards a Synthesis: Population Concepts in Russian Evolutionary Thought 1925-1935," *Journal of the History of Biology* 3, no. 1 1970): 107-129; Adams, "From Gene Fund to Gene Pool: On the Evolution of Evolutionary Language," *Studies in the History of Biology* 3 (1979): 241-285; Adams, "Sergei Chetverikov, the Kol'tsov Institute, and the Evolutionary Synthesis," in *The Evolutionary Synthesis: Perspectives on the Unification of Biology*, ed. Ernst Mayr and William Provine (Cambridge, MA: Harvard University Press, 1980), 242-278.

3   G. D. Karpechenko, "Polyploid hybrids of Raphanus sativus x Brassica oleracea L.," Bulletin of Applied Botany 17 (1927): 305-408. 카르페첸코는 무와 양배추를 교배하여 번식 가능한 자손을 생산하는 교잡종을 만들어냈다.

4   S. S. Chetverikov, "O nekotorykh momentakh evoliutsionnogo protsessa s tochki zreniia sovremennoi genetiki," *Zhurnal eksperimental'noi biologii* 2 (1926): 3-54.

5   N. L. Krementsov, *International Science between the World Wars: The Case of Genetics* (London: Routledge, 2005).

6   David Joravsky, *The Lysenko Affair* (Cambridge, MA: Harvard University Press, 1979), Loren R. Graham, "Genetics," in *Science, Philosophy and Human Behavior in the Soviet Union* (New York: Columbia University Press, 1987), 102-156 및 Valerii Soifer, *Lysenko and the Tragedy of Soviet Science* (New Brunswick, NJ: Rutgers University Press, 1994) 참조.

7   Loren R. Graham, "The Biggest Fraud in Biology," in *Moscow Stories* (Bloomington: Indiana University Press, 2006), 120-127.

8   다음 웹사이트 http://en.wikipedia.org/wiki/List_of_biotechnology_companies (accessed May 13, 2011) 참조.

8장

1   이것과 다른 많은 세부 사항은 Georg Trogemann, Alexander Y. Nitussov, and Wolfgang Ernst, eds., *Computing in Russia: The History of*

Computer Devices and Information Technology Revealed (Braunschweig: Vieweg, 2001)에 있다. 또한 L. G. Khomenko, Dramatizm sudeb otechestvennoi kompiuternoi tekhniki i kibernetiki (Kiev: Izdatel'skii dom Burago, 2003)도 참조.

2 소련의 소형전자기기 개발에서 미국인 이민자 공학자들이 한 역할에 대해서는 Mark Kuchment, "Active Technology Transfer and the Development of Soviet Microelectronics," in *Selling the Rope to Hang Capitalism?*, ed. Charles Perry and Robert Pfaltzgraff, Jr. (Washington, DC: Pergamon-Brassey, 1987), 60–77을 참조.

3 S. Frederick Starr, "New Communications Technology and Civil Society,"와 Seymour Goodman, "Information Technologies and the Citizen: Toward a 'Soviet-Style Information Society'?," in *Science and the Soviet Social Order*, ed. Loren R. Graham (Cambridge, MA: Harvard University Press, 1990), 19–50, 51–67.

4 Anya Belkina, *System Preferences*, DVD, Boston, 2012 (벨키나는 라메예프의 손녀이다).

5 스탈린 시기 소련 물리학계의 분위기에 대해서는 Alexei B. Kojevnikov, *Stalin's Great Science: The Times and Adventures of Soviet Physicists* (London: Imperial College Press, 2004) 참조. 또한 N. L. Krementsov, *Stalinist Science* (Princeton, NJ: Princeton University Press, 1997) 참조.

6 M. Iaroshevskii, "Kibernetika—'nauka' mrakobesov," *Literaturnaia gazeta*, April 5, 1952, 4.

7 Materialist, "Komu sluzhit kibernetika?," *Voprosy filosofii* 5 (1953): 210–219.

8 Slava Gerovitch, *From Newspeak to Cyberspeak: A History of Soviet Cybernetics* (Cambridge, MA: MIT Press, 2002).

9 A. I. Berg et al., eds., *Kibernetika na sluzhbu kommunizma* (Moscow, 1961).

10 Richard W. Judy and Robert W. Clough, *Soviet Computers in the 1980s* (Indianapolis: Hudson Institute, 1988).

11 Starr, "New Communications Technology and Civil Society" and Goodman, "Information Technologies and the Citizen: Toward a 'Soviet-Style Information Society'?," in *Science and the Soviet Social Order*,

19 – 50, 51 – 67.

12　Loren R. Graham, *Moscow Stories* (Bloomington: Indiana University Press, 2006), 158 – 159.

9장

1　Theodore Maiman, *The Laser Odyssey* (Blaine, WA: Laser Press, 2000), 208.

2　Jeff Hecht, *Beam: The Race to Make the Laser* (Oxford: Oxford University Press, 2005).

3　I. G. Bebikh, ed., *Aleksandr Mikhailovich Prokhorov, 1916–2002* (Moscow: Nauka, 2004).

4　*Nikolai Gennadievich Basov* (Moscow: Nauka, 1982).

5　Maiman, *Laser Odyssey*, 7.

6　L. Biberman, B. A. Veklenko, V. L. Ginzburg, et al., "Pamiati Valentina Aleksandrovicha Fabrikanta," *Uspekhi fizicheskikh nauk* 161, no. 6 (1991): 215 – 218.

7　Maiman, *Laser Odyssey*, 208.

8　Hecht, Beam, 14에서 인용.

9　Nick Taylor, *Laser: The Inventor, the Nobel Laureate, and the Thirty-Year Patent War* (New York: Simon & Schuster, 2000).

10　Alexander Prokhorov, Loren R. Graham과의 인터뷰, Moscow, fall 1986.

11　Joan Bromberg, *The Laser in America 1950–1970*, (Cambridge, MA: MIT Press, 1991); Hecht, *Beam*; and Taylor, *Laser*.

12　Maiman, Laser Odyssey.

13　I. A. Shcherbakov, "K istorii sozdaniia lazera," *Uspekhi fizicheskikh nauk* 181, no. 1 (January 2011): 71 – 78; A. M. Leontovich and Z. A. Chizhikova, "O sozdanii pervogo lazera na rubine v Moskve," *Uspekhi fizicheskikh nauk* 181, no 1 (January 2011): 82 – 91; I. M. Belousova, "Lazer v SSSR: pervye shagi," *Uspekhi fizicheskikh nauk* 181, no. 1 (January

2011): 79-81.

14 Maiman, *Laser Odyssey*, 186.

15 Ibid., 137과 다른 곳.

16 Iurii Medvedev, "Uspekh ili Nobel'," *Rossiiskaia gazeta*, December 13, 2007.

17 A. A. Dorodnitsyn, A. M. Prokhorov, G. K. Skriabin, and A. N. Tikhonov이 서명한 "Kogda teriaiut chest' i sovest'," *Izvestiia*, July 3, 1983.

18 Morris Pripstein, Physics Division, National Science Foundation, speech of February 15, 2010, American Physical Society.

19 Taylor, *Laser*, 287.

20 Laser Focus World, http://www.optoiq.com/index/photonics-technologiesapplications/lfw-display/lfw-article-display.articles.laser-focus-world.volume-32.issue-7.departments.marketwatch.laser-industry-in-russia-struggles-to-build-market.html (accessed January 13, 2011).

21 *SPIE Professional*, July 2007, http://spie.org/x14793.xml (accessed January 17, 2011).

10장

1 Keith Crane and Artur Usanov, "Role of High-Technology Industries," in *Russia After the Global Economic Crisis*, ed. Anders Aslund, Sergei Guriev, and Andrew C. Kuchins (Washington, DC: New Economic School, Peterson Institute for International Economics, Center for Strategic and International Studies, 2010), 95-123, 103를 보라. 크레인과 우사노프의 논문은 훌륭하다.

2 Asif A. Siddiqi, *Challenge to Apollo: The Soviet Union and the Space Race, 1945-1974* (Washington, DC: National Aeronautics and Space Administration, 2000).

3 Loren R. Graham, *Moscow Stories* (Bloomington: Indiana University Press, 2006), 18-21.

4   Robert MacGregor, "The Little Engine That Could," paper presented at Princeton University, spring 2011. 이 논문은 곧 나올 1945-1975년 미국과 소련의 로켓 엔진에 대한 그의 프린스턴대학 박사논문의 일부이다.

5   Alissa de Carbonnel, "Botched Mars Mission Shows Russian Industry Troubles," Reuters, November 16, 2011.

6   Elena Shipilova가 "What Role Will Russia Play in the Space Century?," *Russia Beyond the Headlines*, May 29, 2012에서 스콜코보 혁신센터 우주기술부장 세르게이 주코프(Sergei Zhukov)를 인용.

2부

1   예를 들면 Nathan Rosenberg, *Exploring the Black Box: Technology, Economics and History* (Cambridge: Cambridge University Press, 1994)를 참조. 기술보다는 사업에 더 중점을 둔 실패 분석에 대한 것은 Scott A. Sandage, *Born Losers: A History of Failure in America* (Cambridge, MA: Harvard University Press, 2005)를 참조.

11장

1   Istoriia tekhnicheskikh proryvov v rossiiskoi imperii v XVII - nachale XX vv.: Uroki dlia XXI v.? (St. Petersburg: European University in St. Petersburg, 2010); Ingrid Oswald, Eckhard Dittrich, and Viktor Voronkov, eds., *Wandel alltäglicher Lebensführung in Russland: Besichtigungen des ersten Transformationsjahrzehts" in Skt. Peterburg* (Hamburg: LIT, 2002).

2   위의 모든 인용문들은 *Istoriia tekhnicheskikh proryvov v rossiiskoi imperii v XVII-nachale XX vv*에서 가져옴.

3   Deirdre McCloskey, *Bourgeois Dignity: Why Economics Can't Explain the Modern World* (Chicago: University of Chicago Press, 2010). 오늘날 우리가 "모험 자본주의"라고 부를 수 있는 것을 18세기 영국에서 "탐지가" 증가하는 것에 대한 것은 Robert C. Allen, The British Industrial Revolution in Global Perspective (Cambridge: Cambridge University Press, 2009)를 참조.

4   구교 신자들은 프로테스탄트들(신교인들)과 다소 유사했으며, 그들은 초기 러시아 기업가 활동에서 유난히 두드러진 역할을 했다. William Blackwell, "The Old Believers and the Rise of Private Industrial Enterprise in Early Nineteenth-Century Moscow," *Slavic Review* 24, no. 3 (1965): 407 - 424을 참조.

5   See Alfred J. Rieber, *Merchants and Entrepreneurs in Imperial Russia* (Chapel Hill: University of North Carolina Press, 1982).

6   Michael D. Gordin, *A Well-Ordered Thing: Dimitrii Mendeleev and the Shadow of the Periodic Table* (New York: Basic Books, 2004)을 참조.

7   *Bol'shaia Rossiiskaia Entsiklopedia* (Moscow: BRE, 2006), 4:363.

8   Loren R. Graham, *Science in Russia and the Soviet Union* (Cambridge: Cambridge University Press, 1992), 190 - 196와 같은 저자의 "How Willing Are Scientists to Reform Their Own Institutions?," in *What Have We Learned About Science and Technology from the Russian Experience?* (Stanford, CA: Stanford University Press, 1998), 74 - 97을 참조.

9   Daron Acemoglu and James A. Robinson, *Why Nations Fail: The Origins of Power, Prosperity, and Poverty* (New York: Crown Publishers, 2012).

10 Yegor Gaidar, *Russia: A Long View*, trans. Antonina W. Bouis (Cambridge, MA: MIT Press, 2012), 153.

12장

1   Kenneth Pomeranz, *The Great Divergence: China, Europe, and the Making of the Modern World Economy* (Princeton, NJ: Princeton University Press, 2001) 참조.

2   James E. Oberg, *Red Star in Orbit* (New York: Random House, 1981), 74 - 7; Leonid Vladimirov, *The Russian Space Bluff: The Inside Story of the Soviet Drive to the Moon* (New York: Dial Press, 1973), and A. A. Blagonravov, ed., *Uspekhi SSSR v issledovanii kosmicheskogo prostranstva* (Moscow: Nauka, 1968). 또한 Von Hardesty and Gene Eisman, *The Inside Story of the Soviet and American Space Race* (Washington, DC: National Geographic Society, 2007) 참조.

3   "New Broader Russian Treason Law Alarms Putin Critics," Reuters, November 14, 2012.

14장

1   훌륭한 최근 연구로는 Alain Pottage and Brad Sherman, *Figures of Invention: A History of Modern Patent Law* (Oxford: Oxford University Press, Oxford, 2000)와 Christine MacLeod, *Inventing the Industrial Revolution: The English Patent System, 1660–1800* (Cambridge: Cambridge University Press, 2001)가 있다.

2   *Manifest o privilegiiakh na raznye izobreteniia i otrkrytiia v khudozhestvakh i remeslakh*, June 17, 1812, PSZ 1830, vol. 32, no. 25143.

3   *Vysochaishe utverzhdennoe polozhenie o privilegiiakh*, November 22, 1833, PSZ 1834, vol. 8, no. 6588.

4   *Vysochaishe utverzhdennnoe mnenie gosudarstvennogo soveta ob izmenenii poriadka deloproizvodstva po vydache privilegii na novye otkrytiia i izobreteniia*, March 30, 1870, PSZ 1874, vol. 45, no. 48202.

5   A. Skorodinski, *Russian Patent Law and Practice* (London: Herbert Haddan & Co., 1911), 52ff.

6   A. Skorodinskii, *K peresmotru polozheniia o privilegiiakh 1896 goda na izobreteniia* (St. Petersburg, 1910), 110.

7   Anneli Aer, "Patents in Imperial Russia: A History of the Russian Institution of Invention Privileges under the Old Regime," *Annales Academiae Scientiarum Fennicae Dissertationes Humanarum Litterarum (Helsinki)* 76 (1995): 194.

8   Ibid, p. 69.

9   Ibid, p. 153.

10 Skorodinski, *Russian Patent Law and Practice*.

11 Aer, "Patents in Imperial Russia," 202.

12 V. I. Lenin, *Sochineniia*, 4th ed. (Moscow: Gosudarstvennoe izdatel'stvo

politicheskoi literaturi, 1941), 22:263.

13 See N. A. Raigorodskii, *Izobretatel'skoe pravo SSSR* (Moscow: Iurizdat, 1949); B. S. Antimonov and E. A. Feishits, *Izobretatel'skoe pravo* (Moscow: Gosiurizdat, 1960); E. A. Maikapar, *Izobretenie i patent* (Moscow: Izdatel' stvo znanie, 1968); A. K. Iurchenko, *Problemy sovetskogo izobretatel'skogo prava* (Leningrad: Izdatel'stvo LGU, 1963); E. P. Torkanovskii, *Sovetskoe zakonodatel'stvo ob izobretatel'stve i ratsionalizatsii* (Kuibyshev: Kuibyshevskoe knizhnoe izdatel'stvo, 1964); V. A. Dozortsev, *Okhrana izobretenni v SSSR* (Moscow: Trudy TsNIIPI, 1967); V. P. Skripko, *Okhrana prav izobretatelei I ratsionalizatorov v SSSR* (Moscow: Nauka, 1972); "Polozhenie ob otkrytiiakh, izobreteniiakh, i ratsionalizatorskikh predlozeniiakh," *Voprosy izobretatel'stva* 10 (1973): 58 – 80.

14 James M. Swanson, *Scientific Discoveries and Soviet Law: A Sociohistorical Analysis* (Gainesville: University of Florida Press, 1984), 122.

15 Manfred Wilhelm Balz, *Invention and Innovation under Soviet Law: A Comparative Analysis* (Lexington, MA: Lexington Books, 1975), 125.

16 Joseph S. Berliner, *The Innovation Decision in Soviet Industry* (Cambridge, MA: MIT Press, 1976).

17 The Patent Law of the RF, coming into effect on Oct. 14, 1992, by resolution of the Supreme Soviet of RF of Sept. 23, 1992, no. 3517 – 1. Law of the RF "Concerning trademarks, service marks and the designation of places of origin of goods," of Sept. 23, 1992, no. 3520 – 1; Law of the RF "Concerning legal protection for computer programs and databases," of Sept. 23, 1992, no. 3523 – 1; Law of the RF "Concerning protection of the topology of integrated Microsystems," of Sept. 23, 1997; Law of the RF "On competition and restricting of monopolistic activity in goods markets"; Law of the RF "Concerning author's rights in contiguous rights" of July 9, 1993, no. 5351 – 1; Law of the RF "On selective achievements" of August 6,1993, no. 5605 – 1; Federal Law of the RF "On the ratification of the Eurasian patent convention," of June 1, 1995, no. 85–FZ; Civil Code of the RF, Part I, Federal law of Nov. 30, 1994, no. 5–FZ; Civil Code of the RF, Part II,

Federal law of Jan. 26, 1996, no. 15-FZ; Tax code of the RF, Federal law of June 13, 1996, no. 63-FZ.

18 Edict (ukaz) of the President of the RF of May 14, 1998, no. 556, "On the legal protection of the results of R&D work of a military, special, and dual-use nature." Resolution (postanovlenie) of the government of the RF of Sept. 29, 1998, "On the first-priority measures for the legal protection of the interests of the government in economic and civil-law circulation of the results of R&D of military, special, and dual-use nature."

19 "Basic directions of government policy for the economic utilization of the results of S&T activity," Order (Rasporiazhenie) of the Government of the RF of Nov. 30, 2001, no. 1607-r.

20 Derek Curtis Bok, Universities in the Marketplace: The Commercialization of Higher Education (Princeton, NJ: Princeton University Press, 2003) 참조.

21 MIT에서 발생하는 *Technology Review* 2005년 6월호 전체를 참조하라. 여기에서 저명한 변호사들이 공개(open-sources) 소프트웨어와 디지털화한 정보 보호 문제에 대한 상반된 견해들을 취하고 있다.

15장

1 *Science, Technology and Industry Outlook* (Paris: OECD, 1996), 3에서 발췌 인용된 Organisation for Economic Co-operation and Development, "The Knowledge-Based Economy." http://www.oecd.org/science/sci-tech/1913021.pdf.

2 William Rosen, *The Most Powerful Idea in the World: A Story of Steam, Industry and Innovation* (New York: Random House, 2010).

3 Irina Dezhina, "Creating Linkages: Government Policy to Stimulate R&D through University-Industry Cooperation in Russia," manuscript, July 2012.

16장

1. Data from the website of Transparency International, http://cpi.transparency.org/cpi2011/results.
2. Russia Science Park Skolkovo Hit by Fraud Probe," Reuters, Feb. 13, 2013.
3. "Top Skolkovo Executives Threatened by Criminal Investigation," *East-West Digital News*, March 4, 2013.

17장

1. S. F. Ol'denburg, "Vpechatleniia o nauchnoi zhizni v Germanii, Frantsii i Anglii," *Nauchnyi rabotnik*, February 1928, 89.
2. 이 부분은 Loren R. Graham and Irina Dezhina, Science in the New Russia: Crisis, Aid, Reform (Bloomington: Indiana University Press, 2008)에서 가져온 것이다.
3. George W. Corner, *A History of the Rockefeller Institute: 1901–1953, Origins and Growth* (New York: Rockefeller Institute Press, 1964), 9.
4. F. Glum, "Zehn Jahre Kaiser-Wilhelm-Gesellschaften zur Förderung der Wissenschaften," *Naturwissenschaften* 18 (May 6, 1921): 293–300. 또한 Loren R. Graham, "The Formation of Soviet Research Institutes: A Combination of Revolutionary Innovation and International Borrowing," in *Russian and Slavic History*, ed. Don Karl Rowney and G. Edward Orchard (Columbus, OH: Slavica Publishers, 1977), 49–75를 참조하라.
5. S. F. Ol'denburg, "Vpechatleniia o nauchnoi zhizni v Germanii, Frantsii i Anglii" [Impressions of scientific life in Germany, France, and England], *Nauchnyi rabotnik*, February 1927, 89.
6. Denis Guthleben, Histoire du CNRS de 1939 à nos jours (Paris: Armand Colin, 2009); David Caute, Communism and the French Intellectuals, 1914–1960 (New York: Macmillan, 1964), esp. 308–309.
7. Jonathan R. Cole, *The Great American University: Its Rise to Preeminence, Its Indispensable National Role, Why It Must be Protected* (New York: Public

Affairs, 2009).

8   Corner, *A History of the Rockefeller Institute*, 39.
9   Corner, *A History of the Rockefeller Institute*, 541과 록펠러연구소와 록펠러 대학의 전 교수이자 이사였던 알렉산더 비언과의 2003~2005년 대화들.
10 알렉산더 비언과의 2003~2005년 대화들.
11 Richard Feynman, "The Dignified Professor," in *Surely You're Joking, Mr. Feynman! Adventures of a Curious Character* (New York: Bantam Books, 1986), 220–221 (iPad edition).
12 Roald Hoffmann, "Research Strategy: Teach," *American Scientist* 84 (January–February 1996): 20. 또한 Hoffmann's "University Research and Teaching: An Enriching and Inseparable Combination," *Boston Sunday Globe*, November 5, 1989 참조.
13 David F. Feldon, James Peugh, Brianna E. Timmerman, Michelle A. Maher, Melissa Hurst, Denise Strickland, Joanna A. Gilmore, and Cindy Stiegelmeyer, "Graduate Students' Teaching Experiences Improve Their Methodological Research Skills," *Science* 333, no. 6045 (August 19, 2011): 1037–1039.
14 2010~2011년 타임스 고등교육(Times Higher Education) 순위에서 세계 상위 200개 대학에 러시아 대학은 포함되지 않았다. 2010년 상하이 자오퉁 대학교 순위에서는 모스크바대학교가 74위를 기록했다. 2013년에는 타임스 고등교육 세계 명성 순위(Times Higher Education World Reputation Rankings)에서 모스크바대학교가 50위로 상승했지만, 이는 모스크바대학교 총장 빅토르 사도브니치가 설문조사의 중요한 질문을 수정하도록 한 후였다. 이전의 질문, 즉 "박사후 연구원을 모스크바대학교로 보낼 것인가?"라는 질문은 모스크바대학교의 낮은 순위를 초래했다. 새로운 질문은 "모스크바대학교 졸업생을 당신의 연구실에서 받아들이겠는가?"로 변경되었다. "Russia Beyond the Headlines," Advertising Supplement to the *New York Times*, March 20, 2013, p. 2.
15 Thomas Parkes Hughes, *Networks of Power: Electrification in Western Society, 1880–1930* (Baltimore, MD: Johns Hopkins University Press, 1983).
16 Theodore H. Maiman, *The Laser Odyssey* (Blaine, WA: Laser Press,

2000), 1, "Prologue."

3부

1   Irina Dezhina and V. V. Kiseleva, *Gosudarstvo, nauka i biznes v Innovatsionnoi sisteme Rossii* (Moscow: Institut ekonomiki perekhodnogo perioda [IEPP], 2008); I. G. Dezhina and B. G. Saltykov, *Mekhanizmy stimulirovaniia kommertsializatsii razrabotok* (Moscow: IEPP, 2004); Harley D. Balzer, *Soviet Science on the Edge of Reform* (Boulder, CO: Westview Press, 1989).

18장

1   Alexey Eliseev, "Russian Investment & Massachusetts Technology: Winning Combination," speech before the U.S.-Russia Chamber of Commerce of New England, Boston, March 13, 2012.

2   Loren R. Graham and Irina Dezhina, *Science in the New Russia: Crisis, Aid, Reform* (Bloomington: Indiana University Press, 2008).

3   Graham and Dezhina, *Science in the New Russia*, 116-125 참조.

4   이 프로그램은 민간연구개발재단(CRDF)에 의해 운영되었다.

5   "MacArthur Foundation Increases Commitment to Russian Higher Education," press release, November 11, 2009, MacArthur Foundation, Chicago.

19장

1   *Russia Beyond the Headlines*, advertising supplement to the *New York Times*, December 19, 2012, 4.

2   제목에도 불구하고 다음 책은 유용한 정보를 주며 도움이 된다: David M. Berube, *Nano-Hype: The Truth behind the Nanotechnology Buzz* (Amherst, NY: Prometheus Books, 2006).

3   George Allen, "The Economic Promise of Nanotechnology," *Issues in Science and Technology*, Summer 2005.

4   다음 웹사이트 참조. http://nanocolors.wordpress.com/2009//10?new-russian-nanotechnology (accessed spring 2010).

5   139-FZ.

6   다음 웹사이트 참조. http://crnano.typepad.com/com/crnblog/2007/05/russiaandnano.html.

7   이 정보는 2012년 3월 13일 매사추세츠주, 보스턴시 K & L Gates, LLP에서 개최된 미러상공회의소 발표에서 미국 루스나노의 대표 겸 CEO인 드미트리 아하노프가 발표한 것을 가져왔다.

8   Victor Vekselberg, "Onset of Russian-Chinese Collaboration in High Technologies," *China Daily*, June 5, 2012.

9   Press release, *Business Wire*, June 14, 2012.

10 Josh Lerner, *Boulevard of Broken Dreams: Why Public Efforts to Boost Entrepreneurship and Venture Capital Have Failed—and What to Do about It* (Princeton, NJ: Princeton University Press, 2009).

11 Daniel Treisman, "Russia's Tom Sawyer Strategy," IWMpost 106 (January–March 2011): 14.

12 다음 웹사이트 참조. http://www.doingbusiness.org/rankings.

13 Andrei Bunich, "Russia Needs Hi-tech Demand at Home," Russia Now, July 9, 2012.

14 "Chubais chetvertoval Rosnano," MKRU, http://www.mk.ru/print/articles/720994-chubays-chetvertoval-rosnano.html (accessed July 5, 2012).

15 Ibid.

16 Alexei Sitnikov, presentation at the U.S.-Russia Chamber of Commerce of New England, K & L Gates, LLP, Boston, May 2, 2012[2012년 5월 2일 보스턴시 K & L Gates, LLP에서 개최된 미러상공회의소 발표에서 알렉세이 시트니코프(Alexei Sitnikov)의 발표].

20장

1. "현대화"에 관한 내용을 다룬 경영학 학술지 *Expert* (발행 부수 50,000부) 전체 판본 참조: *Ekspert*, no. 8, 2010.

2. Harley D. Balzer, *Russia's Missing Middle Class: The Professions in Russian History* (Armonk, NY: M. E. Sharpe, 1996).

찾아보기

ㄱ

가스등 48
가스 방전 110
가스 원심분리 기술 132
가스 확산법 기술 132
간섭계 120
간헐적 발전 219
갈라닌 115
갈바니 전지 164
강제적 현대화 217
개인용 컴퓨터 107
거대주의 71
거시진화 97
건강 보험 158
게르만 로파틴 45
겔판트 101
겨울궁전 24, 51
경량 R50 철로 76
경세성 계산 70
경제학 67
계획 산업 66
고든 굴드 114~118, 189
고등교육제도 218

고등연구소 184
고르바초프 78, 137
고리키 원자력발전소 77
고양이 수염 수신기 84
고주파 라디오 신호 84
공공 교육 158
공산주의 조직 115
과학 도시 159
과학부 183
과학자문위원회 205
광선계전 85
광학-기계 120
구글 125
구례프 165
국가 통제 150
국내용 여권 157
국립과학연구센터 184
국립과학재단 184
국립나노기술이니셔티브 200
국제우주정거장 130
국제투명성위원회 177
군사용 기술 169
굴리엘모 마르코니 v, 34~36, 51

권위주의 149, 150
그랜드 유럽 호텔 46
급진주의자 40, 65
기술의 상업화 146, 172, 173
기술 플랫폼 146
기업가 139, 142, 217, 218
기업가 정신 122, 143, 179, 188, 207, 216
기업가적 자본주의 215
기초연구고등교육 프로그램 197

ㄴ

나노 기술 200~204
나노테크놀로지 197
나로드니키 38
낙뢰 탐지기 49
날개 본체 비율 61
남태평양 노선 59
낭만주의적 농민 사회 144
네이선 로젠버그 17
넵만 86
노동증 158
노르웨이 209
노보시비르스크 128, 159
노보쿠즈네츠크 74
노키아 206
농노제 156
농민 코뮌 38
뇌물 157, 158
뉴욕의 카네기재단 196
뉴포트 코퍼레이션 120, 121

니즈니 노브고로드 103
니즈니노브고로드국립대학 146, 197
니콜라 테슬라 51
니콜라이 1세 5, 25, 26
니콜라이 바빌로프 97, 98
니콜라이 바소프 110, 112, 189
니콜라이 콜초프 97, 98
니콜라이 폴리카르포프 61

ㄷ

다윈적인 진화 95
다원주의자 95
다이나모 42, 43
다이너스티재단 195
다이오드 v, 82
다이 주조 5
대공방어 106
대런 애스모글루 147
딜루스 73
데니스 테리 120
데미도프 가문 23
도구상자 127
도덕극 52
독립적 기업 활동 156
돌연변이 95, 96
두바이 209
두비닌 97, 98
드니프로강 66, 68, 69
드미트리 메드베데프 200
드미트리 멘델레예프 144
디젤 동력 기관차 v, 29

디지털 컴퓨터 101, 104
디지털 테크놀로지 171
따라잡기 현대화 217

ㄹ

라디오공학연구소 122
라디오 뉴스 84
라디오 발명가 36, 51
라디오 수신기 49, 86
라이트 형제 v, 55, 56, 138
라이플 10, 11, 18
람진 66
래디슨호텔 178
래리 엘리슨 210
래리 페이지 210
러시아교육과학부 196, 197
러시아기술발전기금재단 194
러시아기술협회 66, 165
러시아기초연구재단 194
러시아 물리화학학회 49
러시아-발트 객차 회사 57
러시아인문재단 194
러시아재단 147
러시아 재무성의 과학위원회 165
러시아전기화국가위원회 41
러시아 해군 군수 학교 49
러시아 혁명 29, 41, 58, 60, 65, 102, 157
레기스트라치야 160
레노바 그룹 205
레닌그라드 국가 광학 연구소 114

레닌그라드물리기술연구소 89
레닌그라드 포위 89
레브나 레베데바 102
레오나르드 다빈치 138
레온토비치 115
레이저 v, 110~123, 189
레이저 동위원소 분리 133
레이저 프로덕트 121
로마노프 45
로마쇼프 97, 98
로버트 스티븐슨 앤드 컴퍼니 23
로빈스 앤 로런스 18
로세프 빛 85
로스아톰 132
로알드 호프만 187
로저 D. 콘버그 205
로켓 105, 130, 131
로켓플레인 키슬러 131
록펠러대학 185, 186
록펠러연구소 182~186
록펠러 이사 183, 185
루브르 백화점 44
루비 결정 114
루스나노 199~203, 209, 212~214
루트 128번 하이테크 155
류드밀라 주코바 38
르보프 공대 122
르아브르 45
리베이트 178
리비에라 지역 150
리처드 파인만 186

찾아보기 | 265

릴레이 배열 102

ㅁ

마거릿 부르크-화이트 64
마그니토고르스크 69~72
마그데부르크대학 141
마르케트산맥 70
마르크스주의자 30
마이크 델 210
마크 저커버그 210
막스 베버 144
막스-프랑크연구소 183
막심 고리키 61
만프레드 발츠 167
말레이시아 209
매듭 60, 153
맥스웰 바이오테크 194
맨해튼 프로젝트 115
머스킷 3, 7~10
먹이 주기 177
메네지멘트 217
메노파 68
메릴랜드대학 146
메릿 로 스미스 11
메사비산맥 70
메이저(분자증폭기) 110, 111, 116
멘델적인 유전학 95
멘델주의자 95
면역지대 14
모건연구실 97
모스크바 고등기술학교 103

모스크바 레베데프 물리학 연구소 114
무기제조공 15~18
무당파 소비에트 마르크스주의자 30
무이아 터널 78
문화 147
문화적 147, 148
물리 광학 110, 112
미국 민간 연구개발재단 146
미니에 총탄 10
미론 체레파노프 22~33, 156, 174
미샤 프리드먼 177
미시진화 97
미적분 방정식 104
미하일 라브렌티예프 104
미하일 본치-브루예비치 102
미하일 호도르콥스키 172, 180, 190
민간연구개발재단 196
민영화 131
밀튼 창 120

ㅂ

바쉬르 라메예프 106
바우만 공대 103, 104
바우처 사유화 202
바이-돌 법안 170, 171
바이칼-아무르 철도 74, 75
바이칼호 80
반계몽주의자의 과학 107
반도체 82~85, 89~91, 136, 152
반도체 크리스털 82, 84

반유대주의 144
발레리 치칼로프 61
발렌틴 가폰체프 122, 123
발렌틴 파브리칸트 110~113
발명 v, vii, 35, 36, 38, 48, 83, 138, 163~169, 174
발명에 대한 레닌의 포고령 166
발명의 발명 48
발명 특권 38, 163~165
발작 209, 219
발작적 역사 130
발작적 확장 32
발전기 43
발트해 70
방적 164
배수성 종분화 v
백열등 34~36, 38, 47
백해 70
백해 운하 70~72, 80
뱅크 오브 아메리카 106
뱌체슬라브 수르코프 206
법률 제도 168, 218
베니토 무솔리니 54
베타맥스 138
벤처혁신기금재단 194
벨연구소 83, 91, 114
보잉 55, 62, 121, 131, 206
보호금 178
복엽 비행기 56
볼로콜람스키 129
볼셰비키 41, 65

볼셰비키 혁명 29, 30
봄바디어 33
부랴티아 자치 공화국 78
부르주아 전문가 30, 58
부울 대수 102
부패인식지수 177
부품 호환성 7, 8
분자 규모 200
분자생물학 94, 98
붉은 군대 64
브레즈네프 18, 74, 75, 137, 151
브레즈네프의 바보짓 74
블라디미르 두진체프 168
블라디미르 레닌 29, 37, 165, 166
블라디미르 이파티예프 152
블라디미르 즈보리킨 152
블라디미르 푸틴 137, 140, 154, 180, 201, 206, 219
블라디미르 호흘로프 180
비드 나 쥐첼스트보 158
비밀경찰 46
비용-효과 71, 72
비용 효율성 153
비즈네스 139, 144
비즈니스 인큐베이터 146
비행 기계 56
빅보르 벡셀베르크 180, 199, 205
빅토르 셰스타코프 102, 104
빌 게이츠 209, 210
빛의 도시 44
빵만으로 살 수 없다 168

ㅅ

사기업 28, 58
사비닌 99
사업하기 좋은 환경 지표 211
사우디아라비아 174
사이버네틱스 이론 107
사이언스파크 146
사회적 제약 188
사회주의적 사고 38
삼성 125, 206
삽산 32
상업 비행 58, 59
상트페테르부르크 21, 24~27, 32, 38, 45, 46, 50, 57, 128, 136, 140
상트페테르부르크 이오페연구소 89, 91
상트페테르부르크 정보기술·기계·광학대학 146
새뮤얼 콜트 17
생명공학 93, 93, 100
생명과학 94
생물통계학자들 95
서술적 기술 67
서술적인 자연사 95
석유의 저주 175
선 오일 컴퍼니 152
성공적 혁신 216
성스러운 암소 78
세그웨이 PT 138
세르게이 라흐마니노프 59
세르게이 레베데프 102~106
세르게이 브린 210
세르게이 비테 29
세르게이 체트베리코프 96~98
세르게이 코롤레프 151
셰인 66
소니 138
소련 발명 및 발견법 166
소련의 대지 61
소련인의 날개 61
소련 학술원 89
소비에트 당국 30, 58, 59
소유즈 로켓 105, 130
소프트웨어 124~129, 159
소프트웨어 R&D 센터 125
소피아 안티폴리스 150
소피아 코발렙스카야 157
송수신기 49, 84, 85
송전선 68
쇄빙선 50
수력발전소 64, 67~69, 75, 136
수소 혼합물 112
수은 증기 112
수정궁 박람회 17
수학 vi, 67, 95, 101, 102, 104, 125, 127
수학적 접근 95
수호이 62, 179
슈어파이어 121
슈퍼제트 62
스콜코보 91, 154, 159, 179, 199,

205~207, 209, 211~214
스콜코보과학기술대학(스콜테크) 207, 210, 213, 214
스콜코보재단 140, 147, 179, 180, 205~207, 210
스키넥터디 공장 106
스타트업 110, 120, 126, 141, 146, 147, 167, 192, 202, 206, 216, 217
스탈린 18, 29, 60~62, 71, 76, 99, 104, 105, 137, 153,
스탈린주의적 억압 98
스티브 잡스 vii, 141, 159, 210
스페이스엑스 131
스펙트라-피직스 120, 121
스푸트니크 19
스프링필드 3, 11~14
슬론 경영대학 202
시베리아의 저주 73
시베리아 횡단철도 29, 75, 80, 157,
시스코 206, 211
시어도어 메이먼 111~115, 118, 167, 189
시월 라이트 97
시장의 힘 149
시장 진입 프로그램 146
시코르스키 제작회사 59
신경제정책 86, 166
신생 산업 126
신유라시아재단 147
실리콘 밸리 91, 120, 155, 205,

206, 209
싱가포르 209

ㅇ

아나톨리 추바이스 201, 202, 212
아메리카기관차회사 32
아브람 이오페 88~90
아서 샤블로 114
아서 숄로 189
아에로제트 130, 131
아우베르투 산투스-두몽 138
아인슈타인 85, 86
아크등 43, 44, 47
아톰에네르고프롬 132
아폴로-소유즈 우주 협력 계획 105
아프락신 50
안드레이 나르토프 4
안드레이 사하로프 119
안드레이 에르쇼프 108, 109
안드레이 콜모고로프 vi, 101
안드레이 투폴레프 62
안드레이 푸르셴코 118
안티바이러스 소프트웨어 125, 127
안티바이러스 스캐너 127
알렉산드롭스키 철도 제작창 136
알렉산드르 2세 26, 40, 43, 45, 137
알렉산드르 로디긴 35~41, 48
알렉산드르 케렌스키 41
알렉산드르 포포프 35~37, 49~53
알렉산드르 프로호로프 110~114, 118, 119, 189

알렉세이 시트니코프　213
알렉세이 크릴로프　102
알마 전투　10, 18
암모니아 메이저　111, 112
애플의 뉴턴　138
앤드루 세슬러　119
야블로치코프-인벤터 앤 컴퍼니　40
야블로치코프 촛불　44
얀덱스　125
양자 이론　85
에곤 뢰브너　83, 87
에너지 과학 기술　207
에니악　105
에드삭　105
에드윈 배티슨　7
에어버스　55, 62
에이브러햄 링컨　162, 173
엔겔메이에르　66
엘리 위트니　8, 9
엘브루스　104
역광전 효과　86
역외 프로그래밍　125
연구대학　182, 184~187, 195~197, 212
연구비　185, 186, 193, 194
열성 돌연변이　96
영향 지수　188
예고르 가이다르　147
예브게니 카스페르스키　127, 128, 179
예카테리나 대제　4, 5, 137, 178

오르기 카르페첸코　94, 97, 98
오비탈사이언시스사　131
오빌과 윌버 라이트　209
오치킨　66
올덴부르크　181, 183
올레그 로세프　83, 84~89, 152, 174
올리가르히　140, 202, 205
올리버 로지　51
용광로　69
우도칸　75, 80
우라늄 농축　132
우라늄 변환　132
우랄 지역　49, 66, 103
우성 돌연변이　96
우주 개발　130, 200
우주 과학 기술　207
우주왕복선　130
운송 방법과 물류 공학　70
원가 분석　70
원자간력 현미경　200
원자력　124, 132, 133, 150
월터 로이터　64
월터 하우저 브래튼　83, 90~92, 188
위넌스 앤드 해리슨　25
위성 통신　131
윌리엄 쇼클리　83, 90, 91, 188
유기발광다이오드　82, 85
유나이티드 테크놀로지 회사　59
유나이티드 항공 회사　59
유도 마이크로파 방사　111
유도 방사에 의한 광증폭　111

유도 방사에 의한 마크로파 증폭 111
유럽 호텔 46
유레카 프로그램 146, 147
유리 로모노소프 29~33, 66
유리 필리프첸코 97
유사과학 107
유연탄 69, 70, 72, 75, 80
유전자 95~97
유전자 부동 97
유전자 풀 93, 97
유전적 환경 96
유전학 93~100, 136
유전학파 94
이고르 시코르스키 56~60, 123, 152, 174
이그날리나 원자력발전소 77
이데올로기 106, 107
이민 통제 카드 160
이스라엘 143, 155, 209
이젭스크 무기 공장 19, 20
이종트랜지스터 205
이중 사용 기술 169
이즈베스티야 119
이탈텔 123
이형접합체 96
인공위성 130, 136
인도 125, 132, 209
인민 속으로 운동(브나로드 운동) 40
인민의 의지 40
인민주의자 38
인케르만 전투 3, 10, 18

인텔 92, 125, 159, 205, 206, 211
일반 효과 114

ㅈ

자기 측정 70
자석산(마그니트산) 69
자연과학 67
자연선택 96
자연 정복 73
자유주의적 현대화 217
자율성 156
저궤도 발사용 로켓 131
저자 증명 84, 85, 112, 113, 166, 168
전기기술소식지 87
전기 스위치 이론 102
전기 아크(섬락) 43
전시용 무기 16
전자—광학 120, 136
전자기파 49
전자석 44
전자 컴퓨터 103~105
전장발광 87
전제군주 162
정보 과학 기술 207
정의의 희화화 118
정치경제 67
정치적 권위주의 61, 150
제너럴 일렉트로닉스 106
제너럴 일렉트릭 41
제노브 그람 42

제노폰드 97
제도권 기득권층 118
제록스 92
제안함 167
제임스 스완슨 167
제임스 호바트 120, 121
제임스 A. 로빈슨 147
조레스 알표로프 91, 140, 205
조병창 3, 5~7, 9, 11~16, 38
조시 러너 209
조에드 카림 210
조지 스티븐슨 22~25, 156
조지 스티븐슨의 철도 공장 22
조지 워싱턴 휘슬러 22, 25
조지 웨스팅하우스 35, 40, 41, 45, 48, 152, 188
조지프 벌리너 168
조지프 슘페터 122
존 매슈스 120, 121
존 바딘 83, 90, 92, 188
존 애덤스 8
존 존스 5~7, 11
존 D. 록펠러 182
존D.&캐서린T.맥아더재단 196
좌익 단체 115
주권 민주주의 149
주사형 터널 현미경 200
중국 viii, 75, 132, 143, 150, 206, 209
중량 측정 도표 70
중소혁신기업지원기금재단 194

중요 산업 86
증폭 82~84, 87, 111, 113
지멘스 32, 33, 47, 206, 211
지식재산권 165, 166, 168~172, 175, 213, 217, 218
직조업 164
진공관 83, 85, 102, 152
진정한 민주주의 137, 218
진핵생물 전사 205
집단 유전학 97

ㅊ

차르놉스키 66
차르스코예 셀로 24
찰스 배비지 138
찰스 타운스 110~118, 189
창조적 파괴 122
철강공장 64, 69~72, 80
체르노빌 원전 사고 132
초기 자본주의 144
최선의 실행 149
추상 수학 144
축전지 43, 84
춘화처리 99
치쥐코바 115
칙령에 의한 건설 32

ㅋ

카네기연구소 183, 184
카네기재단 → 뉴욕의 카네기재단

카를 마르크스 46
카스페르스키랩 125~127, 129
카이저-빌헬름연구소 183
칼라시니코프 소총(AK-47) 3, 19, 20
칼 피어슨 95
칼리니코프 66
캘리포니아 공과대학 120
컴퓨터 83, 91, 101~109, 131, 136, 138, 159
켈빈 경 209
코르믈레니야 177
코텔니코프 101
코틀린섬 49, 50
코흐연구소 182
코히런트 120, 122
콘돌리자 라이스 91
크레이그 배럿 205
크리스털 감지기 86
크리스토다인 84~86
크리스토다인 트랜지스터 라디오 86
크림 전쟁 3, 10, 11, 16, 18, 26, 27, 151
클라손 66, 67, 69
클로드 섀넌 102, 104
키릴 로굽체프 179
키예프 57, 103, 104

ㅌ

태도적 139, 147, 148, 174
태평양 74, 75
탱크 138
텅스텐 필라멘트 35, 41
테오도시우스 도브잔스키 97, 98, 152
텍사스 인스트루먼트 83
텔레커뮤니케이션 131
템스강 44
토머스 왓슨 209
토머스 제퍼슨 8
툴라 3~11, 14~19, 38, 136, 156
트랜지스터 v, 82~88, 90~92
트랜지스터 라디오 84~86
트로핌 리센코 93, 94, 98, 99
특허 23, 24, 38, 52, 53, 112, 113, 115~118, 142, 162~168, 170~174, 188, 194
티모페예프-레솝스키 97, 98

ㅍ

파리 박람회 44, 45
파벨 멜니코프 25~28, 33
파벨 야블로치코프 35~37, 42~48, 152, 164, 174
파스퇴르연구소 182, 183
파시스트 54
패키지 소프트웨어 125
팬 아메리칸 클리퍼스 59
팬암 항공사 59
퍼듀대학 146
펄스트리트 변전소 39
페레스트로이카 78

페름 49, 73, 74
페오파니아 103
페카 빌랴카이넨 199
페테르고프 24
편파성 195
폐쇄 과학 도시 159
포스트-소비에트 시기 33, 94, 129, 132, 140, 153, 158, 178, 189
포타닌재단 193, 195
폭격기 57, 58
폴라로이드 138
폴라비전 138
폴리카르프 쿠슈 115, 116
폴 앨런 210
폴 태텀 178
표트르 골차코프 16
표트르 대제 4, 70, 136, 137, 150, 156, 168
표트르 팔친스키 66~72
프랑스 10, 18, 21, 28, 38, 40, 43, 44, 46, 47, 59, 128, 133, 150, 182, 183, 209
프랴지노 122
프로테스탄티즘 144
프로피스카 157~159
프리드리히 리스트 29
프리드리히 엥겔스 46
프린스턴 고등연구소 183, 184, 186
플린트락 9, 10
플립플롭 회로 102
피의 일요일 51

ㅎ

하이테크 제품 174, 211
하인리히 헤르츠 49, 50
하퍼스 페리 3, 9, 11~14
학술원 145, 187, 195~197
학제간 연구소 207
할스케 47
핵 과학 기술 207
핵무기 106, 131, 132
핵연료 제조 132
허먼 J. 멀러 93, 94, 97, 98
헤테로구조(이종구조) 91
헨리 조지프 라운드 85
헬리콥터 59, 138
혁신 vii, 115, 131, 136~139, 143, 152, 155, 156, 158, 161, 162, 166~168, 172~174, 180, 208, 211, 219
혁신가 vii, 56, 60, 145, 146, 156, 166, 175
혁신 도시 159, 205, 206
혁신 클러스터 146
현대적 종합 93, 97
현대화 2~5, 10~12, 28, 63~65, 136, 145, 150, 154, 214, 215, 217~219
호그랜드섬 50
호환 가능 부품 8
홍아연광 결정 84
황금 못 79
후방 기관총좌 58

후천적 특성 99
후쿠시마 원전 사고 133
휴즈연구소 114
휴즈항공 113, 115
흐루쇼프 99, 137, 151
흐루스탈레프 70
히포드롬 44

A~Z

AK-47 → 칼라시니코프 소총
ANT-4 61
ANT-9 61
ANT-20 61
ANT-25 61
ARPA 116
AT & T 91, 113
BESM-1 105
BESM-6 105
BESM(거대 전자계산기) 105
ERMA 106
IBM 표준 101, 106

IPG 123
J. P. 모건 39
JP 모건-체이스 자문단 202
LED 82, 85, 87
MESM(소형 전자계산기) 103, 105
NK-33 로켓 130
OECD 173
R65 철로 76
RCA 연구소 87, 152
S-6 56
TGV(고속 열차) 150
T. H. 모건 95, 96
TRG 116
UCLA 146
Z-park 206

기타

2진 산술 102
1917년 혁명 → 러시아 혁명

● 알렉산드르 로디긴
(1847~1923)
백열등 발명가들 중 한 명

알렉산드르 로디긴의 전기등(1874년)

● **파벨 야블로츠코프**
(1847~1894)
세계 최초로 파리와 런던 거리를
전기로 밝힌 인물

● **알렉세이 크릴로프**
(1803~1945)
미분방정식의 해를 구하기 위한
기계를 1904년에 발명한, 뛰어
난 해군 공학자이자 수학자

● 이고르 시코르스키(1889~1972)
상을 받은 S-6 비행기와 함께(1912년)

이고르 시코르스키의 4발 엔진 비행기를 시찰하는 차르 니콜라이 2세(1913년)

● 알렉산드르 포포프(1859~1906)
러시아인들이 라디오의 발명가로 생각하는 인물

● 게오르키 카르페첸코
(1889~1941)
배수성 종분화(polyploid speciation)를 통해 새로운 종을 최초로 창조한 생물학자. 1941년 7월 28일 처형됨.

● 발렌틴 파브리칸트(1907~1991)
1939년에 자신의 박사 학위 논문에서 최초로 레이저 이론을 발전시킨 인물

● **1930년경 소련 시대 포스터**
소비에트 사회주의가 가져올 산업적이고 농업적인 풍요를 묘사함.

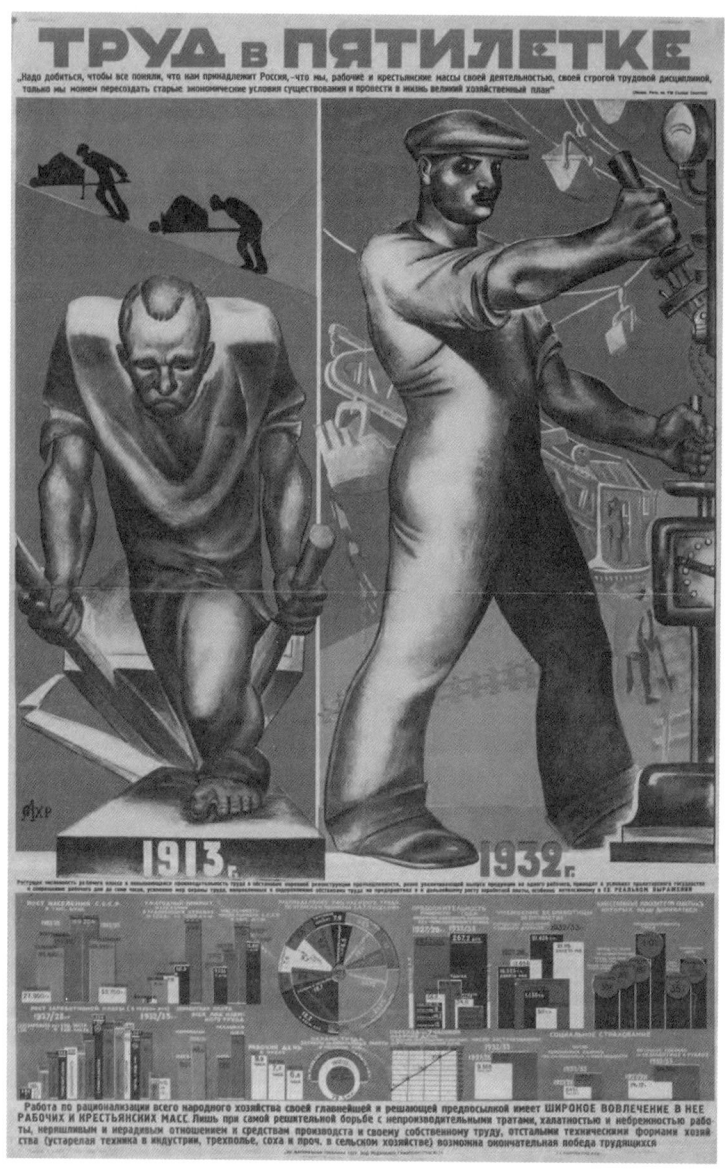

1913년 당시 러시아에서 지배적이던 고된 육체 노동과 1932년의 기계화된 노동을 대비하는 소련 시대 포스터(1932년경)

산업 생산에서 서방 국가들을 "따라잡고 추월하자"라는 스탈린의 구호를 인용하면서 서방의 노예화된 프롤레타리아와 해방된 소련 노동자들을 대비하는 소련 시대 포스터

트랙터의 산업적 생산이 어떻게 농촌을 변형시킬 것인가를 묘사하는 소련 시대 포스터

5개년 산업 계획을 4년 내에 완수하자고 촉구하는 소련 시대 포스터

붉은 광장 상공에서 시범 비행 중인 1935년 당시 세계 최대의 비행기였던 '막심 고리키' 호. 이 사진이 촬영된 직후 소형 비행기 중 한 대가 대형 비행기에 충돌해서 48명이 사망함.

레이저 개발의 공로를 인정받아 1964년 노벨 물리학상을 공동 수상한 알렉산드르 프로호로프가 자신의 장치를 시연하고 있다.

(왼쪽부터) 우주선 수석 설계자 세르게이 코롤레프, 소련 핵폭탄 개발 계획의 책임자 이고르 쿠르차토프, 그리고 우주 개발 계획의 주요 이론가인 므스티슬라프 켈디시. 쿠르차토프와 켈디시 사이의 경계선으로 보아 이 소련 시대 사진은 분명 합성한 것임.

우주 개발 계획의 수장 세르게이 코롤레프와 함께 있는 최초의 우주인 유리 가가린(왼쪽)

자신의 발명품인 AK-47을 들고 있는 미하일 칼라시니코프

고독한
아이디어들

초 판 인 쇄	2025년 10월 24일
초 판 발 행	2025년 10월 30일
지 은 이	로런 그레이엄
옮 긴 이	김동혁, 허승철
발 행 인	임기철
발 행 처	GIST PRESS
등 록 번 호	제2013-000021호
주 소	광주광역시 북구 첨단과기로 123(오룡동)
대 표 전 화	062-715-2960
팩 스 번 호	062-715-2069
홈 페 이 지	https://press.gist.ac.kr/
인쇄 및 보급처	도서출판 씨아이알(Tel. 02-2275-8603)
I S B N	979-11-90961-33-2 (03500)
정 가	20,000원

ⓒ 이 책의 내용을 저작권자의 허가 없이 무단 전재하거나 복제할 경우 저작권법에 의해 처벌받을 수 있습니다.
본 도서의 내용은 GIST의 의견과 다를 수 있습니다.